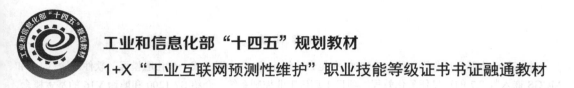

工业和信息化部"十四五"规划教材

1+X"工业互联网预测性维护"职业技能等级证书书证融通教材

工业控制技术

陈　良　杜雪飞　陈赟飞　吴卓坪　主　编

U0290566

电子工业出版社

Publishing House of Electronics Industry

北京·BEIJING

内 容 简 介

本书是一本基于硬件西门子 S7-1200 和昆仑技创 mcgsTpc 嵌入式一体化触摸屏、软件博途 V16 和 MCGS 嵌入版 7.7 的项目任务化教程。项目 1 调研工业控制系统，介绍 S7-1200 和博途 V16 的基本概念，实现指示灯点动控制；项目 2 介绍电动机运行控制；项目 3 介绍物料入库控制，包括步进电机和伺服电机控制；项目 4 介绍 MCGS 组态设计；项目 5 介绍 S7-1200 之间的 S7 通信、TCP 通信和 UDP 通信；项目 6 介绍智能装配生产线和基于工业控制技术的创新创业项目。

本书不仅可以作为高职院校、应用型本科院校工业互联网相关专业（方向）的教材，还可以作为对工业控制技术感兴趣的读者的参考用书。

图书在版编目（CIP）数据

工业控制技术 / 陈良等主编．—北京：电子工业出版社，2023.1

ISBN 978-7-121-44956-7

Ⅰ．①工…　Ⅱ．①陈…　Ⅲ．①工业控制系统　Ⅳ.①TB4

中国国家版本馆 CIP 数据核字（2023）第 015969 号

责任编辑：李　静　　　　特约编辑：田学清
印　　　刷：涿州市般润文化传播有限公司
装　　　订：涿州市般润文化传播有限公司
出版发行：电子工业出版社
　　　　　北京市海淀区万寿路 173 信箱　　　　邮编：100036
开　　本：787×1092　　1/16　　印张：18.75　　字数：420 千字
版　　次：2023 年 1 月第 1 版
印　　次：2024 年 7 月第 2 次印刷
定　　价：59.80 元

《工业控制技术》编委会

前　言

1．缘起

党的二十大报告中提出"建设现代化产业体系。推动战略性新兴产业融合集群发展，构建新一代信息技术、人工智能、生物技术、新能源、新材料、高端装备、绿色环保等一批新的增长引擎。"

工业互联网是新一代信息通信技术与工业经济深度融合的新型基础设施、应用模式和工业生态，是 IT（信息技术）和 OT（操作技术）的全面融合与升级。工业互联网实现了工业生产过程中所有要素的泛在连接和整合，最终实现了制造业的数字化、网络化、智能化，帮助工业企业降低成本、节省能源、提高生产效率，因此被认为是第四次工业革命的重要基石。

据有关报道，2022 年一季度，我国规模以上工业增加值同比增长 6.5%，工业互联网产业规模超过万亿元大关。从 2018 年到 2022 年，我国已经连续 5 年将"工业互联网"写入政府工作报告。2020 年，人力资源和社会保障部、国家市场监督管理总局、国家统计局联合发布工业互联网工程技术人员新职业。2021 年，教育部对职业教育本科和专科增设工业互联网新专业，对增加产业人才的有效供给、推动国家战略性新兴产业发展具有重要意义。

工业互联网是一门综合性学科，其专业知识涉及计算机、通信、物联网、自动化等技术，注重多学科交叉、融合创新。目前，市面上工业互联网的相关教材很少。鉴于此，重庆电子工程职业学院联合中国工业互联网研究院、重庆市树德科技有限公司，按照"能力本位、学生主体、项目载体"的先进理念，总结近几年国家"双高计划"专业群建设、国家级高技能人才培训基地建设、工业互联网技术专业（原工业网络技术专业）建设的项目成果编写了本书，以使初学者能够尽快熟悉和掌握工业控制技术，并能独立完成一些简单项目的开发。

2．内容

本书基于工业互联网产业的典型工业控制技术应用，选择工业互联网预测性维护（中级）实训设备——智能装配生产线作为载体，并根据学生职业能力发展需要，融入了自主学习、信息处理、与人交流、团队合作、职业通用核心能力等内容。根据初学者的认知规律和职业成长规律确定本书的结构与内容，由易到难、由浅入深地安排技术和工程项目，并将全书内容划分为 6 个项目，分别是指示灯点动控制、电动机运行控制、智能装配生产线——物料入库控制、智能装配生产线——MCGS 组态设计、智能装配生产线——S7-1200 通信实现、工业控制技术达人挑战。其中，项目 6 注重训练学生的综合职业能力和创新应用能力。

本书为每个项目安排了 2～4 个具体任务。项目以职业活动为导向，突出能力目标，注重课程思政，项目内容包括"职业能力""引导案例""任务描述""任务单""任务资讯""任务计划""任务实施""任务检查与评价""任务练习"几部分，有利于充分发挥学生的主体作用，实现项目教学。

3. **特点**

（1）本书是 1+X "工业互联网预测性维护"职业技能等级证书（中级）的书证融通教材之一，为校企合作开发教材，衔接工业互联网专业教学标准，将 1+X 职业技能等级证书培训内容与工业互联网专业人才培养方案中的课程内容相结合，将专业目标（课程考试考核）和证书目标（证书能力评价）相结合，确保证书培训与专业教学的同步实施。本书和《工业数据采集技术》《工业互联网预测性维护》共同支撑 1+X "工业互联网预测性维护"职业技能等级证书（中级）要求的全部内容，实现课程目标与证书要求的融合。本系列教材采用以综合职业能力培养为目标，以典型工作任务为载体的大项目形式，使学生能从工业传感器、工业网络、PLC 控制、工业组态、工业数据采集、工业互联网平台、预测性维护等多方面系统性地掌握智能装配生产线，从而解决以往教材中项目多、关联性不大、系统性不强、教学效率低的问题。

（2）本书描述的 PLC 和工业组态既有当前主流产品 S7-1200 控制器与博途软件，又有国产工业组态 MCGS，兼顾了普适性和国产化。

（3）本书为新型活页式教材，可针对不同学习需求，选择部分内容重点突破，以培养学生的个性化应用能力；同时在项目和任务中配有二维码，可由此获得新技术、新知识、新案例。本书同步开发了数字教学资源，可满足师生线上线下混合式教学要求。

（4）本书将理论和实践一体化，注重技术的实际应用和项目实施。本书将 PLC 控制技术和工业组态技术融入同一个项目或任务中，通过案例引入、控制程序编程、工业组态设计、设备仿真、系统调试，确保学生能够完全掌握整个项目或任务，并有效解决实训设备不足的问题，突出实践应用能力的培养。在理论学习方面，本书强调应用知识，并将其全部解构到每个项目的"任务资讯"中，易学易用。

4. **对象**

本书可作为高职院校、应用型本科院校工业互联网相关专业（方向）的教学用书、企业员工的培训用书、工业互联网技术爱好者的自学用书，也可作为行业从业人士的业务参考书。

针对不同院校、专业的培养目标设置的课程定位差异，编者建议工业互联网相关专业学生掌握本书全部内容，安排 64 学时；装备制造大类和电子信息大类的其余相关专业学生根据需要选取相关项目/任务，适当调整学时数。

5. 致谢

在本书的编写过程中，编写团队参考了西门子和昆仑技创的产品资料、大量的网络资源与技术资料，以及工业控制技术方面的资料，在此一并表示感谢。同时感谢田茂钧、邹术桃等工业物联网工坊学员对本书编写做出的贡献（参与了资料收集、程序调试工作）。

工业互联网专业是一个新兴专业，本书综合 PLC 控制和工业组态两个方向，涵盖 S7-1200 控制器和国产工业组态 MCGS，涉及大学生创新创业等多方面内容。由于编者水平有限，书中难免有疏漏和不当之处，恳请广大读者批评指正。

编　者

2022 年 8 月

表 1 本书与职业技能等级证书标准对照

工业互联网预测性维护职业技能等级证书（中级）要求			工业控制技术
工作领域	工作任务	职业技能要求	项 目
1. 通用生产装备标识解析与核心部件综合数据采集	1.1 变频器解析	1.1.1 能根据变频器说明书准确地确定所需采集的数据列表	—
		1.1.2 能安装调试变频器和智能网关硬件	—
	1.2 变频器通信接口设置	1.2.1 能准确地确认变频器硬件接口	—
		1.2.2 能准确地确认变频器软件通信协议	—
	1.3 PLC 与总线解析	1.3.1 能根据 PLC 说明书准确地确定 PLC 与总线所需采集的数据列表	项目 1、项目 2、项目 5
		1.3.2 能准确地安装、调试 PLC 与总线和智能网关硬件	项目 1
	1.4 PLC 与总线通信接口设置	1.4.1 能准确地确认 PLC 与总线硬件接口	项目 1、项目 2、项目 4、项目 5
		1.4.2 能根据硬件接口准确地确认 PLC 与总线软件通信协议	项目 1、项目 5
	1.5 气动控制系统解析	1.5.1 能根据气动控制系统要求准确地确定所需采集的数据列表	项目 3
		1.5.2 能准确地安装、调试气动控制系统和智能网关硬件	—
	1.6 气动控制系统通信接口设置	1.6.1 能准确地确认气动控制系统硬件接口	项目 3
		1.6.2 能根据气动控制系统硬件接口准确地确认气动控制系统软件通信协议	项目 3
	1.7 伺服控制解析	1.7.1 能根据伺服控制系统准确地确定所需采集的数据列表	项目 3
		1.7.2 能准确地安装、调试伺服控制和智能网关硬件	—
	1.8 伺服控制通信接口设置	1.8.1 能准确地确认伺服控制硬件接口	项目 3
		1.8.2 能根据伺服控制硬件接口准确地确认伺服控制软件通信协议	项目 3
	1.9 工业互联数据平台搭建和配置	1.9.1 能准确地将各个核心零部件与 PLC 进行连接及通信	—
		1.9.2 能准确地将 PLC 与 IoT 网关进行连接及通信	—
		1.9.3 能正确配置 PLC 的采集数据与上传数据	—
		1.9.4 能正确配置网关 IP 地址及采集数据	—
	1.10 工业互联平台数据采集与录入	1.10.1 能准确地配置分析软件数据接口	—
		1.10.2 能准确地配置分析软件自动采集数据	—
		1.10.3 能准确地配置分析软件，实现历史数据存储	—
2. 通用生产装备故障数据模型分析	2.1 分析软件自动建模配置	2.1.1 能准确地设定分析软件的输入和输出	—
		2.1.2 能准确地设置多种预警	项目 3
	2.2 数据分析	2.2.1 能准确生成所需的分析结果	—
3. 通用生产装备故障智能预警与智能工单	3.1 智能工单配置	3.1.1 能根据工单和人员准确地配置工单对象	—
		3.1.2 能根据工单和人员准确地配置不同对象的发送时间	—
	3.2 智能预警定义与设置	3.2.1 能根据预警目标设置与调整分析结果	—
		3.2.2 能根据多个分析结果定义与调整预警范围	—

目 录

项目 1

指示灯点动控制

职业能力

- 能阐述工业控制系统的基本概念、主要分类、要求和关键技术趋势。
- 能阐述 PLC 的工作原理、硬件架构。
- 能阐述工业组态产品的组成、功能和特点。
- 会撰写工业控制系统调查表。
- 会安装与接线 S7-1200 PLC。
- 能对 PLC 产品和工业组态软件进行选型。
- 能使用博途软件进行组态、编程、连接、下载和仿真。
- 培养严谨的科学态度和精益求精的工匠精神。
- 提升信息处理、与人交流、解决问题的能力。

引导案例

2020 年，上海宝山基地的冷轧厂热镀锌智能车间变成了一座 24 小时运转却无须多人值守的"黑灯工厂"；世界最大的无人码头——洋山深水港的年吞吐能力超过 2000 万标箱……这一系列辉煌的背后有什么技术的支撑呢？工业互联网工程技术人员、智能制造工程技术人员等需要掌握什么核心专业技术呢？实现这些智能化的重要基础就是"工业控制"。

或许我们的认知都停留在之前以体力劳动为主的传统生产车间；或许感觉上面的描述太先进，无法掌握。那么下面从指示灯点动控制入手来认识工业控制系统、工业控制器，实现 PLC 的安装、编程、调试。

任务 1.1　工业控制系统调研

【任务描述】

　　随着计算机、传感器、执行器等产品的技术革新，工业控制系统有了长足发展。作为未来的工程师，请收集你的居住地、学校等附近，或者亲朋好友所在的工厂数据，了解工厂的生产规模、工业控制系统情况，并撰写工业控制系统调查表。

【任务单】

　　根据任务描述，完成对工业控制系统的产品、运行情况等的调研。具体任务要求请参照如表 1.1.1 所示的任务单。

表 1.1.1　任务单

项　　　目	指示灯点动控制	
任　　　务	工业控制系统调研	
任务要求		任务准备
（1）明确任务要求，组建分组，3～5 人/组 （2）完成工厂规模，以及工业控制系统的类型、品牌、型号、网络和功能等的资料收集 （3）整理、分析资料，撰写工业控制系统调查表		（1）自主学习 ① 常用的工业控制系统 ② 工业控制系统的典型应用和发展趋势 （2）设备工具 ① 硬件：计算机 ② 软件：办公软件
自我总结		拓展提高
		通过工作过程和总结，提高团队分工协作能力、资料收集和整理能力

【任务资讯】

1.1.1　认识工业控制系统

1．工业控制系统

　　工业控制系统（Industrial Control System，ICS）是由各种自动化控制组件及对实时数据进行采集、监测的过程控制组件共同构成的确保工业基础设施自动化运行、过程控制与监控的业务流程管控系统。工业领域中使用的工业控制系统主要有数据采集与监控系统

（Supervisory Control And Data Acquisition，SCADA）、分布式控制系统（Distributed Control System，DCS）、可编程逻辑控制器（Programmable Logic Controller，PLC）。

根据 GB/T 20720.1—2019《企业控制系统集成 第 1 部分：模型和术语》，可绘制企业控制系统功能层次图，如图 1.1.1 所示。其中，第 0 层表示过程，通常指实际制造或生产过程；第 1 层表示用来监视和操控该过程的人工感知、传感器及执行机构，相当于以前的现场设备层；第 2 层表示手动或自动的控制活动，使过程保持稳定或处于控制之下，相当于以前的现场控制层和过程监视层；第 3 层表示生产期望产品的工作流活动，包括档案维护和流程协调活动，相当于以前的制造执行系统（MES）层；第 4 层表示制造组织管理所需的业务相关活动，包括建立基础车间生产调度（如物料的使用、传送和运输）、确定库存水平及运行管理（如确保物料被按时传送到合适的地点以进行生产），相当于以前的企业管理层。PLC 属于第 1 层，DCS 属于第 1 层和第 2 层，而 SCADA 则属于第 2 层。

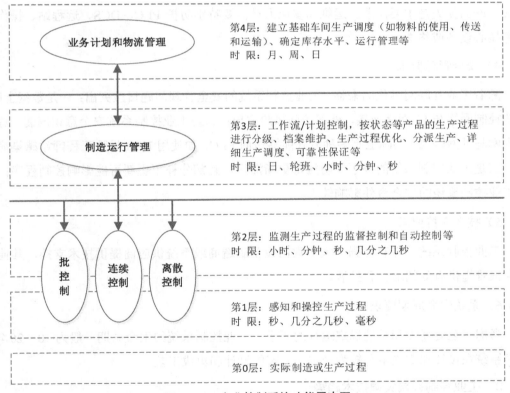

图 1.1.1　企业控制系统功能层次图

2. 工业控制系统的要求

工业控制系统关系着生产设备的运行、人员的健康/安全和生态环境的保护，因此对其有特殊的要求。

1）性能要求

工业控制系统的设计和实施对延迟与抖动有严格的要求。为了保证实时性，一般不要求大流量的通信方式。

2）可靠性要求

工业一般是连续生产的，非预期停机会带来巨大的经济损失。为了保证不间断工作，并综合考虑温/湿度、海拔、防尘、防水、防爆、防振动、防电磁干扰等多方面的因素，要求选择可靠性高的设备，关键场所选择冗余系统或组件，并行运行，故障时切换。此外，还需要提前做好检修计划，严格执行，减少因设备故障产生的非预期停机。

3）风险管理要求

对于工业控制系统，人员安全，设备容错能力，防止环境破坏、设备损失、知识产权损失、产品损失是主要问题。运维和安保人员需要特别防护 PLC、DCS、远程站、操作台箱等核心设备或终端。

4）安全管理要求

随着工业互联网时代的来临，工业控制系统的安全管理问题日益突出：一是数据上网，工业控制网络与 IT 网络连接，外部访问风险突出；二是工业控制系统安全意识薄弱，总以为内网与外网隔离，实际上有多种方式能够访问 PLC，如使用 USB 导致工程师站感染病毒等；三是工业控制系统的补丁和防病毒更新滞后，且部分补丁更新可能影响控制程序；四是工业控制系统的安全事件影响较大。

5）技术支持要求

工业控制系统的专有性强，大多数由设备制造商或系统供应商提供技术支持，其他供应商很难提供有效的融合和扩展。

6）系统生命周期要求

考虑工艺更新慢和系统稳定运行的要求，工业控制系统的生命周期一般为 10～20 年，要求系统在设计和实施中有较为稳定、完善的设计和集成工艺。

3．工业控制领域关键技术趋势

1）柔性生产

柔性生产（Flexible Production）是以"制造系统响应内外环境变化的能力"建设为核心的生产方式与方法论。与刚性生产相比，柔性生产能够快速切换生产线，有灵活满足客户定制化要求、极大缩短生产周期等优点。

2）扁平化架构

当前领先企业已逐步采用 OT+IT 扁平化的网络架构，其优势在于原有 5 层架构下的工业设备之家可以通过网关相互连接，实现网络连接与控制逻辑之间的解耦，有利于生产线之间的深度协同。

3）少人化、无人化控制

自动化、云计算、人工智能、5G 等新技术加速了智能化的发展。少人化、无人化控制的目的不在于减少人员数量，而在于减少可重复工种、低附加值或从事危险性工作的人员数量，引导人员从事高附加值工作。

4）开放自动化

工业互联网和数字化转型得益于机器学习、增强现实、实时分析和工业物联网等各类技术的进步，使工业体系和互联网进行深度融合。工业控制参与方采用开放的自动化标准和多元自动化系统集成，激发行业协同创新，提高效率、生产力、灵活性和可持续性。

【小思考】

工业控制系统是实现制造大国向制造强国转变的关键环节，近几年我国出台了哪些政策来鼓励工业控制系统的发展呢？

1.1.2　PLC

PLC 是一种具有微处理器的用于自动化控制的数字运算控制器，可以将控制指令随时载入内存进行储存与执行。

1. PLC 硬件结构

PLC 主要由中央处理器（CPU）、存储器（RAM、ROM）、输入/输出接口（I/O 接口）、电源、扩展通信接口等组成，如图 1.1.2 所示。

1）CPU

CPU 一般由控制器、运算器和寄存器组成，通过数据总线、地址总线和控制总线与存储单元、输入/输出接口电路相连接。CPU 的主要任务是：控制用户程序和数据的接收与存储；用扫描方式通过输入/输出接口接收现场的状态或数据；诊断 PLC 内部电路的工作故障和编程中的语法错误；在 PLC 运行状态下，执行用户程序，实现数据的传送、逻辑或算术运算，根据运算结果更新有关标志位的状态和输出映像寄存器的内容，并经输出部件实现输出控制、制表打印或数据通信等。

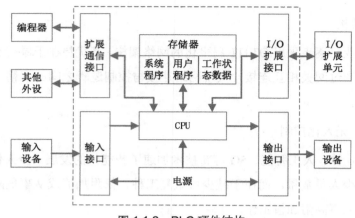

图 1.1.2　PLC 硬件结构

2）存储器

存储器主要用于存储系统程序、用户程序和工作状态数据。

系统存储器用来存放 PLC 的系统程序。系统程序固化在 ROM 内，用户不能直接更改。系统程序使 PLC 具有基本的功能，能够完成 PLC 设计者规定的各项工作。

用户存储器包括用户程序存储器（程序区）和用户功能存储器（数据区）两部分。用户程序存储器用来存放针对具体控制任务编写的各种用户程序及用户的系统配置。用户程序存储器根据所选用的存储器单元类型的不同，可以是 RAM（有掉电保护）、EPROM 或EEPROM，其内容可以任意修改或增删。用户功能存储器用来存放（记忆）用户程序中使用器件的 ON/OFF 状态或数值数据等。用户存储器容量的大小关系到用户程序容量的大小，是反映 PLC 性能的重要指标之一。

工作状态数据是 PLC 运行过程中经常变化、经常存取的一些数据，存放在 RAM 中，以适应随机存取的要求。

3）输入/输出接口

输入/输出接口是 PLC 与现场信号和执行器连接的部分。输入接口用于接收现场各类信号；输出接口用于输出运算后的控制指令，传送给现场执行器以实现各类控制。

输入接口分为数字量输入接口和模拟量输入接口。数字量输入接口将数字（开关）量信号变为 PLC 内部可以处理的标准信号，根据外部电源类型的不同，又分为直流输入接口（由 PLC 内部电源或外部电源供电）、交直流输入接口（一般由外部电源供电）和交流输入接口（一般由外部电源供电）。模拟量输入接口将现场连续变化的模拟量标准信号转换成适合 PLC 内部处理的由若干二进制数字表示的信号。模拟量输入接口可接受电压信号（如 0～10V）、电流信号（如 4～20mA）。

输出接口分为数字量输出接口和模拟量输出接口。数字量输出接口将 PLC 标准信号转换成现场执行机构所需的数字（开关）量信号，按输出开关器件的种类不同，可分为晶体管型、继电器型和可控硅型。晶体管型输出接口只能接直流负载，为直流输出接口；继电器型输出接口可接直流和交流负载，为交直流输出接口；可控硅型输出接口只能接交流负载，为交流输出接口。数字量输出接口都由外部电源供电。

4）电源

电源是 PLC 稳定、可靠工作的前提。PLC 的供电电源一般为交流 220V 和直流 24V。它的稳定性好、抗干扰能力强，采用稳压电源或 PLC 配套的电源模块，可以直接接入 220V AC 电源，一般允许电源电压在其额定值±15%的范围内波动。

对于大型控制系统，可专门配置电源柜，内设隔离变压器、稳压电源或 UPS，对输入电源进行稳压滤波，同时对外提供 220V AC 电源；通过开关电源，把 220V AC 电源转换为 24V DC 电源、12V DC 电源，对外供电。每个供电回路均设置断路器进行分断和保护。

对于中小型控制系统，根据系统负荷大小，选择 2～3 个同规格的开关电源并联使用，开关电源规格一般为 5A、10A、20A。开关电源分回路对外分别供电：PLC、外部 I/O 模块、现场直流供电仪表、网络通信设备、其他设备或备用若干回路。同样，每个供电回路均设置断路器进行分断和保护。

【小提示】

IEC 61131-3 是用于规范 PLC、DCS、IPC、CNC 和 SCADA 的编程系统的标准，其中规定 PLC 有 5 种编程语言，即顺序功能图（SFC）、梯形图（LD）、功能块图（FBD）、指令表（IL）和结构化文本（ST）。其中，顺序功能图、梯形图和功能块图是图形编程语言，指令表和结构化文本是书面语言。

2．PLC 的工作原理

计算机一般运行到结束指令就不再运行了，而 PLC 是周期循环扫描执行的，如图 1.1.3 所示。在 PLC 中，用户程序按先后顺序存放，CPU 从第一条指令开始执行程序，直到遇到结束符后又返回第一条，周而复始、不断循环。当 PLC 处于停止状态（STOP）时，只进行内部处理和通信服务。

1）内部处理

在内部处理阶段，PLC 进行电源检测、内部硬件检查、复位监视定时器，以及完成一些其他内部工作。

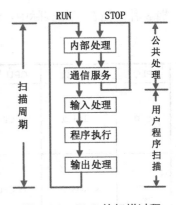

图 1.1.3 PLC 的扫描过程

2）通信服务

在通信服务阶段，PLC 检查是否有编程器、计算机或上位 PLC 等通信请求，若有，则进行相应的处理。

3）输入处理

在输入处理阶段，PLC 读入所有输入接口的通断状态，存入输入映像寄存器，这个过程也称为输入采样。当外部输入电路接通时，对应的输入映像寄存器为 1 状态，梯形图中对应的输入继电器的常开触点接通、常闭触点断开；当外部输入电路断开时，对应的输入映像寄存器为 0 状态，梯形图中对应的输入继电器的常开触点断开、常闭触点接通。

4）程序执行

PLC 程序在执行时，所取信号来自输入映像寄存器，而不是输入接口。只有在下一个扫描周期的输入处理阶段，最新的输入接口状态才会更新到输入映像寄存器中。

PLC 用户程序由若干指令组成，指令在存储器中按步序号顺序排列，按先左后右、先上后下的步序逐句扫描，执行程序。若遇到程序跳转指令，则根据跳转条件是否满足来决定程序的跳转地址。当用户程序涉及输入/输出状态时，PLC 从输入映像寄存器中读出上一阶段采入的对应输入接口状态，从输出映像寄存器中读出对应输入映像寄存器的当前状态。根据用户程序进行逻辑运算，并将运算结果存入有关器件寄存器中；但在全部程序未执行完之前，不会送到输出接口。

5）输出处理

全部程序执行完毕后，将输出映像寄存器的状态转存到输出锁存器中，通过隔离电路、驱动功率放大电路，使输出接口向外界输出控制信号，驱动外部负载。

3．PLC 的分类

PLC 种类繁多，可按结构形式分为整体式和模块式，或者按功能分为低档、中档和高档 3 种。但在工程实际中，最常见的是按 I/O 点数的多少分类，如表 1.1.2 所示。

表 1.1.2　PLC 的分类

PLC	I/O 点数	CPU 数	用　　途	主要品牌型号
小型	＜256 点	单 CPU	多用于单机控制或小型系统的控制	德国西门子的 S7-200、S7-200 Smart、S7-1200，日本三菱的 FX 系列，美国 AB 的 MicroLogix 控制器，施耐德的 M100、M200 系列，欧姆龙的 CP、CQM1H、CJ1M 系列，和利时的 LM 系列
中型	＜2048 点	双 CPU	多用于设备直接控制，可对多个下一级 PLC 进行监控	德国西门子的 S7-300、S7-1500，日本三菱的 L 系列，美国 AB 的 CompactLogix 控制器，施耐德的 M340、Premium 系列，欧姆龙的 C200H、CJ1、CS1 系列，和利时的 LE 系列

PLC	I/O 点数	CPU 数	用　途	主要品牌型号
大型	≥2048 点	多 CPU	多用于较复杂的算术运算，还可以完成复杂的矩阵运算	德国西门子的 S7-400、S7-1500，日本三菱的 Q 系列，美国 AB 的 ControlLogix 控制器，施耐德的 Quantumn 系列，欧姆龙的 CV、CS1D 系列，和利时的 LK 系列

1.1.3　工业组态软件

工业组态软件又称工业组态监控系统软件，是进行数据采集与过程控制的专用软件。国内的工业组态软件主要有亚控科技组态王（KingView）、昆仑技创 MCGS、三维力控 Forcecontrol，上海步科 Kinco DTools 等，国外的工业组态软件主要有通用电气 Cimplicity、西门子 WinCC 等。随着 UNIX、Linux 操作系统越来越多地被公司采用，可移植性成为工业组态软件的主要发展方向。

1．工业组态软件的主要功能

工业组态软件既是一个人机界面，又可以用来进行监视、控制和采集。它具备以下主要功能。

- 图形功能：运行时处理画面上的所有对象（设备对象、工艺流程等），具有丰富的图形库，支持多点触控、手势操作和多屏显示。
- 消息系统：消息有多重触发方式，如时间触发、位变量触发、模拟量超限触发和操作触发；可按优先级、时间顺序等进行筛选和分类，支持用户自定义优先级和分类。
- 归档系统：保存、管理消息数据、历史数据和用户数据，可按周期或数据量归档。
- 脚本系统：支持 VB 脚本和 ANSI-C 等编程，支持访问图形对象的属性和方法、ActiveX 控件等，以便建立与第三方应用软件（如 Excel、SQL 数据库等）的连接。
- 标准接口：提供第三方设备的交互接口，允许第三方设备进行数据读写。
- 用户管理：分配和控制用户组态、画面和软件功能的访问权限，支持用户分组，可为不同用户、用户组分配不同的权限。

2．HMI 设计原则

HMI 的主要用户是现场操作人员、车间管理人员，其设计应遵循 KISS 原则（Keep It Simple & Stupid），即简单、便捷的操作，以及友好的界面，具体如下。

- 以用户为中心的基本原则：在 HMI 方案设计、画面开发和调试过程中，应充分考虑用户工作环境和工作习惯，保持与用户的沟通、确认，甚至可以邀请用户参与全过程。
- 重要性原则：按照管理对象在控制系统中的重要性和全局性水平设计 HMI 主/次菜单、对话窗口的位置，并突出显示，从而有助于用户操作和管理。

- 顺序原则：按照访问查看顺序（如从整体到单体、从大到小、从上层到下层等）、工作流程、控制流程等设计。

- 频率原则：按照 HMI 画面交互访问频率高低设计人机界面的层次顺序和对话窗口菜单的显示位置等，提高监控和访问对话效率。

- 面向对象原则：按照用户的身份和岗位配置与之相适应的人机界面。适合用弹出式窗口显示提示、引导和帮助信息，从而提高用户的交互水平和效率。

- 一致性原则：同类设备或流程的功能、布局、颜色、文字等应保持一致，同时满足国标、行标、企标等要求。

【小提示】

WinCC 7.5 有 8 种典型架构：单用户系统、冗余单用户系统、多用户系统、冗余服务器多用户系统、分布式系统、单用户系统的浏览器/服务器、分布式系统的浏览器/服务器、瘦客户机。

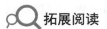拓展阅读

中控技术引领控制系统国产化替代

中控技术成立于 1999 年，前身为浙江大学工业自动化公司，2020 年 11 月 24 日，中控技术登录上交所科创板。中控技术自主研发的工业控制系统是所有重大工程（炼油、石化、冶金、电力等）安全、高效运行必需的核心装置，被誉为工业设备的"大脑"。根据睿工业统计，2020 年，公司核心产品 DCS 在国内的市场占有率达到 28.5%，连续 10 年蝉联国内 DCS 市场占有率第一，其中在化工领域的市场占有率达到 44.2%，在可靠性、稳定性、可用性等方面均已达到国际先进水平。根据 ARC 统计，2020 年，公司核心产品 SIS 在国内的市场占有率为 22.4%，排名第二；核心工业软件产品 APC 在国内的市场占有率为 27%，排名第一。

【任务计划】

根据任务资讯及收集、整理的资料填写任务计划单，如表 1.1.3 所示。

表 1.1.3 任务计划单

项　　目	指示灯点动控制			
任　　务	工业控制系统调研		学　　时	2
计划方式	分组讨论、资料收集、技能学习等			
序　　号	任　　务		时　　间	负责人
1				

序　号	任　　务	时　　间	负责人
2			
3			
4			
5	撰写工业控制系统调查表		
6	任务成果展示、汇报		
小组分工			
计划评价			

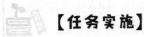

【任务实施】

根据任务计划编制任务实施方案，并完成任务实施，填写任务实施工单，如表 1.1.4 所示。

表 1.1.4　任务实施工单

项　　目	指示灯点动控制		
任　　务	工业控制系统调研	学　　时	
计划方式	分组讨论、合作实操		
序　号	实施情况		
1			
2			
3			
4			
5	撰写工业控制系统调查表		
6	任务成果展示、汇报		

可以通过访谈、现场调研、上网查询等方式调查制造业工程项目，收集其工业控制系统信息，撰写工业控制系统调查表，如表 1.1.5 所示。

表 1.1.5　工业控制系统调查表

小组成员					
公司/工厂				行业	
人员规模	□≤20 人	□20～300 人	□300～1000 人	□≥1000 人	
工业控制系统	□PLC	□DCS	□SCADA	□其他	
HMI	□WinCC	□InTouch	□Cimplicity	□ChinPMC	□IFix
	□组态王	□MCGS	□三维力控	□Kinco DTools	□其他
控制器型号					
通信网络					
控制系统主要功能					
调查总结					

【任务检查与评价】

完成任务实施后，进行任务检查与评价，可采用小组互评等方式。任务评价单如表 1.1.6 所示。

表 1.1.6 任务评价单

项 目	指示灯点动控制			
任 务	工业控制系统调研			
考核方式	过程评价			
说 明	主要评价学生在项目学习过程中的操作方式、理论知识、学习态度、课堂表现、学习能力、动手能力等			
评价内容与评价标准				
序号	内 容	评价标准		成绩比例/%
		优	良	合 格	
1	基本理论掌握	掌握工业控制系统基础知识，理解工业控制系统的结构	熟悉工业控制系统基础知识，理解工业控制系统的结构	了解工业控制系统基础知识，基本理解工业控制系统的结构	30
2	实践操作技能	熟练使用多种查询工具收集和查阅相关资料，采用多种调研方式，数据翔实，报告编写规范	较熟练使用多种查询工具收集和查阅相关资料，采用两种调研方式，数据较翔实，报告编写较规范	能够使用查询工具收集和查阅相关资料，采用一种调研方式，完成报告的编写	30
3	职业核心能力	具有良好的自主学习能力和分析、解决问题的能力，能解答任务小思考	具有较好的学习能力和分析、解决问题的能力，能部分解答任务小思考	具有分析、解决部分问题的能力	10
4	工作作风与职业道德	具有严谨的科学态度和工匠精神，能够严格遵守"6S"管理制度	具有良好的科学态度和工匠精神，能够自觉遵守"6S"管理制度	具有较好的科学态度和工匠精神，能够遵守"6S"管理制度	10
5	小组评价	具有良好的团队合作精神和沟通交流能力，热心帮助小组其他成员	具有较好的团队合作精神和沟通交流能力，能帮助小组其他成员	具有一定的团队合作能力，能配合小组完成项目任务	10
6	教师评价	包括以上所有内容	包括以上所有内容	包括以上所有内容	10
合计					100

 【任务练习】

1. PLC 和计算机的区别是什么？

2. PLC 和 DCS 的区别是什么？

任务 1.2　S7-1200 的安装和接线

扫一扫，
看微课

【任务描述】

西门子 S7-1200 具有模块化、结构紧凑、功能全面的特点，能适应多设备同时工作的工业环境，可以作为一个组件集成在完整的综合自动化解决方案中。

【任务单】

根据任务描述，完成 S7-1200 的安装和接线。具体任务要求请参照如表 1.2.1 所示的任务单。

表 1.2.1　任务单

项　目	指示灯点动控制	
任　务	S7-1200 的安装和接线	
任务要求		**任务准备**
(1) 明确任务要求，组建分组，3～5 人/组 (2) 收集 S7-1200 产品手册 (3) 识别 S7-1200 CPU、通信模块 (4) 完成 S7-1200 的安装和接线		(1) 自主学习 ① S7-1200 的组成 ② S7-1200 的接线端子和接线方式 (2) 设备工具 ① 硬件：计算机、S7-1200、螺丝刀 ② 软件：办公软件
自我总结		**拓展提高**
		通过工作过程和总结，认识 S7-1200 及其附属模块，具备设备安装和接线能力

【任务资讯】

1.2.1　S7-1200 PLC 硬件

考虑应用复杂性、I/O 能力、程序大小、指令速度、通信能力等因素，西门子开发了 SIMATIC 系列产品，如图 1.2.1 所示。S7-1200 是西门子的新一代小型 PLC，集成了以太网接口和很强的工艺功能，编程软件 STEP 7 Basic 集成了用于人机界面组态的 WinCC Basic，硬件和网络的组态、编程与监控均采用图形化的方式。

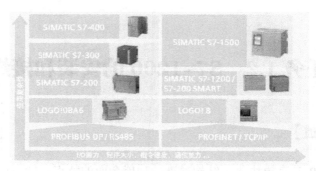

图 1.2.1　西门子 SIMATIC 系列产品

【小思考】

S7-1200 和 S7-200 Smart 有什么区别？

1. S7-1200 CPU

S7-1200 CPU 将微处理器、集成电源、输入/输出电路、PROFINET、高速运动控制 I/O 集成到一起，构成功能强大的控制器，如图 1.2.2 所示。

S7-1200 CPU 提供了一个 PROFINET 端口用于 PROFINET 通信。另外，还可以增加附加模块实现以下通信：PROFIBUS、GPRS、LTE、具有安全集成功能（防火墙、VPN）的 WAN、RS485、RS232、RS422、IEC 60870、DNP3、USS、Modbus。S7-1200 CPU 扩展功能如图 1.2.3 所示。

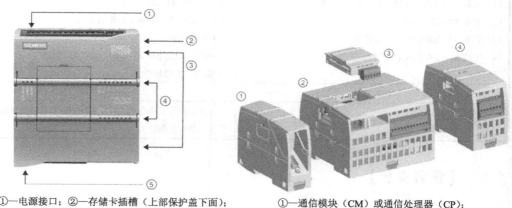

①—电源接口；②—存储卡插槽（上部保护盖下面）；　　　①—通信模块（CM）或通信处理器（CP）；
③—可拆卸用户接线连接器（上下保护盖下面）；　　　　②—CPU；③—信号板（SB）；④—信号模块（SM）。
④—板载 I/O 状态 LED ⑤PROFINET 连接器（RJ45，CPU 的底部）。

图 1.2.2　S7-1200 控制器　　　　　　　　　图 1.2.3　S7-1200 CPU 扩展功能

【小提示】

S7-1200 CPU 提供 5V DC 和 24V DC 电源。当有扩展模板时，CPU 通过 I/O 总线为其提供 5V DC 电源，所有扩展模块的 5V DC 电源的消耗之和不能超过该 CPU 提供的电源额定值，不允许外接 5V DC 电源。CPU 为本机输入点和扩展模块输入点及扩展模块继电器线圈提供 24V DC 电源。如果电源容量不够，则可外接 24V DC电源。

2．信号板

信号板可为 CPU 提供附加 I/O，信号板连接在 CPU 的前端，CPU 最多连接 1 块信号板。S7-1200 信号板的连接如图 1.2.4 所示。

信号板分为数字量输入信号板、数字量输出信号板、数字量输入/输出信号板、热电偶和热电阻模拟量输入信号板、模拟量输入信号板、模拟量输出信号板、RS485 通信信号板。S7-1200 信号板的基本参数如表 1.2.2 所示。

图 1.2.4　S7-1200 信号板的连接

表 1.2.2　S7-1200 信号板的基本参数

型　号	名　称	说　明
SB1221	数字量输入信号板	DI4×24V、DI4×5V
SB1222	数字量输出信号板	DQ4×24V、DQ4×5V
SB1223	数字量输入/输出信号板	DI2×24V、DQ2×24V
		DI2×24V/DQ2×24V，200kHz
		DI2×5V/DQ2×5V，200kHz
SB1231	热电偶和热电阻模拟量输入信号板	AI1×16 位热电偶、AI1×16 位热电阻
SB1231	模拟量输入信号板	AI1×12 位
SB1232	模拟量输出信号板	AQ1×12 位
CB 1241	RS485 通信信号板	RS485

3．通信相关的模块

通信相关的模块包括通信模块（CM）和通信处理器（CP），用于增加 CPU 的通信接口。CM 或 CP 扩展在 CPU 的左侧（或连接到另一个 CM 或 CP 的左侧），最多支持 3 个CM 或 CP 的扩展。

CM 支持 PROFIBUS、RS232/RS485（支持 PtP 通信、Modbus 通信或 USS 通信）或AS-i 主站通信，主要有 CM 1241、紧凑型交换机模块 CSM 1277、CM 1243-5 PROFIBUS DP主站模块、CM 1242-5 PROFIBUS DP 从站模块。

CP 提供其他通信类型的功能，如通过 GPRS、IEC、DNP3 或 WDC 网络连接到 CPU，主要有 CP 1242-7 GPRS 模块、CP 1243-1 以太网通信处理器。

1）CM 1241

CM 1241 用于执行强大的点对点高速串行通信，支持以下协议：ASCII，用于单工传输协议的第三方接口；Modbus，SIMATIC S7 作为主站的主/从接口，或者从站的主/从接口（从站与从站之间的信息帧不能交换）；USS 驱动协议，仅支持用于连接 USS 协议驱动的指令。

2）紧凑型交换机模块 CSM 1277

CSM 1277 能够以线型、树型或星型拓扑结构将 S7-1200 连接到工业以太网中。CSM 1277 有 4 个 RJ45 插口，并提供工业以太网端口的诊断和状态显示功能。CSM 1277 是一个非托管交换机，不需要进行组态配置。

4．信号模块

信号模块（SM）可为 CPU 增加其他功能，连接在 CPU 的右侧。多达 12 种信号模块可连接到扩展能力最强的 CPU，但最多连接 8 种信号模块。

信号模块分为数字量输入信号模块、数字量输出信号模块、数字量直流输入/输出信号模块、数字量交流输入/输出信号模块、模拟量输入信号模块、模拟量输出信号模块、热电偶和热电阻模拟量输入信号模块、模拟量输入/输出信号模块信号模块。S7-1200 信号模块的基本参数如表 1.2.3 所示。

表 1.2.3　S7-1200 信号模块的基本参数

型　号	名　称	说　明	
SM1221	数字量输入信号模块	DI8×24V、DI16×24V	
SM1222	数字量输出信号模块	DQ8×RLY、DQ8×RLY（双态）、DQ16×RLY、DQ8×24V、DQ16×24V、DQ16×24V 漏型	
SM1223	数字量直流输入/输出信号模块	DI8×24V、DQ8×RLY	DI8×24V、DQ8×24V
		DI16×24V、DQ16×RLY	DI16×24V、DQ16×24V
		DI16×24V、DQ16×24V 漏型	
	数字量交流输入/输出信号模块	DI 8×120/230 V AC/DQ 8×RLY	
SM1231	模拟量输入信号模块	AI4×13 位、AI8×13 位、AI4×16 位	
SM1232	模拟量输出信号模块	AQ2×14 位、AQ4×14 位	
SM1231	热电偶和热电阻模拟量输入信号模块	AI4×16 位热电偶、AI8×16 位热电偶	
		AI4×16 位热电阻、AI8×16 位热电阻	
SM1234	模拟量输入/输出信号模块	AI4×13 位、AQ2×14 位	

1.2.2　S7-1200 的安装和拆卸

1．安装准则

S7-1200 可安装在面板或标准 DIN 导轨上，水平或垂直安装。

S7-1200 计为自然对流冷却，应在设备上/下方，以及模块前端与机柜内壁至少留出 25mm 的间隙，并考虑留出足够的空隙方便接线。

在进行设备布局时，必须将产生高压和高电噪声的设备与 S7-1200 等低压设备隔离。

2. CPU 的安装和拆卸

1) CPU 面板的安装

CPU 面板的安装如图 1.2.5 所示。具体步骤为：①准备 M4 安装孔，设备断电；②从模块上拉出安装卡夹；③使用带弹簧和平垫圈的 M4 螺钉将模块固定到面板上。

2) CPU 导轨的安装

CPU 导轨的安装如图 1.2-6 所示。具体步骤为：①设备断电；②安装 DIN 导轨，每隔 75mm 将导轨固定到安装板上；③将 CPU 挂到 DIN 导轨上方；④拉出 CPU 下方的 DIN 导轨卡夹；⑤向下转动 CPU，使其在导轨上就位；⑥推入卡夹，将 CPU 锁定在导轨上。

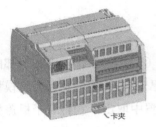

图 1.2.5 CPU 面板的安装

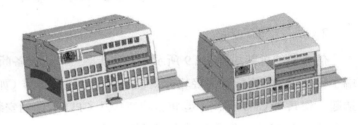

图 1.2.6 CPU 导轨的安装

3) CPU 导轨的拆卸

CPU 导轨的拆卸如图 1.2.7 所示。具体步骤为：①设备断电；②从 CPU 上断开 I/O 连接器、接线和电缆；③将 CPU 和所有相连的通信模块作为一个完整单元拆卸；④如果信号模块已连接到 CPU，则需要缩回总线连接器（向下按，使 I/O 连接器与 CPU 分离，将小接头完全滑到右侧）；⑤拉出 DIN 导轨卡夹，从导轨上松开 CPU，向上转动 CPU 使其脱离导轨，然后从系统中卸下 CPU。

图 1.2.7 CPU 导轨的拆卸

3. 信号板的安装和拆卸

1) 信号板的安装

信号板的安装如图 1.2.8 所示。具体步骤为：①设备断电；②卸下 CPU 上部和下部的端子板盖板；③将螺丝刀插入 CPU 上部接线盒盖板背面的槽中；④轻轻将盖板直接撬起并从 CPU 上卸下；⑤将模块直接向下放入 CPU 上部的安装位置中；⑥用力将模块压入该位置直到就位；⑦重新装上端子板盖板。

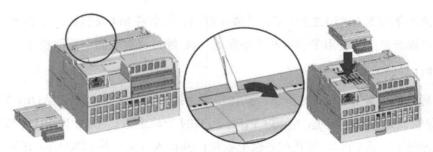

图 1.2.8　信号板的安装

2）信号板的拆卸

信号板的拆卸如图 1.2.9 所示。具体步骤为：①设备断电；②卸下 CPU 上部和下部的端子板盖板；③用螺丝刀轻轻分离以卸下信号板连接器（如果已安装）；④用螺丝刀将模块撬起，使其与 CPU 分离；⑤将模块直接从 CPU 上部的安装位置中取出；⑥将端子板盖板重新装到 CPU 上；⑦重新装上端子板盖板。

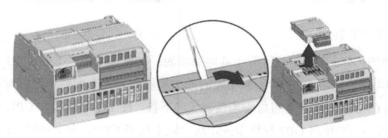

图 1.2.9　信号板的拆卸

4. 拆卸和重新安装连接器

CPU、信号板和信号模块都提供了方便接线的可拆卸连接器。

1）安装连接器

安装连接器如图 1.2.10 所示。具体步骤为：①设备断电；②使连接器与单元上的插针对齐；③将连接器的接线边对准连接器座沿的内侧；④用力按下并转动连接器直到就位，仔细检查以确保连接器已正确对齐并完全啮合。

2）拆卸连接器

拆卸连接器如图 1.2.11 所示。具体步骤为：①设备断电；②查看连接器的顶部并找到可插入螺丝刀的槽；③将螺丝刀插入槽中；④轻轻撬起连接器顶部，使其与 CPU 分离，连接器从夹紧位置脱离；⑤抓住连接器并将其从 CPU 上卸下。

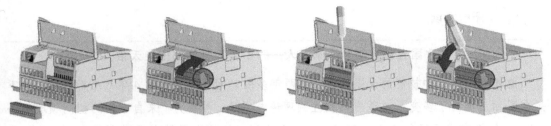

图 1.2.10　安装连接器　　　　　　图 1.2.11　拆卸连接器

1.2.3　S7-1200 接线

1. 接线准则

要维持 S7-1200 低压电路的安全特性，到通信端口、模拟电路及所有 24V DC 额定电源和 I/O 电路的外部连接必须由合格的电源供电。该电源必须满足各种标准对 SELV（Safety Extra Low Voltage，安全特低电压）、PELV（Protective Extra Low Voltage，保护特低电压）、2 类电源、限制电压或受限电源的要求。

2. CPU 接线

CPU 1214C DC/DC/继电器接线如图 1.2.12 所示。

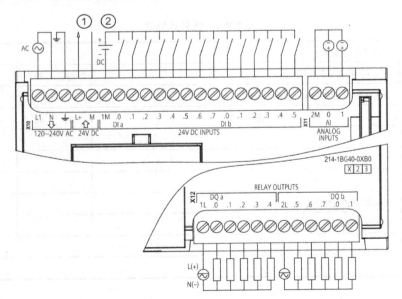

图 1.2.12　CPU 1214C DC/DC/继电器接线

在图 1.2.12 中，①处代表 24V 传感器电源输出，为获得更好的抗噪声效果，即使未使用传感器电源，也可将 "M" 端连接到机壳接地。在②处，对于漏型输入，将 "−" 端连接到 "M" 端；对于源型输入，将 "+" 端连接到 "M" 端。

拓展阅读

中国自动控制领域领军人——中国工程院院士柴天佑

他怀着对知识和技能的无限渴求，用两年多的时间读完了大学 4 年的全部课程；他率先在国际上提出了多变量自适应解耦控制理论与方法，被誉为"来自中国的控制领域第一人"；他始终瞄准国民经济重大需求，为我国流程工业的发展做出了巨大贡献……他就是东北大学流程工业综合自动化国家重点实验室主任、中国工程院院士柴天佑。他提出了多变量自适应解耦控制理论与方法，与智能控制、计算机集散控制技术相结合，主持研制出了智能解耦控制技术及系统；提出了以综合生产指标为目标的全流程混合智能优化控制方法，主持研制了混合智能优化控制技术及综合自动化系统，并成功应用于钢铁、选矿、有色、电力等行业，取得了一定的社会经济效益，他曾获得国家科学技术进步二等奖 3 项。

【任务计划】

根据任务资讯及收集、整理的资料填写任务计划单，如表 1.2.4 所示。

表 1.2.4　任务计划单

项　　目	指示灯点动控制			
任　　务	S7-1200 的安装和接线		学　　时	
计划方式	分组讨论、资料收集、技能学习等			
序　　号	任　　务		时　　间	负责人
1				
2				
3				
4	完成 S7-1200 的安装和接线			
5	任务成果展示、汇报			
小组分工				
计划评价				

【任务实施】

根据任务计划编制任务实施方案，并完成任务实施，填写任务实施工单，如表 1.2.5 所示。

表 1.2.5　任务实施工单

项　　目	指示灯点动控制		
任　　务	S7-1200 的安装和接线	学　　时	
计划方式	分组讨论、合作实操		
序　　号	实施情况		
1			
2			
3			
4			
5			
6			

【任务检查与评价】

完成任务实施后，进行任务检查与评价，可采用小组互评等方式。任务评价单如表 1.2.6 所示。

表 1.2.6　任务评价单

项　　目	指示灯点动控制			
任　　务	S7-1200 的安装和接线			
考核方式	过程评价+结果考核			
说　　明	主要评价学生在项目学习过程中的操作方式、理论知识、学习态度、课堂表现、学习能力、动手能力等			
评价内容与评价标准				
序号	内　　容	评价标准		成绩比例/%
		优	良	合　格	
1	基本理论掌握	掌握 S7-1200 的硬件组成，理解 S7-1200 的结构	熟悉 S7-1200 的硬件组成，理解 S7-1200 的结构	了解 S7-1200 的硬件组成，了解 S7-1200 的结构	30
2	实践操作技能	熟练识别 S7-1200 CPU、通信模块，分工合理，能选择合适的工具，按规范步骤快速完成安装和接线	能识别 S7-1200 CPU、通信模块，分工较合理，能选择合适工具，按规范步骤，完成安装和接线	基本识别 S7-1200 CPU、通信模块，能选择工具，基本完成安装和接线	30
3	职业核心能力	具有良好的自主学习能力和分析、解决问题的能力，能解答任务小思考	具有较好的学习能力和分析、解决问题的能力，能部分解答任务小思考	具有分析、解决部分问题的能力	10
4	工作作风与职业道德	具有严谨的科学态度和工匠精神，能够严格遵守"6S"管理制度	具有良好的科学态度和工匠精神，能够自觉遵守"6S"管理制度	具有较好的科学态度和工匠精神，能够遵守"6S"管理制度	10
5	小组评价	具有良好的团队合作精神和沟通交流能力，热心帮助小组其他成员	具有较好的团队合作精神和沟通交流能力，能帮助小组其他成员	具有一定的团队合作能力，能配合小组完成项目任务	10
6	教师评价	包括以上所有内容	包括以上所有内容	包括以上所有内容	10
合计				100

【任务练习】

1．S7-1200 和 S7-1500 在功能上有什么区别？

2．PLC 的漏型输入和源型输入有什么区别？

任务 1.3　博途 V16 的安装

【任务描述】

扫一扫，
看微课

TIA 博途（Totally Integrated Automation Portal）是西门子发布的一款全新全集成自动化软件。该软件架构为控制器、人机界面（HMI）和传动提供标准化操作概念，以实现共享数据存储和一致性（如在组态、通信和诊断期间），以及功能强大且全面的自动化对象库。2019 年，西门子正式发布博途 V16，团队分布式协作和 OPC UA 通信支持变为现实。

【任务单】

根据任务描述完成博途 V16 的安装。具体任务要求请参照如表 1.3.1 所示的任务单。

表 1.3.1　任务单

项　　目	指示灯点动控制	
任　　务	博途 V16 的安装	
任务要求		任务准备
（1）明确任务要求 （2）收集博途软件使用手册 （3）完成博途 V16 的安装		（1）自主学习 ① 博途 V16 的功能和特点 ② 博途软件的安装要求 ③ 计数器指令 （2）设备工具 ① 硬件：计算机 ② 软件：办公软件、博途 V16
自我总结		拓展提高
		通过工作过程和总结，认识博途 V16，提高工业软件安装和配置的能力

【任务资讯】

1.3.1　博途软件

博途软件是全集成自动化软件 TIA Portal 的简称，使用博途软件不仅可以组态应用于控制器及外部设备程序编辑的 STEP 7、应用于安全控制器的 Safety，还可以组态应用于设备可视化的 WinCC。另外，博途软件还集成了应用于驱动装置的 Startdrive、应用于运动控制的 SCOUT 等。其中，STEP 7 和 WinCC 最为常用，其产品性能如图 1.3.1 所示。

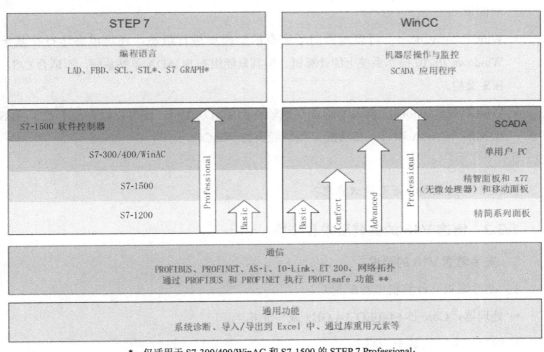

*—仅适用于 S7-300/400/WinAC 和 S7-1500 的 STEP 7 Professional；

**—已安装有"STEP 7 Safety Advanced"的可选包。

图 1.3-1　STEP 7 和 WinCC 的产品性能

1．STEP 7

STEP 7 工程组态软件用于组态 SIMATIC 控制器系列的 S7-1200、S7-1500、S7-300/400 和各种软件控制器（WinAC）。STEP 7 有两种版本，具体使用哪种取决于可组态的控制器系列。

- STEP 7 Basic：用于组态 S7-1200。

- STEP 7 Professional：用于组态 S7-1200、S7-1500、S7-300/400 和软件控制器。

2. WinCC

WinCC 是用于 WinCC Runtime Advanced 或 SCADA 系统 WinCC Runtime Professional 可视化软件组态 SIMATIC 面板、SIMATIC 工业计算机及标准计算机的工程组态软件。

WinCC 有 4 种版本，其选型取决于可组态的操作员控制系统。

- WinCC Basic：用于组态精简系列面板，在安装 STEP 7 时会自动安装，一般不需要单独安装。

- WinCC Comfort：用于组态所有面板［包括精智面板/X77 面板（无微处理器）和移动面板］。

- WinCC Advanced：可以对西门子所有的触摸屏进行组态，还可组态运行在基于 Windows 7/8/10 操作系统上的计算机。但其只能组态 SCADA 单站系统，不适合 C/S、B/S 架构。

- WinCC Professional：除具有前面 3 款软件的所有功能外，还可以组态基于 C/S、B/S 架构的 SCADA 项目，在功能上类似经典的 WinCC。

【小思考】

WinCC 中的 Runtime 是什么意思？

1.3.2 博途 V16 的安装要求和步骤

1. 安装博途 V16 的要求

1）硬件要求（计算机推荐配置）

- 处理器：Core i5-6440EQ 3.4 GHz 或与此相当。

- 内存：大于或等于 16GB。

- 硬盘：SSD，配备至少 50GB 的存储空间。

- 图形分辨率：最小为 1920×1080（单位为像素，书中涉及分辨率的单位均为像素，以下省略）。

- 显示器：15.6" 英寸宽屏显示（1920×1080）。

2）软件要求

安装博途 V16 需要管理员权限，可以安装于 Windows 7 操作系统（64 位）、Windows 10 操作系统（64 位）和 Windows Server（64 位）。

3）其他

仅博途 V13 SP1 以后的项目才能升级到博途 V16。

在博途 V16 中使用"项目"→"项目移植"功能，可将 WinCC V7.5 以上版本的项目移植到 WinCC V16 中。

在博途 V16 中使用"项目"→"项目移植"功能，可以将 STEP 7 V5.4 SP5 以上版本创建的项目移植到 STEP 7 V16 中。

触摸屏组态软件 WinCC Flexible 和 WinCC TIA 可以同时安装在同一台计算机上。

WinCC 和 WinCC TIA Professional 不能同时安装在同一台计算机上。

2. 安装博途 V16 的具体步骤

首先安装.Net Framework 3.5，更新完成后最好重启计算机，然后双击博途 V16 安装包里面的 Start.exe 文件开始安装。

选择安装语言"中文"，单击"下一步"按钮。

首先选择要安装的组件，一般情况下默认即可。可以修改"目标目录"，即更改安装目录，如图 1.3.2 所示。单击"下一步"按钮。

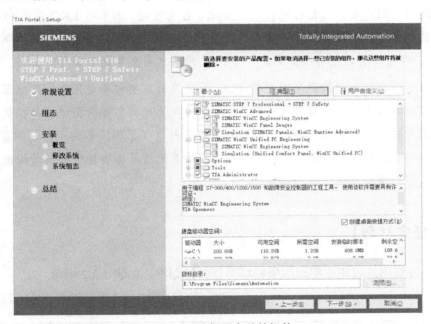

图 1.3.2　选择要安装的组件

接受许可协议中的条款，并确认产品安全操作的安全信息后单击"下一步"按钮。

接受计算机上的安全和权限设置后，先单击"下一步"按钮，再单击"安装"按钮。博途 V16 的安装时间为 40～50min。

博途 V16 安装完毕后，重新启动 Windows 系统，并安装上述软件的密钥。

【小提示】

在博途 V16 的安装过程中如果出现"必须重启计算机,然后才能运行安装程序。"的提示,那么可以通过删除注册表的键值来解决:删除"HKEY_LOCAL_MACHINE\SYSTEM\CurrentControlSet\Control\Session Manager"下面的键值"PendingFileRenameOperations",重新单击 Start.exe 文件开始安装,不用重启计算机。

拓展阅读

和利时 100%国产化 PLC 获核电领域突破性应用

2021 年,和利时 100%国产化 PLC 在国内首个核电行业智慧水务项目——秦二厂塍泾取水口智慧运行改造项目中成功投运。

和利时掌握了 PLC 设计开发的全部关键技术,包括关键芯片及元器件、嵌入式实时操作系统、实时控制引擎、实时工业网络、编程组态软件等,所有相关组件与技术均实现自主可控。此外,和利时 PLC 已实现密码芯片及密码算法的国产化,包括可信芯片、可信策略等在内的所有安全可信基础技术均实现了自主可控。和利时 LKC 系列 PLC 采用双体系可信计算结构,支持扩展国密安全芯片及集成 SM2/3/4 国密算法,并基于可信 3.0 技术打造 PLC 内生安全的主动防护体系,为 PLC 的信息安全奠定了坚实的基础。

和利时为该项目配置的深度国产化 PLC 系统具有双主控单元冗余、双电源冗余、双网络接口冗余等应用特点,并首次应用 5G 技术实现远距离实时数据通信与控制,即控制系统在对取水口所有工艺系统设备、照明系统设备及电气系统设备实现控制的基础上,还接收由集控平台通过 5G 网络发送的控制指令。该系统所具备的数据分析功能也为秦山水务智慧化水平的提升起到了关键作用。

【任务计划】

根据任务资讯及收集、整理的资料填写任务计划单,如表 1.3.2 所示。

表 1.3.2 任务计划单

项　　目	指示灯点动控制		
任　　务	博途 V16 的安装	学　　时	1
计划方式	分组讨论、资料收集、技能学习等		
序　号	任　　务	时　　间	负责人
1			
2			
3			

续表

序　号	任　务	时　间	负责人
4	完成博途 V16 的安装		
5	任务成果展示、汇报		
小组分工			
计划评价			

【任务实施】

根据任务计划编制任务实施方案，并完成任务实施，填写任务实施工单，如表 1.3.3 所示。

表 1.3.3　任务实施工单

项　目	指示灯点动控制		
任　务	博途 V16 的安装	学　时	
计划方式	分组讨论、合作实操		
序　号	实施情况		
1			
2			
3			
4			
5			
6			

【任务检查与评价】

完成任务实施后，进行任务检查与评价，可采用小组互评等方式。任务评价单如表 1.3.4 所示。

表 1.3.4　任务评价单

项　目	指示灯点动控制				
任　务	博途 V16 的安装				
考核方式	过程评价+结果考核				
说　明	主要评价学生在项目学习过程中的操作方式、理论知识、学习态度、课堂表现、学习能力、动手能力等				
评价内容与评价标准					
序号	内　容	评价标准			成绩比例/%
		优	良	合　格	
1	基本理论掌握	掌握博途软件基础知识，理解其功能和特点	熟悉博途软件基础知识，理解其功能和特点	了解博途软件基础知识，基本理解其功能和特点	30

续表

序号	内　容	评价标准			成绩比例/%
		优	良	合　格	
2	实践操作技能	能查看计算机硬件和软件配置，会使用 Windows 注册表，熟练收集和查阅博途 V16 软件手册，理解软件安装设置，完成软件安装	能查看计算机硬件和软件配置，会使用 Windows 注册表，较熟练收集和查阅博途 V16 软件手册，能按软件安装步骤，完成软件安装	了解 Windows 注册表，会查阅博途 V16 软件手册，在协助下完成软件安装	30
3	职业核心能力	具有良好的自主学习能力和分析、解决问题的能力，能解答任务小思考	具有较好的学习能力和分析、解决问题的能力，能部分解答任务小思考	具有分析、解决部分问题的能力	10
4	工作作风与职业道德	具有严谨的科学态度和工匠精神，能够严格遵守"6S"管理制度	具有良好的科学态度和工匠精神，能够自觉遵守"6S"管理制度	具有较好的科学态度和工匠精神，能够遵守"6S"管理制度	10
5	小组评价	具有良好的团队合作精神和沟通交流能力，热心帮助小组其他成员	具有较好的团队合作精神和沟通交流能力，能帮助小组其他成员	具有一定的团队合作能力，能配合小组完成项目任务	10
6	教师评价	包括以上所有内容	包括以上所有内容	包括以上所有内容	10
合计					100

【任务练习】

1. 博途 V16 有什么新的功能？

2. 安装 SIMATIC S7-PLCSIM V16。

任务 1.4　指示灯点动控制程序设计

【任务描述】

扫一扫，
看微课

博途 V16 已经安装完毕，下面开始编写工业控制的"Hello World"程序，设计一个指示灯点动控制程序，并调试程序。具体要求为：按下启动按钮，指示灯亮；按下停止按钮，指示灯灭。

【任务单】

根据任务描述，完成指示灯点动控制程序设计。具体任务要求请参照如表 1.4.1 所示的任务单。

表 1.4.1 任务单

项　　目	指示灯点动控制	
任　　务	指示灯点动控制程序设计	
任务要求		任务准备
（1）明确任务要求，组建分组，3～5 人/组 （2）理解指示灯点动控制工作流程 （3）完成 PLC 硬件组态 （4）完成 PLC 程序设计和 HMI 设计 （5）仿真或真实 PLC 调试程序，实现控制要求		（1）自主学习 ① 博途 V16 编程 ② 博途 V16 的仿真功能 （2）设备工具 ① 硬件：计算机 ② 软件：办公软件、博途 V16
自我总结		拓展提高
		通过工作过程和总结，认识博途 V16 程序设计，提高团队分工协作和解决问题的能力

【任务资讯】

1.4.1　创建 S7-1200 项目

双击 Windows 桌面上的"TIA Portal V16"图标，启动博途 V16。

博途 V16 在项目中可以使用 Portal 视图或项目视图，二者之间可以切换。Portal 视图是面向任务的视图，而项目视图是项目各组件的结构化视图。博途 V16 启动后，自动进入项目视图。

1. Portal 视图

Portal 视图可以快速确定要执行的操作或任务，单击左侧的"创建新项目"按钮，将项目名称更改为"1.4 指示灯点动控制"，单击右下角的"创建"按钮，如图 1.4.1 所示。

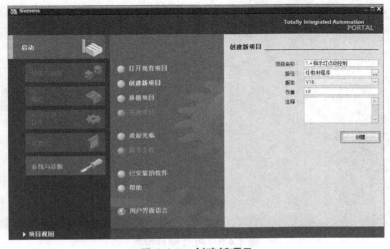

图 1.4.1　创建新项目

此时会进入"新手上路"界面，如图 1.4.2 所示。

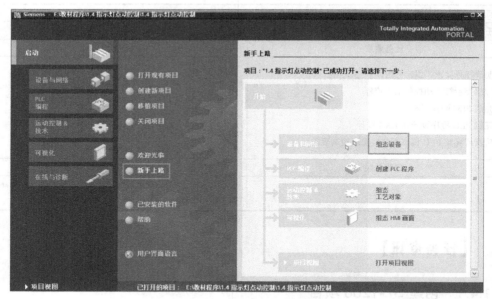

图 1.4.2　"新手上路"界面

单击"组态设备"按钮，进入"设备与网络"界面。单击"添加新设备"按钮，展开控制器树形结构，选中"CPU 1214C DC/DC/DC"，订货号为 6ES7 214-1AG40-0XB0，版本选择"V4.4"，单击右下角的"添加"按钮，如图 1.4.3 所示。

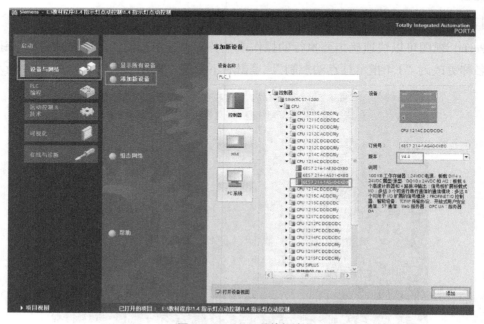

图 1.4.3　PLC 硬件组态

2．项目视图

项目视图如图 1.4.4 所示。

图 1.4.4 项目视图

项目视图主要包括以下区域。

① 标题栏，显示项目名称；菜单栏，包含工作所需的全部命令；工具栏，提供常用命令的按钮，如上传、下载等功能。

② 项目树，可以访问所有组件和项目数据，增加/编辑组件及其属性。

③ 工作区，显示打开的对象，对象包括编辑器和视图或表格等。可以打开若干个对象，但通常每次在工作区中只能看到其中一个对象。在编辑器栏中，所有其他对象均显示为选项卡。如果要同时查看两个对象，如两个窗口间对象的复制，则可以用水平或垂直方式平铺工作区，也可以单击需要同时查看的工作区窗口右上方的浮动按钮。如果没有打开任何对象，则工作区是空的。

④ 任务卡，根据所编辑对象或所选对象提供了用于执行操作的任务卡。这些操作包括从库中或硬件目录中选择对象、在项目中搜索和替换对象、将预定义的对象拖入工作区。在屏幕右侧的条形栏中可以找到可用的任务卡。可折叠和重新打开这些任务卡。

⑤ 详细视图，显示总览窗口或项目树中所选对象的特定内容，其中可以包含文本列表或变量，但不显示文件夹的内容。如果要显示文件夹的内容，则可使用项目树或巡视窗口。

⑥ 巡视窗口，具有 3 个选项卡："属性""信息""诊断"。"属性"选项卡显示所选对

象的属性；"信息"选项卡显示所选对象的附加信息，如交叉引用、语法信息等内容，以及执行操作（如编译）时发出的报警；"诊断"选项卡提供有关系统诊断事件、已组态消息事件、CPU 状态及连接诊断的信息。

⑦ 切换到 Portal 视图。

⑧ 编辑器栏，显示已打开的编辑器。如果已打开多个编辑器，那么可以使用编辑器栏在打开的对象之间进行快速切换。

⑨ 带有进度显示的状态栏，显示正在后台运行任务的进度条，将鼠标指针放置在进度条上，系统将显示一个工具提示，并描述正在后台运行任务的其他信息。单击进度条边上的按钮，取消后台正在运行的任务。如果没有后台任务，那么状态栏可以显示最新的错误提示信息。

【 小提示 】

在配置过程中，博途 V16 自动检查配置的正确性。当在硬件目录中选择一个模块时，机架中允许插入该模块的槽位边缘会呈现蓝色，而不允许该模块插入的槽位边缘颜色无变化。当使用鼠标将选中的模块拖到允许插入的槽位时，鼠标指针变为 ；如果将模块拖到禁止插入的槽位上，那么鼠标指针变为 。

1.4.2 PLC 程序设计

双击打开前面建立的项目文件"1.4 指示灯点动控制.ap16"，进入项目视图。把项目树展开，依次双击"PLC_1""程序块""Main"选项，出现编程窗口，如图 1.4.5 所示。

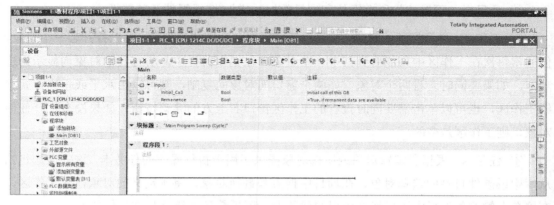

图 1.4.5 编程窗口

选中 ⊣⊢ 和 ⊣/⊢，将其拖到程序段 1 中，并输入变量 M10.1 和 Q0.1，得到 PLC 程序，如图 1.4.6 所示。

图 1.4.6　PLC 程序

选择项目树中的"PLC 变量"→"显示所有变量"命令，把变量 M10.1 的名称改为 PLC_in、变量 Q0.1 的名称改为 PLC_out，如图 1.4.7 所示。

图 1.4.7　PLC 变量

1.4.3　HMI 组态

选择项目树中的"添加新设备"选项，选择"PC 系统"→"常规 PC"→"PC station"选项，添加一个 PC 工作站用于添加 HMI 新设备，如图 1.4.8 所示。

选择项目树中新增的"PC station"→"设备组态"选项，在右侧设备视图中选择"硬件目录"中的"SIMATIC HMI 应用软件"下的"WinCC RT Advanced"选项，以及"硬件目录"中的"通信模块"下的"常规 IE"选项，并将它们拖入 PC station 的对应插槽中，如图 1.4.9 所示。

图 1.4.8　添加 HMI 新设备

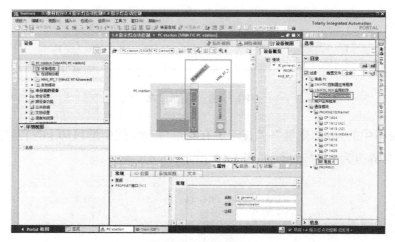

图 1.4.9　HMI 组态

切换到网络视图，将 PLC_1 和 PC station 的网口连接起来，如图 1.4.10 所示。

图 1.4.10　网络视图

在设备视图中，用鼠标选中设备网口，切换到属性页面，分别设置 PLC_1 的以太网地址为"192.169.0.3"，子网掩码为"255.255.255.0"；PC station 的以太网地址为"192.169.0.2"，子网掩码为"255.255.255.0"。

选择项目树中的"HMI_RT_1"→"连接"选项，输入 HMI 设备的 IP 地址"192.168.0.2"，访问点"S7ONLINE"，PLC 的 IP 地址"192.168.0.3"。当后面把 HMI 变量与 PLC 变量关联后，连接就自动建立了，如图 1.4.11 所示。

图 1.4.11　设置以太网地址

选择项目树中的"HMI_RT_1"→"HMI 变量"→"显示所有变量"选项，新建 HMI 变量"HMI_按钮"和"HMI_显示"，并将这两个变量与 PLC 变量"PLC_in"和"PLC_out"关联，如图 1.4.12 所示。

HMI 变量									
名称 ▲	变量表	数据类型	连接	PLC 名称	PLC 变量	地址	访问模式		采集周期
HMI_按钮	默认变量表	Bool	HMI_连接_1	PLC_1	PLC_in		<符号访问>		1 s
HMI_显示	默认▼	Bool	HMI_连…	PLC_1	PLC_out		▼ <符号访问>	▼	1 s

图 1.4.12　PLC 变量与 HMI 变量关联

1.4.4　HMI 设计

选择项目树中的"PC station"→"画面"→"添加新画面"选项，工作区弹出空白画面。把右侧"元素"列表框中的"按钮"拖入空白画面中，输入文本"启动"。切换到"属性"→"事件"选项，在"单击"事件中添加函数-置位位，连接变量"HMI_按钮"，如图 1.4.13 所示。同样，添加"停止"按钮，在"单击"事件中添加函数-复位位，连接变量"HMI_按钮"。

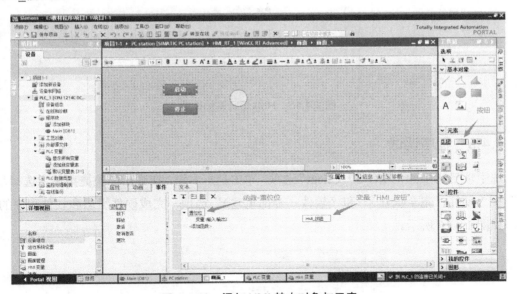

图 1.4.13　添加 HMI 基本对象与元素

把右侧"基本对象"列表框中的"圆"拖入画面中。选择"属性"→"动画"→"显示"选项，选择"添加新动画"→"外观"选项，连接变量"HMI_显示"，把范围 1 的背景色改为绿色，如图 1.4.14 所示。

选择左侧项目树中的"HMI_RT_1"→"运行系统设置"选项，把常规画面中的全屏模式取消，如图 1.4.15 所示。

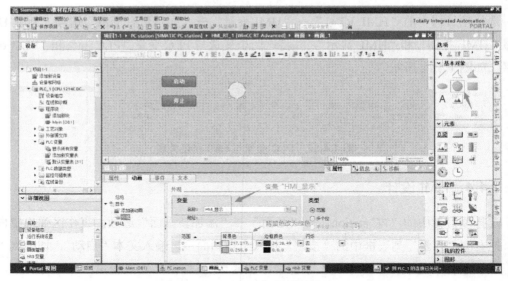

图 1.4.14 为"圆"添加外观动画

图 1.4.15 HMI 运行系统设置

1.4.5 程序调试

选中项目树中的"PLC_S7_Client"选项，单击鼠标右键，在弹出的快捷菜单中选择"编译"→"硬件（完全重建）"和"软件（全部重建）"选项，完成硬件组态和软件程序的编译，如图 1.4.16 所示。

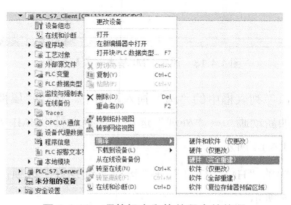

图 1.4.16 硬件组态和软件程序的编译

单击工具栏中的 ▣ 图标，启动 PLC 仿真，在"扩展下载到设备"页面中，在"接口/子网的连接"下拉列表中选择"PI/NE_1"选项，单击"开始搜索"按钮，在"选择目标设备"列表框中会显示已连接的 PLC 仿真器，同时"闪烁 LED"区域变为橙色，依次单击"下载""装载""完成"按钮，实现将 PLC 程序下载到仿真 PLC 中，如图 1.4.17 所示。

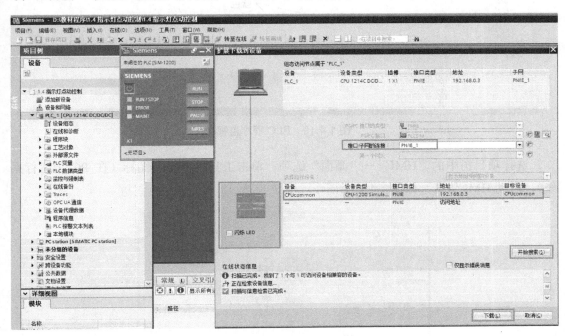

图 1.4.17　PLC 程序下载

PLC 程序下载到仿真 PLC 中后，工具栏中的"转至在线"图标 ▧ 转至在线 变为橙色，"转至离线"图标 ▧ 转至离线 变为灰色。

单击博途 V16 仿真器，按下"RUN"按钮，PLC 切换到运行模式，RUN/STOP 的指示灯颜色由橙色变为绿色（因为是黑白印刷，所以颜色显示不出），如图 1.4.18 所示。

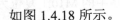

图 1.4.18　PLC 仿真软件

单击工具栏中的"转至在线"图标，PLC 程序切换到在线模式，工具栏中的"转至在线"图标变为灰色、"转至离线"图标变为蓝色，左侧项目树中对应的地方出现绿色小圆点。单击工具栏中的"启用/禁用监视"图标 ▦ ，Main 程序的梯形图中连通的路线为绿色，未连通的路线为蓝色，如图 1.4.19 所示。

选中项目树中的"HMI"选项，单击鼠标右键，在弹出的快捷菜单中选择"编译"→"软件（完全重建）"选项，完成 HMI 软件程序的编译。

图 1.4.19　PLC 程序监视

选择项目树中的"HMI"→"画面"选项，单击工具栏中的 ▣ 图标（在 PC 上运行系统），启动 HMI 仿真，如图 1.4.20 所示。

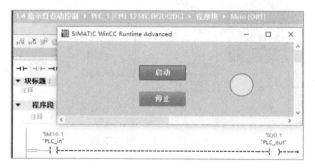

图 1.4.20　启动 HMI 仿真

单击 HMI 画面中的"启动"按钮，PLC 程序中的 M10.1 置位为 1，线路导通，PLC 输出 Q0.1 得电为 1，指示灯颜色变为绿色，如图 1.4.21 所示。

单击 HMI 画面中的"停止"按钮，PLC 程序中的 M10.1 复位为 0，线路断开，PLC 输出 Q0.1 失电为 0，指示灯颜色变为灰色。

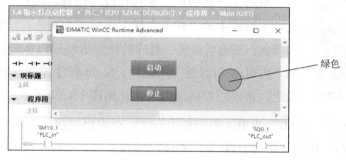

图 1.4.21　仿真调试

【小思考】

博途 V16 自带的仿真和 PLCSIM Advanced 3.0 有什么区别？

 拓展阅读

中华人民共和国人力资源和社会保障部与国家市场监督管理总局、国家统计局联合发布智能制造工程技术人员等 16 个新职业

2020 年，中华人民共和国人力资源和社会保障部与国家市场监督管理总局、国家统计局联合向社会发布了智能制造工程技术人员、工业互联网工程技术人员等 16 个新职业。工业互联网工程技术人员是围绕网络互联、标识解析、平台建设、数据服务、应用开发、安全防护等领域开展规划设计、技术研发、测试验证、工程实施、运营管理和运维服务等工作的新职业。

2021 年，中华人民共和国人力资源和社会保障部与工业和信息化部联合发布了《工业互联网工程技术人员国家职业技术技能标准（2021 年版）》，专业技术等级分为初级、中级和高级，分别从规划设计、工程实施、运行维护、数据服务、研究开发和服务应用 6 方面明确了专业能力要求与知识要求。

【任务计划】

根据任务资讯及收集、整理的资料填写任务计划单，如表 1.4.2 所示。

表 1.4.2　任务计划单

项　　目	指示灯点动控制			
任　　务	指示灯点动控制程序设计		学　时	3
计划方式	分组讨论、资料收集、技能学习等			
序　　号	任　　务		时　间	负责人
1				
2				
3				
4	完成第一个工业控制程序的开发			
5	完成调试，任务成果展示、汇报			
小组分工				
计划评价				

【任务实施】

根据任务计划编制任务实施方案，并完成任务实施，填写任务实施工单，如表 1.4.3 所示。

表 1.4.3 任务实施工单

项 目	指示灯点动控制		
任 务	指示灯点动控制程序设计	学 时	
计划方式	分组讨论、合作实操		
序 号	实施情况		
1			
2			
3			
4			
5			
6			

【任务检查与评价】

完成任务实施后，进行任务检查与评价，可采用小组互评等方式。任务评价单如表 1.4.4 所示。

表 1.4.4 任务评价单

项 目	指示灯点动控制			
任 务	指示灯点动控制程序设计			
考核方式	过程评价+结果考核			
说 明	主要评价学生在项目学习过程中的操作方式、理论知识、学习态度、课堂表现、学习能力、动手能力等			
评价内容与评价标准				

序号	内 容	评价标准			成绩比例/%
		优	良	合 格	
1	基本理论掌握	掌握博途 V16 软件的基础知识，理解其功能和特点	熟悉博途 V16 软件的基础知识，理解其功能和特点	了解博途 V16 软件的基础知识，基本理解其功能和特点	30
2	实践操作技能	能画出指示灯点动控制流程图或时序图，熟练完成硬件组态、程序设计、HMI 设计，熟练完成程序调试	能理解指示灯点动控制流程图或时序图，能按步骤使用博途完成硬件组态、程序设计、HMI 设计，完成程序调试	能理解指示灯点动控制流程，协助完成硬件组态、程序设计、HMI 设计，协助完成程序调试	30
3	职业核心能力	具有良好的自主学习能力和分析、解决问题的能力，能解答任务小思考	具有较好的学习能力和分析、解决问题的能力，能部分解答任务小思考	具有分析、解决部分问题的能力	10
4	工作作风与职业道德	具有严谨的科学态度和工匠精神，能够严格遵守"6S"管理制度	具有良好的科学态度和工匠精神，能够自觉遵守"6S"管理制度	具有较好的科学态度和工匠精神，能够遵守"6S"管理制度	10

续表

序号	内容	评价标准			成绩比例/%
		优	良	合格	
5	小组评价	具有良好的团队合作精神和沟通交流能力，热心帮助小组其他成员	具有较好的团队合作精神和沟通交流能力，能帮助小组其他成员	具有一定的团队合作能力，能配合小组完成项目任务	10
6	教师评价	包括以上所有内容	包括以上所有内容	包括以上所有内容	10
合计					100

【任务练习】

1．博途 V16 仿真器上的按钮 RUN、STOP、PAUSE、MRES 分别表示什么？

2．HMI 按钮的置位位和复位位有什么不同？

【思维导图】

请完成如图 1.4.22 所示的项目 1 思维导图。

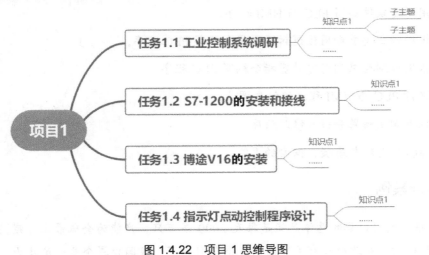

图 1.4.22　项目 1 思维导图

【创新思考】

S7-1200 CPU 能够为扩展模块和传感器提供电源，其功率如何计算呢？

项目 2

电动机运行控制

职业能力

- 能阐述智能装配生产线上电动机的常规运行方式及控制方法。
- 能阐述自锁、互锁电路的作用与原理。
- 会用博途软件编写 PLC 与 HMI 程序。
- 能根据控制要求利用位逻辑运算指令编写 PLC 程序。
- 能根据控制要求利用定时器指令编写 PLC 程序。
- 会进行 PLC 与 HMI 程序的仿真调试。
- 能根据调试结果分析、修改程序。
- 培养协作发现与质疑、探索的思维。

引导案例

2019 年，我国口罩的总体产能是每天 2000 多万只，产能为全球最高。疫情时期，口罩日需求量剧增。在政府和有关部门的支持与引导下，我国口罩企业开足马力，全面展现出工业化实力。比亚迪 3 天画出设备图纸，7 天完成口罩机的研发制造，并迅速发动 10 万名员工，在 $50 \times 10^4 \mathrm{m}^2$ 的洁净厂房里建成全自动口罩生产线 2000 条，最大日产量达 1 亿只，口罩的生产效率大大提高。

我们或许认为研发一条完整的全自动口罩生产线太复杂，无法实现。本项目从生产线最基础的设备——电动机入手，认识工业控制器是如何控制电动机以各种方式运行的。

任务 2.1　电动机连续运行控制

【任务描述】

在智能装配生产线电动机的常规运行方式中，电动机连续运行是最普遍的一种运行方式。请根据"电动机连续运行控制"任务单设计相应的 PLC 和 HMI 程序，并进行仿真调试。具体要求为：按下启动按钮，电动机运行并保持；按下停止按钮，电动机停止运行。

【任务单】

根据任务描述，实现智能装配生产线中的电动机连续运行控制。具体任务要求请参照如表 2.1.1 所示的任务单。

表 2.1.1　任务单

项　　目	电动机运行控制	
任　　务	电动机连续运行控制	
任务要求		**任务准备**
（1）分组讨论电动机有哪些常规运行方式，以及各种运行方式主要应用在什么场景，每组 3～5 人 （2）完成电动机连续运行资料的收集与整理 （3）学习自锁电路在电动机连续运行中的作用 （4）完成电动机连续运行控制的 PLC 与 HMI 程序，并进行仿真调试		（1）自主学习 ① S7-1200 PLC CPU 的存储区 ② 存储单元的数据访问 ③ 位逻辑运算指令 ④ HMI 的基本对象与元素 （2）设备工具 ① 硬件：计算机 ② 软件：办公软件、博途 V16
自我总结		**拓展提高**
		通过工作过程和总结，提高团队协作能力、程序设计和调试能力、技术迁移能力

【任务资讯】

扫一扫，
看微课

2.1.1　S7-1200 PLC CPU 的存储区

S7-1200 PLC CPU 提供了以下几个选项，用于在执行用户程序期间存储数据。

- 全局存储器：CPU 提供了各种专用存储区，其中包括输入（I）、输出（Q）和位存储器（M）。所有代码块都可以无限制地访问该存储器。

- PLC 变量表：在 PLC 变量表中，可以输入特定存储单元的符号名称。这些变量为全局变量，用户可使用应用程序中有具体含义的名称命名。

- 数据块（Data Blocks，DB）：可以在用户程序中加入 DB 以存储代码块的数据。从相关代码块开始执行直到结束，存储的数据始终存在。"全局 DB"存储所有代码块均可以使用的数据；而"背景 DB"则存储特定函数块（Function Blocks，FB）的数据，并由 FB 的参数进行构造。

- 临时存储器：只要调用代码块，CPU 的操作系统就会分配在执行代码块期间使用的本地或临时存储器（L）。执行完成后，CPU 将重新分配本地存储器，用于执行其他代码块。

CPU 存储区如表 2.1.2 所示。

表 2.1.2　CPU 存储区

存储区	说　　明
I（过程映像输入）	在扫描周期开始时，从物理输入复制
Q（过程映像输出）	在扫描周期开始时，复制到物理输出
M（位存储器）	控制和数据存储器
L（临时存储器）	存储块的临时数据，这些数据仅在该块的本地范围内有效
DB（数据块）	数据存储器，同时是 FB 的参数存储器

2.1.2　存储单元的数据访问

每个存储单元都有唯一的地址，用户程序利用这些地址访问存储单元中的信息。

绝对地址由以下元素组成。

- 存储区标识符（如 I、Q 或 M）。

扫一扫，
看微课

- 要访问的数据的大小（"B"表示 Byte、"W"表示 Word、"D"表示 DWord）。

- 数据的起始地址（如字节 3 或字 3）。

当访问布尔值地址中的位时，仅需输入数据的存储区标识符、字节地址和位地址（如 I0.0、Q0.1 或 M3.4）。以存储单元 M3.4 为例，存储区标识符和字节地址（M 代表位存储区，3 代表字节 3）通过后面的分隔符（.）与位地址（位 4）分隔，如图 2.1.1 所示。

通常，可在 PLC 变量表、DB 中创建变量，也可在 OB（Organization Blocks，组织块）、FC（Function，函数）或 FB 的接口中创建变量。这些变量包括名称、数据类型、偏移量和注释。以下各种类型存储器的绝对地址的实例介绍了如何输入绝对操作数。程序编辑器会自动在绝对操作数前面插入%字符。

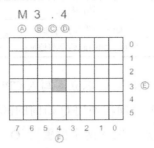

A—存储区标识符；B—字节地址（字节3）；C—分隔符（．）；
D—位在字节中的位置（位4，共8位）；E—存储区的字节；F—选定字节的位。

图 2.1.1　存储单元 M3.4

1. I（过程映像输入）

CPU 仅在每个扫描周期的循环 OB 执行之前对外围（物理）输入点进行采样，并将这些值写入 I 存储器中。可以按位、字节、字或双字访问 I 存储器。允许对 I 存储器进行读/写访问，但 I 存储器通常为只读访问。I 存储器的绝对地址如表 2.1.3 所示。

表 2.1.3　I 存储器的绝对地址

数据类型	访问格式	举　　例
位	I[字节地址].[位地址]	I0.1
字节、字或双字	I[大小][起始字节地址]	IB4、IW5 或 ID12

通过在地址后面添加":P"，可以立即读取 CPU、SB、SM 或分布式模块的数字量输入和模拟量输入。使用 I_:P 访问（又称为"立即读"访问）与使用 I 访问的区别是，前者直接从被访问点而非 I 存储器中获得数据。

因为物理输入点直接从与其连接的现场设备中接收值，所以不允许对这些物理输入点进行写访问。与可读或可写的 I 访问不同的是，I_:P 访问为只读访问。使用 I_:P 访问不会影响存储在 I 存储器中的相应值。I 存储器的绝对地址（立即）如表 2.1.4 所示。

表 2.1.4　I 存储器的绝对地址（立即）

数据类型	访问格式	举　　例
位	I[字节地址].[位地址]:P	I0.1:P
字节、字或双字	I[大小][起始字节地址]:P	IB4:P、IW5:P 或 ID12:P

2. Q（过程映像输出）

CPU 将存储在 Q 存储器中的值复制到物理输出点中。可以按位、字节、字或双字访问 Q 存储器。Q 存储器允许读访问和写访问。Q 存储器的绝对地址如表 2.1.5 所示。

表 2.1.5　Q 存储器的绝对地址

数据类型	访问格式	举　例
位	Q[字节地址].[位地址]	Q0.1
字节、字或双字	Q [大小][起始字节地址]	QB4、QW5 或 QD12

同样，通过在地址后面添加":P"，可以立即写入 CPU、SB、SM 或分布式模块的数字量输出和模拟量输出。使用 Q_:P 访问与使用 Q 访问的区别是，前者除将数据写入 Q 存储器外，还直接将数据写入被访问点（写入两个位置）。Q_:P 访问又称为"立即写"访问，因为数据被直接发送到目标点，而目标点不必等待 Q 存储器的下一次更新。

因为物理输出点直接控制与其连接的现场设备，所以不允许对这些点进行读访问。与可读或可写的 Q 访问不同的是，Q_:P 访问为只写访问。使用 Q_:P 访问既影响物理输出，又影响存储在 Q 存储器中的相应值。Q 存储器的绝对地址（立即）如表 2.1.6 所示。

表 2.1.6　Q 存储器的绝对地址（立即）

数据类型	访问格式	举　例
位	Q[字节地址].[位地址]:P	Q0.1:P
字节、字或双字	Q [大小][起始字节地址]:P	QB4:P、QW5:P 或 QD12:P

3．M（位存储区）

位存储区用于存储操作的中间状态或其他控制信息。可以按位、字节、字或双字访问 M 存储器。M 存储器允许读访问和写访问。M 存储器的绝对地址如表 2.1.7 所示。

表 2.1.7　M 存储器的绝对地址

数据类型	访问格式	举　例
位	M[字节地址].[位地址]	M0.1
字节、字或双字	M [大小][起始字节地址]	MB4、MW5 或 MD12

4．L（临时存储器）

CPU 根据需要分配临时存储器。当启动代码块（如 OB）或调用代码块（如 FC 或 FB）时，CPU 将为代码块分配临时存储器并将存储单元初始化为 0。

临时存储器与 M 存储器类似，主要区别是 M 存储器在全局范围内有效，而临时存储器在局部范围内有效。

- M 存储器：任何 OB、FC 或 FB 都可以访问 M 存储器中的数据，这些数据可以全局性地用于用户程序中的所有元素。

● 临时存储器：CPU 限定只有创建或声明了临时存储单元的 OB、FC 或 FB 才可以访问临时存储器中的数据。临时存储单元是局部有效的，其他代码块不会共享临时存储器，即使在代码块调用其他代码块时也是如此。例如，当 OB 调用 FC 时，FC 无法访问对其进行调用的 OB 的临时存储器。

5. DB

DB 存储器用于存储各种类型的数据，其中包括操作的中间状态或 FB 的其他控制信息参数，以及许多指令（如定时器和计数器）所需的数据结构。可以按位、字节、字或双字访问 DB 存储器。读/写 DB 允许读访问和写访问，只读 DB 只允许读访问。DB 存储器的绝对地址如表 2.1.8 所示。

表 2.1.8　DB 存储器的绝对地址

数据类型	访问格式	举　　例
位	DB[数据块编号].DBX[字节地址].[位地址]	DB1.DBX2.3
字节、字或双字	DB[数据块编号].DB [大小][起始字节地址]	DB1.DBB4、DB10.DBW2、DB20.DBD8

2.1.3　位逻辑运算指令

博途 V16 的位逻辑运算指令包括常开触点、常闭触点、取反 RLO、赋值、赋值取反、复位输出、置位输出等 19 个，如表 2.1.9 所示。利用这些基本指令可以编程实现 PLC 的基本应用。接下来介绍较常用的几个指令。

扫一扫，
看微课

表 2.1.9　博途 V16 的位逻辑运算指令

指　令	说　明	指　令	说　明
---| |---	常开触点	RS	复位/置位触发器
---| / |---	常闭触点	--|P|--	扫描操作数的信号上升沿
--|NOT|--	取反 RLO	--|N|--	扫描操作数的信号下降沿
---( )---	赋值	--(P)--	在信号上升沿置位操作数
--(/)--	赋值取反	--(N)--	在信号下降沿置位操作数
---(R)---	复位输出	P_TRIG	扫描 RLO 的信号上升沿
---(S)---	置位输出	N_TRIG	扫描 RLO 的信号下降沿
SET_BF	置位位域	R_TRIG	检查信号上升沿
RESET_BF	复位位域	F_TRIG	检查信号下降沿
SR	置位/复位触发器	—	—

1．---| |---、---| / |---（常开触点、常闭触点）

1）指令说明

常开触点、常闭触点指令说明如表 2.1.10 所示。

表 2.1.10　常开触点、常闭触点指令说明

指令名称	说　明
---| |---　常开触点	可将触点相互连接并创建用户自己的组合逻辑
---| / |---　常闭触点	

常开触点的激活取决于相关操作数的信号状态。当操作数的信号状态为"1"时，常开触点将关闭，输出的信号状态置为输入的信号状态；当操作数的信号状态为"0"时，不会激活常开触点，该指令输出的信号状态置"0"。

常闭触点的激活也取决于相关操作数的信号状态。当操作数的信号状态为"1"时，常闭触点将打开，该指令输出的信号状态置"0"；当操作数的信号状态为"0"时，不会激活常闭触点，将该输入的信号状态传输到输出。

2）参数数据类型和存储区

常开触点、常闭触点指令参数如表 2.1.11 所示。

表 2.1.11　常开触点、常闭触点指令参数

参　数	声　明	数据类型	存储区	说　明
<操作数>	Input	BOOL	I、Q、M、D、L 或常量	要查询其信号状态的操作数

3）举例

常开触点、常闭触点指令示例程序如图 2.1.2 所示。

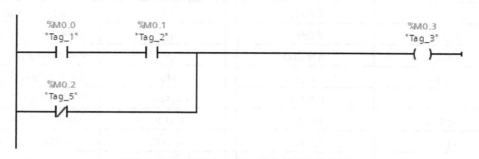

图 2.1.2　常开触点、常闭触点指令示例程序

当操作数"Tag_1"和"Tag_2"的信号状态都为"1"或操作数"Tag_5"的信号状态为"0"时，操作数"Tag_3"的信号状态为"1"。

2．NOT（取反 RLO）

1）指令说明

取反 RLO 指令说明如表 2.1.12 所示。

表 2.1.12　取反 RLO 指令说明

指令名称	说　明
--|NOT|-- 取反 RLO	可对逻辑运算结果（RLO）的信号状态进行取反操作

若取反 RLO 指令输入的信号状态为 "1"，则指令输出的信号状态为 "0"；若输入的信号状态为 "0"，则输出的信号状态为 "1"。

2）举例

取反 RLO 指令示例程序如图 2.1.3 所示。

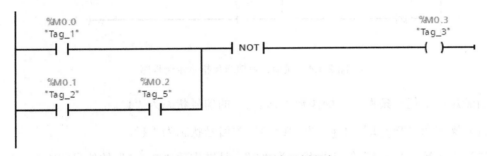

图 2.1.3　取反 RLO 指令示例程序

当操作数 "Tag_1" 的信号状态为 "1" 或操作数 "Tag_2" 和 "Tag_5" 的信号状态为 "1" 时，操作数 "Tag_3" 的信号状态为 "0"。

3．---( )---、---(/) ---（赋值、赋值取反）

1）指令说明

赋值、赋值取反指令说明如表 2.1.13 所示。

表 2.1.13　赋值、赋值取反指令说明

指令名称	说　明
---( )--- 赋值	使用赋值指令置位指定操作数的位。若线圈输入的 RLO 的信号状态为 "1"，则将指定操作数的信号状态置 "1"；若线圈输入的信号状态为 "0"，则将指定操作数的位置 "0"。该指令不会影响 RLO。线圈输入的 RLO 将直接发送到输出
--(/)-- 赋值取反	使用赋值取反指令可先将 RLO 取反，然后将其赋值给指定操作数。当线圈输入的 RLO 为 "1" 时，复位操作数；当线圈输入的 RLO 为 "0" 时，操作数的信号状态置 "1"

2）参数

赋值、赋值取反指令参数如表 2.1.14 所示。

表 2.1.14　赋值、赋值取反指令参数

参　　数	声　　明	数据类型	存储区	说　　明
<操作数>	Output	BOOL	I、Q、M、D、L	要赋值或赋值取反给 RLO 的操作数

3）举例

赋值、赋值取反指令示例程序如图 2.1.4 所示。

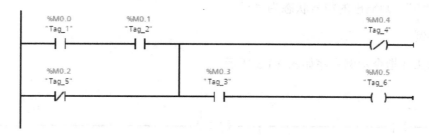

图 2.1.4　赋值、赋值取反指令示例程序

当满足以下任一条件时，操作数"Tag_6"的信号状态为"1"。

（1）操作数"Tag_1""Tag_2""Tag_3"的信号状态为"1"。

（2）操作数"Tag_5"的信号状态为"0"，且操作数"Tag_3"的信号状态为"1"。

当满足以下任一条件时，操作数"Tag_4"的信号状态为"0"。

（1）操作数"Tag_1"和"Tag_2"的信号状态为"1"。

（2）操作数"Tag_5"的信号状态为"0"。

4．---(R)---、---(S)---（复位输出、置位输出）

1）指令说明

复位输出、置位输出指令说明如表 2.1.15 所示。

表 2.1.15　复位输出、置位输出指令说明

指令名称	说　　明
---(R)--- 复位输出	使用复位输出指令将指定操作数的信号状态复位为"0"。 当信号流过线圈（RLO = "1"）时，指定操作数复位为"0"；当线圈输入的 RLO 为"0"（没有信号流过线圈）时，指定操作数的信号状态将保持不变
---(S)--- 置位输出	使用置位输出指令可将指定操作数的信号状态置位为"1"。 当信号流过线圈（RLO = "1"）时，指定操作数置位为"1"；当线圈输入的 RLO 为"0"（没有信号流过线圈）时，指定操作数的信号状态将保持不变

2）参数

复位输出、置位输出指令参数如表 2.1.16 所示。

表 2.1.16　复位输出、置位输出指令参数

参　　数	声　　明	数据类型	存储区	说　　明
<操作数>	Output	BOOL	I、Q、M、D、L	当 RLO 为"1"时，复位或置位操作数

3）举例

复位输出、置位输出指令示例程序如图 2.1.5 所示。

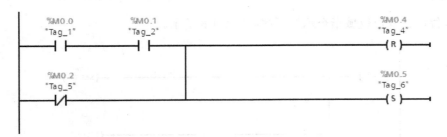

图 2.1.5　复位输出、置位输出指令示例程序

当满足以下任一条件时，可以对操作数"Tag_4"进行复位操作，同时使操作数"Tag_6"置位。

（1）操作数"Tag_1"和"Tag_2"的信号状态为"1"。

（2）操作数"Tag_5"的信号状态为"0"。

5．SET_BF、RESET_BF（置位位域、复位位域）

1）指令说明

置位位域、复位位域指令说明如表 2.1.17 所示。

表 2.1.17　置位位域、复位位域指令说明

指令名称	说　　明
SET_BF 置位位域 操作数2 <??.?> ——(SET_BF)—— 操作数1 <???>	使用置位位域指令可以对从某个特定地址开始的多个位进行置位。 可以使用<操作数 1>的值指定要置位的位数，要置位位域的首位地址由 <操作数 2> 指定。 当线圈输入端的逻辑运算结果为"1"时，执行该指令；当线圈输入端的逻辑运算结果为"0"时，不执行该指令
RESET_BF 复位位域 操作数2 <??.?> ——(RESET_BF)—— 操作数1 <???>	使用复位位域指令可以复位从某个特定地址开始的多个位。 可以使用 <操作数 1> 的值指定要复位的位数。要复位位域的首位地址由<操作数 2>指定。 当线圈输入端的逻辑运算结果为"1"时，执行该指令；当线圈输入端的逻辑运算结果为"0"时，不执行该指令

2）参数

置位位域、复位位域指令参数如表 2.1.18 所示。

表 2.1.18　置位位域、复位位域指令参数

参　　数	声　　明	数据类型	存储区	说　　明
<操作数 1>	Input	UINT	常量	要置位或复位的位数
<操作数 2>	Output	BOOL	I、Q、M、DB 或 IDB，BOOL 类型的 ARRAY [..]中的元素	指向要置位或复位位域的第一个位的指针

3）举例

置位位域、复位位域指令示例程序如图 2.1.6 所示。

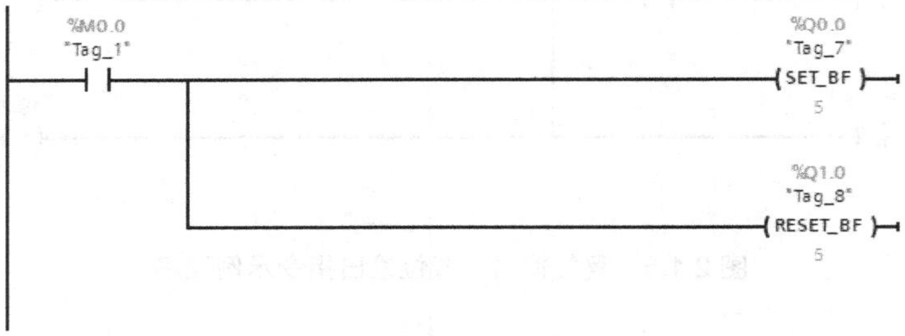

图 2.1.6　置位位域、复位位域指令示例程序

若操作数"Tag_1"的信号状态为"1"，则将置位从操作数"Q0.0"地址开始的连续 5 个位，即 Q0.0、Q0.1、Q0.2、Q0.3、Q0.4，同时将复位从操作数"Q1.0"地址开始的连续 5 个位，即 Q1.0、Q1.1、Q1.2、Q1.3、Q1.4。

2.1.4　HMI 的基本对象与元素

1．基本对象

HMI 的基本对象包括诸如线、折线、圆、文本域、图形视图等基本图形对象，如表 2.1.19 所示。

表 2.1.19　HMI 的基本对象列表

图　标	对　　象	说　　明	图　标	对　　象	说　　明
	线	—		圆	封闭对象，可用颜色或图案填充
	折线	开放对象，即使起点和终点坐标相同，它包围的区域也不能填充。如果要填充多边形，那么请选择多边形对象		矩形	封闭对象，可用颜色或图案填充

续表

图标	对象	说明	图标	对象	说明
	多边形	封闭对象，可用颜色或图案填充	A	文本域	一行或多行文本。字体和布局是可调整的
	椭圆	封闭对象，可用颜色或图案填充		图形视图	显示来自外部图形程序的图形并插入 OLE 对象。可使用以下图形元素："*.emf""*.wmf""*.dib""*.bmp""*.jpg""*.jpeg""*.gif""*.tif""*.svg"

下面介绍本任务需要使用的基本对象——圆。

选中基本对象圆，在巡视窗口中的"属性列表"下，可以对圆的外观、布局、闪烁、样式/设计等属性进行设置，如图 2.1.7 所示。

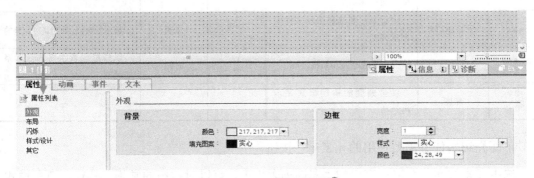

图 2.1.7　圆的属性设置[①]

也可以按照控制要求对圆进行动画设置，如图 2.1.8 所示。

图 2.1.8　圆的动画设置

---

① 软件图中的"其它"的正确写法为"其他"。

2. 元素

元素包括 I/O 域、按钮、量表等基本控制元素，如表 2.1.20 所示。

表 2.1.20　元素列表

图标	对象	说明	图标	对象	说明
`0.12`	I/O 域	用于输入和显示过程值，可以输入值、输出值、输入/输出值，可以指定数值的显示格式、显示范围、隐藏输入	`0 1`	开关	用于组态开关，以便在运行期间能够在两种预定义的状态之间进行切换
▬	按钮	根据组态执行函数列表或脚本	📖	符号库	用于添加基于同名控件的画面对象
`10 ▼`	符号 I/O 域	根据变量值显示相关文本列表中的文本，可以输入值、输出值、输入/输出值	⬍	滑块（滚动条）	用于显示当前值或输入值
🖼	图形 I/O 域	用于显示和选择图形文件的图形列表	🕐	量表	显示数字值，外观是可调整的
🕔	日期/时间域	显示系统时间和系统日期	🕐	时钟	以模拟或数字格式显示系统时间
▤	棒图	以带刻度的棒图形式显示 PLC 值	—	—	—

下面介绍本任务需要使用的元素——按钮。

选中元素按钮，在巡视窗口的"属性列表"下，可以对按钮的常规、外观、填充样式、设计、布局等属性进行设置，如图 2.1.9 所示。

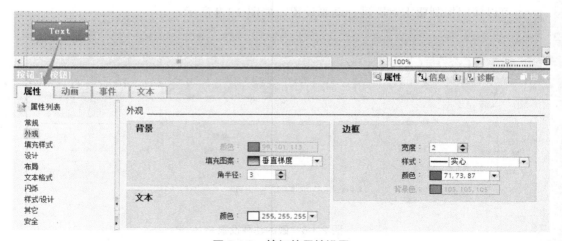

图 2.1.9　按钮的属性设置

也可以按控制要求对按钮进行动画设置，如图 2.1.10 所示。

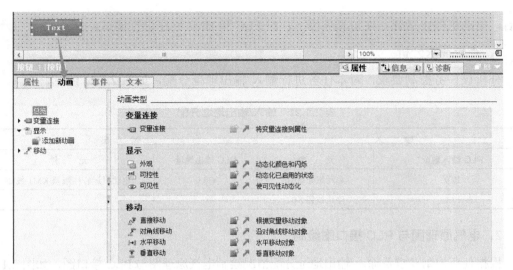

图 2.1.10　按钮的动画设置

还可以为按钮设置不同类型的事件（如添加不同种类的函数来达到控制要求），如图 2.1.11 所示。

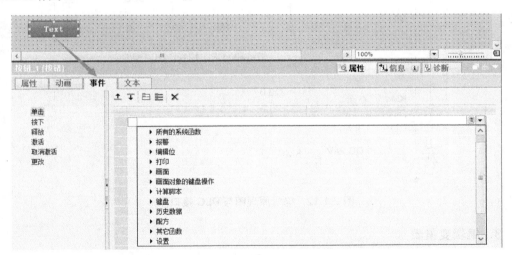

图 2.1.11　按钮的事件设置

2.1.5　电动机连续运行控制程序设计

本任务将通过博途 V16 创建一个工程项目，编写相关 PLC 和 HMI 程序，用于进行电动机连续运行的控制。具体控制要求为：使用两种方式进行电动机连续运行控

变量表的创建与管理　　电动机连续运行的编程实现

制，第一种为通过操作台上的启动和停止按钮进行电动机的启停控制；第二种为通过 HMI 画面上的启动和停止按钮进行控制。当按下启动按钮时，电动机连续运行；当按下停止按

钮后，电动机停止运行。在仿真环境下，对 PLC 和 HMI 程序进行调试。

1．点位需求分析

分析该任务控制要求，对本任务进行输入/输出地址分配，如表 2.1.21 所示。

表 2.1.21　输入/输出地址分配

输　入		输　出	
PLC 输入地址	元　件	PLC 输出地址	元　件
I0.0	启动按钮 SB1	Q0.0	电动机运行接触器 KM1 线圈
I0.1	停止按钮 SB2	—	—

2．电气原理图与 PLC 接口图绘制

根据任务控制要求及输入/输出地址分配情况绘制电气原理图与 PLC 接口图，如图 2.1.12 所示，并根据图纸完成元件的实物连接。

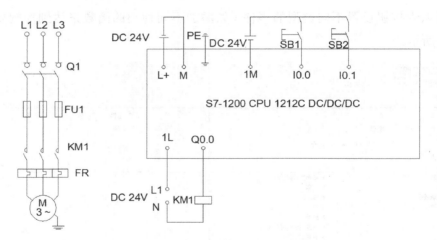

图 2.1.12　电气原理图与 PLC 接口图

3．编辑变量表

参照任务 1.4 创建工程项目并进行 PLC 硬件组态。

与输入/输出点相比，用符号地址会大大提高阅读和调试程序的便利性。打开项目树的 PLC 变量文件夹，双击其中的"添加新变量表"选项，在 PLC 变量文件夹下生成一个新变量表，名称为"变量表_1[0]"，其中"0"表示目前变量表中没有变量。双击该变量表，在"名称"列中输入变量的名称。

本任务新建的 PLC 变量表如图 2.1.13 所示。

电动机连续运行控制 ▸ PLC_1 [CPU 1212C DC/DC/DC] ▸ PLC 变量 ▸ 变量表_1 [5]

变量表_1

	名称	数据类型	地址	保持	从 H...	从 H...	在 H...	注释
1	按钮启动	Bool	%I0.0	☐	☑	☑	☑	
2	按钮停止	Bool	%I0.1	☐	☑	☑	☑	
3	HMI启动	Bool	%M0.0	☐	☑	☑	☑	
4	HMI停止	Bool	%M0.1	☐	☑	☑	☑	
5	电动机运行	Bool	%Q0.0	☐	☑	☑	☑	
6	<新增>			☐	☑	☑	☑	

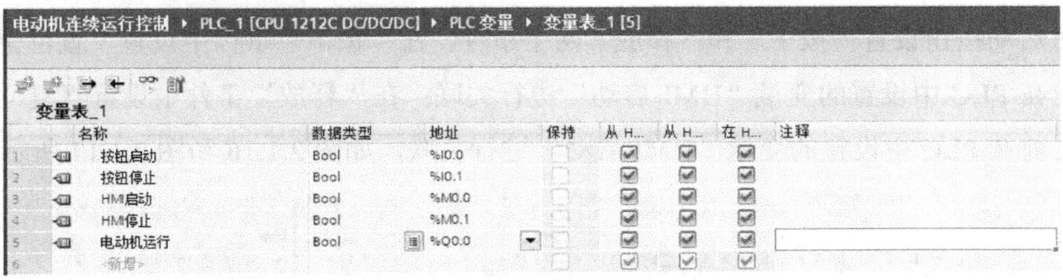

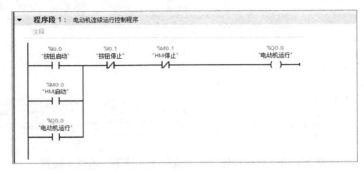

图 2.1.13　本任务新建的 PLC 变量表

4. 编写 PLC 程序

根据控制要求，利用位逻辑运算指令中的常开触点、常闭触点、赋值，以及串/并联连接方式完成本任务的 PLC 程序的编写，如图 2.1.14 所示。

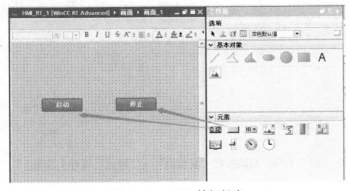

图 2.1.14　PLC 程序

5. HMI 组态

参照任务 1.4 完成 HMI 硬件组态、设备和网络连接。

根据任务要求，需要在 HMI 中组态两个电动机控制按钮，分别为启动按钮和停止按钮。在右侧“工具箱”窗格的“元素”列表框中选中“按钮”元素，将其拖入计算机系统画面的合适位置，并修改按钮名称为启动和停止，如图 2.1.15 所示。

图 2.1.15　HMI 按钮组态

对启动按钮设置"按下"和"释放"两个事件，在"按下"事件中设置"置位位"，并与之前在 PLC 中设置的变量"HMI 启动"进行关联；在"释放"事件中设置"复位位"，并与之前在 PLC 中设置的变量"HMI 启动"进行关联，如图 2.1.16 和图 2.1.17 所示。

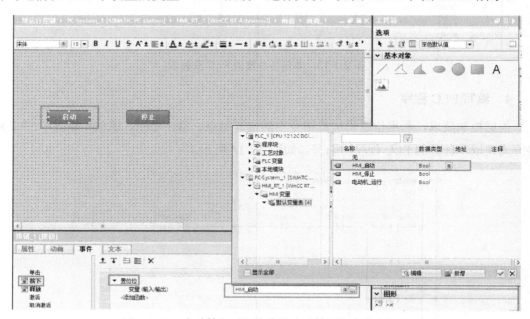

图 2.1.16　启动按钮"置位位"（"按下"事件）设置

图 2.1.17　启动按钮"复位位"（"释放"事件）设置

使用同样的方法对停止按钮设置"按下"和"释放"两个事件，在"按下"事件中设置"置位位"，并与之前在 PLC 中设置的变量"HMI 停止"进行关联；在"释放"事件中设置"复位位"，并与之前在 PLC 中设置的变量"HMI 停止"进行关联。

根据任务描述，需要组态一台电动机用于显示电动机的运行状态。在"工具箱"窗格的"图形"列表框下，从"Motors"选项中选择一个电动机图形，并拖入画面合适位置。同样，在"工具箱"窗格的"基本对象"列表框中选择一个圆形拖入电动机的左上角位置，用于显示电动机的运行状态，其中，绿色表示电动机运行，灰色表示电动机停止，如图 2.1.18 所示。

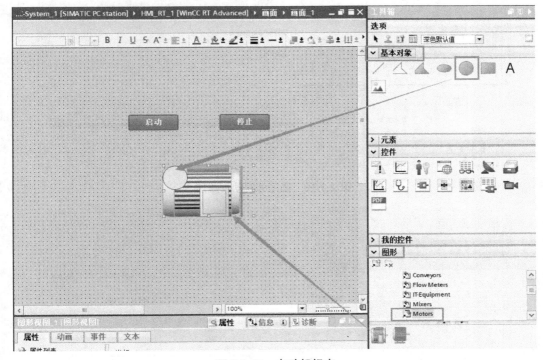

图 2.1.18　电动机组态

给电动机添加显示效果：选中电动机左上角的圆形，在"动画"选项卡的"显示"下拉列表中，双击"添加新动画"选项，在弹出的对话框中选择"外观"选项，如图 2.1.19 所示。

双击新添加的"外观"选项，在变量中关联 HMI 变量"电动机_运行"（该变量关联 PLC 变量"电动机运行"），并设置背景色。在电动机状态显示设置中，变量值为 0，背景色为灰色，表示电动机停止；变量值为 1，背景色为绿色，表示电动机运行，如图 2.1.20 所示。

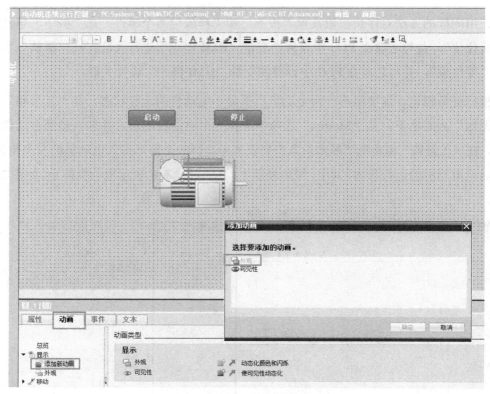

图 2.1.19　圆形外观动画添加

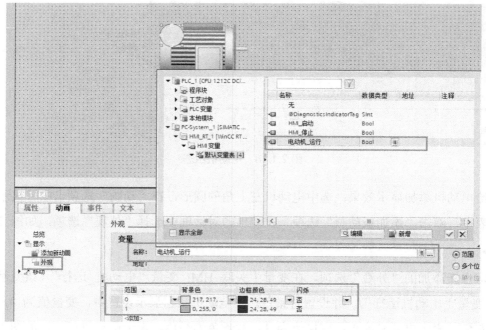

图 2.1.20　电动机状态显示设置

6. 仿真调试

通过 PLCSIM 进行电动机初始状态仿真调试，首先在 PLC 程序中选择"启动仿真"选项，然后单击"下载程序"按钮，在程序下载完成后，将 PLC 转至在线并启动监视程序；启动 HMI 仿真，调试 PLC 程序与 HMI 组态画面。当没有按下启动按钮时，启动按钮对应的常开触点保持断开状态，能流未能流向"电动机运行"Q0.0，Q0.0 为失电状态，电动机保持停止状态，如图 2.1.21 所示。

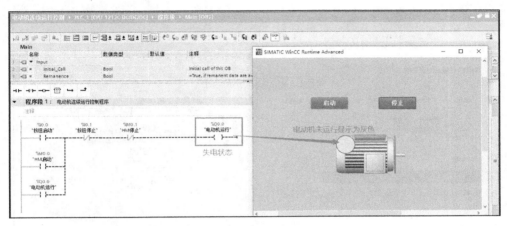

图 2.1.21　电动机初始状态仿真调试

当长按 HMI 上的启动按钮时，程序中的"HMI 启动"M0.0 变为接通状态，"电动机运行"Q0.0 变为得电状态，电动机处于运行状态，HMI 画面中电动机上的圆形指示灯变为绿色，如图 2.1.22 所示。

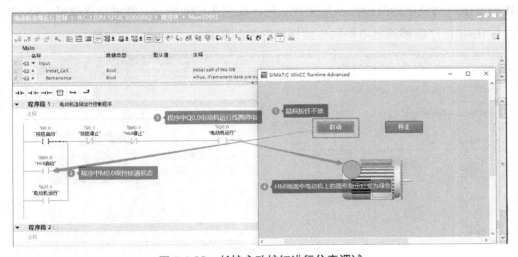

图 2.1.22　长按启动按钮进行仿真调试

当释放 HMI 上的启动按钮后，程序中的"HMI 启动"M0.0 变为断开状态，但"电动机运行"Q0.0 仍然为得电状态，电动机保持运行状态，HMI 画面中电动机上的圆形指示灯仍然为绿色。

"按钮启动"I0.0、"HMI 启动"M0.0 和"电动机运行"Q0.0 是并联回路。在"电动机运行"Q0.0 得电后，Q0.0 的常开触点变为接通状态。即使"HMI 启动"M0.0 断开，并联回路仍导通，使得"电动机运行"Q0.0 持续得电，电动机保持连续运行状态。这就是 PLC 程序中的自锁电路的工作原理，如图 2.1.23 所示。

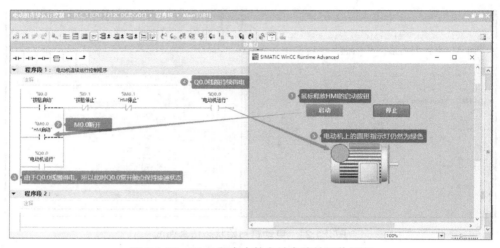

图 2.1.23　PLC 程序中的自锁电路的工作原理

单击 HMI 上的"停止"按钮，程序中的"HMI 停止"M0.1 变为断开状态，切断了通向"电动机运行"Q0.0 线圈的能流。"电动机运行"Q0.0 变为失电状态，电动机停止运行，HMI 画面中电动机上的圆形指示灯变为灰色，如图 2.1.24 所示。经过仿真调试，验证了该 PLC 与 HMI 程序能够满足电动机连续运行的控制要求。

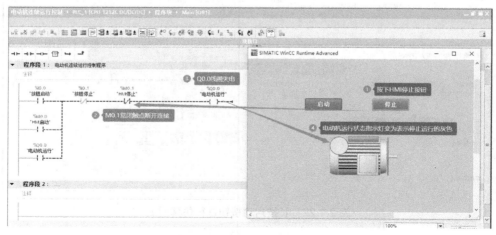

图 2.1.24　按下停止按钮进行仿真调试

【小提示】

PLCSIM 的仿真视图分为紧凑视图和项目视图，两种视图可以相互切换。紧凑视图为默认视图，仅以操作面板的方式显示，窗口简洁且易操作。在项目视图中可以实现 PLCSIM 的各种项目操作及软件的设置，窗口显示内容更丰富，显示区域也较大。

【小思考】

在电动机运行控制任务中，停止按钮以常开还是常闭的方式接入 PLC 接口更合理呢？

 拓展阅读

中国电机之父——钟兆琳

1924 年，钟兆琳留学美国康奈尔大学电机工程系，师从著名教授卡拉比托夫，获得硕士学位后，到美国西屋电气制造公司当工程师。1927 年，钟兆琳应时任上海交通大学电机科科长张廷玺的邀请，毅然扔下美国的一切，立即回国，到上海交通大学电机科任教。卡拉比托夫教授非常支持他的选择，并在复信中说："You are a teacher by nature"。

回国后，钟兆琳担任上海交通大学电机科教授，主讲"电机工程"并主持电机实验课程。20 世纪 30 年代初，一直担纲"交流电机"主讲的美籍西门教授离校，钟兆琳接手了这门课程。他是第一位讲授当时被认为是最先进、概念性极强、最难理解的"电机学"的中国教授，是中国第一台交流发电机与电动机的研制者，为中国的电机事业服务了 60 余年，培养了一大批杰出的电机学、信息学方面的人才，钱学森也是他的学生。

【任务计划】

根据任务资讯及收集、整理的资料填写任务计划单，如表 2.1.22 所示。

表 2.1.22 任务计划单

项　　目	电动机运行控制			
任　　务	电动机连续运行控制		学　时	4
计划方式	分组讨论、资料收集、合作实操			
序　号	任　　务		时　间	负责人
1				
2				
3				
4	设计电动机连续运行控制 PLC 与 HMI 程序			
5	调试 PLC 与 HMI 程序，任务成果展示、汇报			
小组分工				
计划评价				

【任务实施】

根据任务计划编制任务实施方案，并完成任务实施，填写任务实施工单，如表 2.1.23
所示。

表 2.1.23 任务实施工单

项 目	电动机运行控制		
任 务	电动机连续运行控制	学 时	
计划方式	分组讨论、合作实操		
序 号	实施情况		
1			
2			
3			
4			
5			
6			

 【任务检查与评价】

完成任务实施后，进行任务检查与评价，可采用小组互评等方式。任务评价单如表 2.1.24
所示。

表 2.1.24 任务评价单

项 目	电动机运行控制		
任 务	电动机连续运行控制		
考核方式	过程评价+结果考核		
说 明	主要评价学生在项目学习过程中的操作方式、理论知识、学习态度、课堂表现、学习能力、动手能力等		

评价内容与评价标准

序号	内 容	评价标准			成绩比例/%
		优	良	合 格	
1	基本理论掌握	掌握 PLC 的位逻辑运算指令的用法；能够分析常开/常闭触点与置位/复位输出指令的区别	熟悉 PLC 的位逻辑运算指令的用法；掌握常开/常闭触点、置位/复位输出指令的用法	了解 PLC 的位逻辑运算指令的用法；了解 PLC 梯形图程序的基本结构	30

续表

序号	内　容	评价标准			成绩比例/%
		优	良	合　格	
2	实践操作技能	熟练使用各种查询工具收集和查阅 PLC 位逻辑运算指令的使用、HMI 基本对象与元素的设计，分工科学合理，按规范的程序设计步骤完成电动机连续运行控制程序设计	较熟练使用各种查询工具收集和查阅 PLC 位逻辑运算指令的使用、HMI 基本对象与元素的设计，分工较合理，能完成电动机连续运行控制程序设计	会使用各种查询工具搜集和查阅 PLC 位逻辑运算指令的使用、HMI 基本对象与元素的设计，经协助能完成电动机连续运行控制程序设计	30
3	职业核心能力	具有良好的自主学习能力和分析、解决问题的能力，能解答任务小思考	具有较好的学习能力和分析、解决问题的能力，能部分解答任务小思考	具有分析、解决部分问题的能力	10
4	工作作风与职业道德	具有严谨的科学态度和工匠精神，能够严格遵守"6S"管理制度	具有良好的科学态度和工匠精神，能够自觉遵守"6S"管理制度	具有较好的科学态度和工匠精神，能够遵守"6S"管理制度	10
5	小组评价	具有良好的团队合作精神和沟通交流能力，热心帮助小组其他成员	具有较好的团队合作精神和沟通交流能力，能帮助小组其他成员	具有一定的团队合作能力，能配合小组完成项目任务	10
6	教师评价	包括以上所有内容	包括以上所有内容	包括以上所有内容	10
合计					100

【任务练习】

1．S7-1200 PLC 的 CPU 提供了哪些存储区域用于在执行用户程序期间存储数据？

2．在任务 2.1 中，我们使用了常开/常闭触点指令实现电动机连续运行控制程序设计。请思考，如果采用置位/复位指令来完成该任务，那么控制程序应该如何进行设计呢？

任务 2.2　电动机正/反转运行控制

【任务描述】

在智能装配生产线或其他许多生产设备中，往往需要运动部件能够在正、反两个方向上运行，如起重机、电梯需要上升和下降，传送带、机床工作台需要前进与后退，这都要求电动机能够实现正、反两个方向的运行。请根据"电动机正/反转运行控制"任务单完成智能装配生产线中的电动机正/反转运行控制的 PLC 和 HMI 程序并调试。具体要求为：按下正向启动按钮，电动机正向运行；按下停止按钮，电动机停止运行；按下反向启动按钮，电动机反向运行。

【任务单】

根据任务描述，实现智能装配生产线中的电动机正/反转运行控制。具体任务要求请参照表 2.2.1 所示的任务单。

表 2.2.1 任务单

项　　目	电动机运行控制	
任　　务	电动机正反转运行控制	
任务要求		任务准备
（1）分组讨论哪些场景下会使用到电动机的正/反转运行，每组 3～5 人 （2）查询并学习互锁电路在电动机正/反转运行中的作用 （3）完成电动机正/反转运行控制资料的收集与整理 （4）完成电动机正/反转运行控制的 PLC 与 HMI 程序，并仿真调试		（1）自主学习 ① 三相异步电动机正/反转运行控制原理 ② 互锁电路 ③ 计数器指令 （2）设备工具 ① 硬件：计算机 ② 软件：办公软件、博途 V16
自我总结		拓展提高
		通过工作过程和总结，提高团队分工协作能力、程序设计和调试能力、技术迁移能力

【任务资讯】

2.2.1　三相异步电动机正/反转运行控制原理

只需改变电动机定子绕组的电源相序（称为换相），就可以实现三相异步电动机正/反转运行控制。在本任务中，V 相不变，U 相与 W 相对调。在不使用 PLC 的情况下，利用低压电器元件可实现三相异步电动机正/反转运行控制，其控制原理图如图 2.2.1 所示。

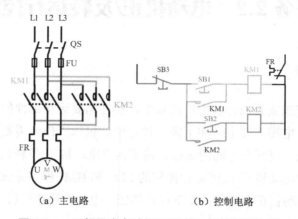

（a）主电路　　　　　　　　（b）控制电路

图 2.2.1　三相异步电动机正/反转运行控制原理图

分析该控制原理图，在如图 2.2.1（a）所示的主电路中，KM1、KM2 两个交流接触器的上口接线保持一致，在下口进行调相处理，V 相不变，U 相与 W 相对调。当交流接触器 KM1 的主触点接通时，三相异步电动机正向运行；当交流接触器 KM2 的主触点接通时，三相异步电动机反向运行。

在如图 2.2.1（b）所示的控制电路中，SB1 为控制三相异步电动机正向运行的正向启动按钮，SB2 为控制三相异步电动机反向运行的反向启动按钮，SB3 为停止按钮。控制电路的工作原理如下。

- 按下 SB1 正向启动按钮，交流接触器 KM1 线圈得电，KM1 的常开辅助触点闭合并自锁，同时 KM1 的主触点闭合，三相异步电动机正向运行。

- 按下 SB3 停止按钮，交流接触器 KM1 线圈失电，三相异步电动机停止运行。

- 按下 SB2 反向启动按钮，交流接触器 KM2 线圈得电，KM2 的常开辅助触点闭合并自锁，同时 KM2 的主触点闭合，三相异步电动机反向运行。

2.2.2　互锁电路

请思考，如果同时按下正向启动按钮和反向启动按钮，会出现什么情况呢？

当同时按下正/反向启动按钮时，在如图 2.2.1（b）所示的控制电路中，交流接触器 KM1 和 KM2 的线圈同时得电并保持；在如图 2.2.1（a）所示的主电路中，交流接触器 KM1 和 KM2 的主触点同时接通，L1 相和 L3 相短路，如图 2.2.2 所示。

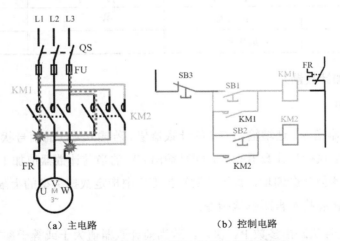

（a）主电路　　　　　　　　　（b）控制电路

图 2.2.2　三相异步电动机正/反转运行短路现象

怎么改进控制电路才能避免这种短路现象呢？将 KM1 和 KM2 的常闭辅助触点互相串入对方的线圈电路中，当按下 SB1 正向启动按钮时，KM1 线圈得电，使得 KM1 常闭辅助触点断开,此时即使按下 SB2 反向启动按钮,KM2 线圈也不会得电,从而避免了两个交流接触器的主触点同时接通造成主电路 L1 相和 L3 相短路。修改后的三相异步电动机正/反转运行互锁电路如图 2.2.3 所示。这就是互锁电路的工作原理。

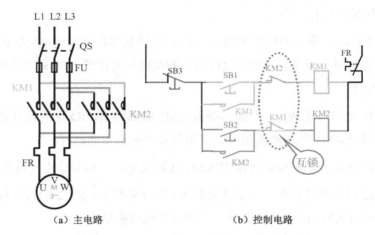

（a）主电路　　　　　　　　　（b）控制电路

图 2.2.3　修改后的三相异步电动机正/反转运行互锁电路

2.2.3　计数器指令

博途 V16 提供了 3 种类型的计数器指令,如表 2.2.2 所示。

表 2.2.2　3 种类型的计数器指令

指　令	说　明	指　令	说　明
CTU	加计数器	CTD	减计数器
CTUD	加减计数器	—	—

1．CTU（加计数器）

1）指令说明

使用加计数器指令,递增输出 CV 的计数器值。若输入 CU 的信号状态从"0"变为"1"（信号上升沿）,则执行加计数器指令,同时输出 CV 的当前计数器值加 1。每检测到一个信号上升沿,计数器值就会递增,直至达到输出 CV 中指定数据类型的上限。当达到上限时,输入 CU 的信号状态将不再影响该指令。

输出 Q 的信号状态由参数 PV 决定。若当前计数器值大于或等于参数 PV 的值,则输出 Q 的信号状态置"1";在其他任何情况下,输出 Q 的信号状态均为"0"。

2）参数

加计数器指令参数如表 2.2.3 所示。

表 2.2.3　加计数器指令参数

参 数	声 明	数据类型	存储区	说 明
CU	Input	BOOL	I、Q、M、D、L 或常量	加计数输入
R	Input	BOOL	I、Q、M、D、L、P 或常量	复位输入
PV	Input	整数	I、Q、M、D、L、P 或常量	置位输出 Q 的值
Q	Output	BOOL	I、Q、M、D、L	计数器状态
CV	Output	整数、CHAR、WCHAR、DATE	I、Q、M、D、L、P	当前计数器值

可以从指令框的"???"下拉列表中选择加计数器指令的数据类型。

3）举例

加计数器指令示例程序如图 2.2.4 所示。

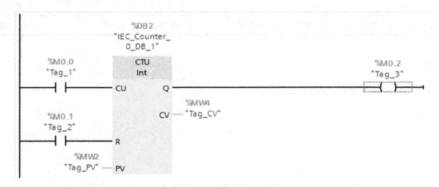

图 2.2.4　加计数器指令示例程序

当操作数"Tag_1"的信号状态从"0"变为"1"时，将执行加计数器指令，同时操作数"Tag_CV"的当前计数器值加 1。每检测到一个信号上升沿，计数器值就会递增，直至达到该数据类型的上限（Int = 32767）。

参数 PV 的值限制着"Tag_3"输出信号。只要当前计数器值大于或等于操作数"Tag_PV"的值，输出"Tag_3"的信号状态就为"1"；在其他任何情况下，输出"Tag_3"的信号状态均为"0"。

2. CTD（减计数器）

1）指令说明

使用减计数器指令，递减输出 CV 的计数器值。若输入 CD 的信号状态从"0"变为"1"，则执行减计数器指令，同时输出 CV 的当前计数器值减 1。每检测到一个信号上升沿，计数器值就会递减，直至达到指定数据类型的下限。当达到下限时，输入 CD 的信号状态将不再影响该指令。

若当前计数器值小于或等于 0，则输出 Q 的信号状态置"1"；在其他任何情况下，输出 Q 的信号状态均为"0"。

2）参数

减计数器指令参数如表 2.2.4 所示。

表 2.2.4　减计数器指令参数

参　数	声　明	数据类型	存储区	说　明
CD	Input	BOOL	I、Q、M、D、L 或常量	减计数输入
LD	Input	BOOL	I、Q、M、D、L、P 或常量	装载输入
PV	Input	整数	I、Q、M、D、L、P 或常量	使用 LD = 1 置位输出 CV 的目标值
Q	Output	BOOL	I、Q、M、D、L	计数器状态
CV	Output	整数、CHAR、WCHAR、DATE	I、Q、M、D、L、P	当前计数器值

3）举例

减计数器指令示例程序如图 2.2.5 所示。

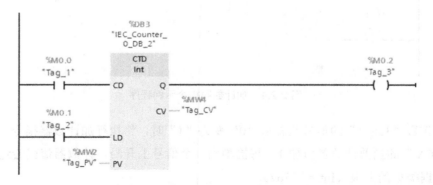

图 2.2.5　减计数器指令示例程序

当操作数"Tag_1"的信号状态从"0"变为"1"时，执行减计数器指令且输出操作数"Tag_CV"的值减 1。每检测到一个信号上升沿，计数器值就会递减，直至达到指定数据类型的下限（Int = −32768）。

只要当前计数器值小于或等于 0，输出"Tag_3"的信号状态就为"1"；在其他任何情况下，输出"Tag_3"的信号状态均为"0"。

3．CTUD（加减计数器）

1）指令说明

使用加减计数器指令，递增和递减输出 CV 的计数器值。若输入 CU 的信号状态从"0"

变为"1"，则当前计数器值加 1，并存储在输出 CV 中；若输入 CD 的信号状态从"0"变为"1"，则输出 CV 的计数器值减 1；若在一个程序周期内，输入 CU 和 CD 都出现信号上升沿，则输出 CV 的当前计数器值保持不变。

当输入 LD 的信号状态变为"1"时，将输出 CV 的计数器值置为参数 PV 的值。只要输入 LD 的信号状态仍为"1"，输入 CU 和 CD 的信号状态就不会影响加减计数器指令。

当输入 R 的信号状态变为"1"时，将计数器值置"0"。只要输入 R 的信号状态仍为"1"，输入 CU、CD 和 LD 信号状态的改变就不会影响加减计数器指令。

可以在输出 QU 中查询加计数器的状态。如果当前计数器值大于或等于参数 PV 的值，则将输出 QU 的信号状态置"1"；在其他任何情况下，输出 QU 的信号状态均为"0"。可以在输出 QD 中查询减计数器的状态。如果当前计数器值小于或等于"0"，则输出 QD 的信号状态将置"1"；在其他任何情况下，输出 QD 的信号状态均为"0"。

2）参数

加减计数器指令参数如表 2.2.5 所示。

表 2.2.5　加减计数器指令参数

参　数	声　明	数据类型	存储区	说　明
CU	Input	BOOL	I、Q、M、D、L 或常量	加计数输入
CD	Input	BOOL	I、Q、M、D、L 或常量	减计数输入
R	Input	BOOL	I、Q、M、D、L、P 或常量	复位输入
LD	Input	BOOL	I、Q、M、D、L、P 或常量	装载输入
PV	Input	整数	I、Q、M、D、L、P 或常量	输出 QU 被设置的值或在 LD=1 的情况下，输出 CV 被设置的值
QU	Output	BOOL	I、Q、M、D、L	加计数器的状态
QD	Output	BOOL	I、Q、M、D、L	减计数器的状态
CV	Output	整数、CHAR、WCHAR、DATE	I、Q、M、D、L、P	当前计数器值

3）举例

加减计数器指令示例程序如图 2.2.6 所示。

若输入"Tag_1"或"Tag_2"的信号状态从"0"变为"1"，则执行加减计数器指令。当输入"Tag_1"出现信号上升沿时，当前计数器值加 1，并存储在输出"Tag_CV"中；当输入"Tag_2"出现信号上升沿时，当前计数器值减 1，并存储在输出"Tag_CV"中。当输入 CU 出现信号上升沿时，计数器值将递增，直至达到上限 32767；当输入 CD 出现信号上升沿时，计数器值将递减，直至达到下限-32768。

只要当前计数器值大于或等于输入"Tag_PV"的值，输出"Tag_5"的信号状态就为

"1"；在其他任何情况下，输出"Tag_5"的信号状态均为"0"。

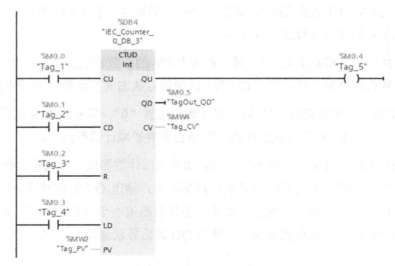

图 2.2.6　加减计数器指令示例程序

只要当前计数器值小于或等于 0，输出"TagOut_QD"的信号状态就为"1"；在其他任何情况下，输出"TagOut_QD"的信号状态均为"0"。

2.2.4　电动机正/反转运行的控制程序设计

本任务通过博途 V16 创建一个工程项目，编写相关 PLC 与 HMI 程序，用于完成电动机正/反转运行控制。具体控制要求为：使用两种方式完成电动机正/反转运行控制，第一种为通过操作台上的正向启动按钮、反向启动按钮和停止按钮进行控制；第二种为通过 HMI 画面上的正向启动按钮、反向启动按钮和停止按钮进行控制。当按下正向启动按钮时，电动机正向运行；当按下停止按钮时，电动机停止运行；当按下反向启动按钮时，电动机反向运行。对电动机的启动次数进行计数并显示，按下 HMI 计数清零按钮后，计数值被清零。在仿真环境下，对 PLC 和 HMI 程序进行调试。

1. 点位需求分析

分析任务控制要求，对本任务进行输入/输出地址分配，如表 2.2.6 所示。

表 2.2.6　输入/输出地址分配

输　入		输　出	
PLC 输入地址	元　件	PLC 输出地址	元　件
I0.0	正向启动按钮 SB1	Q0.0	电动机正向运行交流接触器 KM1 线圈
I0.1	反向启动按钮 SB2	Q0.1	电动机反向运行交流接触器 KM1 线圈
I0.2	停止按钮 SB3	—	—

2．电气原理图与 PLC 接口图绘制

根据任务控制要求及输入/输出地址分配情况绘制电气原理图与 PLC 接口图，如图 2.2.7 所示，并根据图纸完成元件的实物连接。

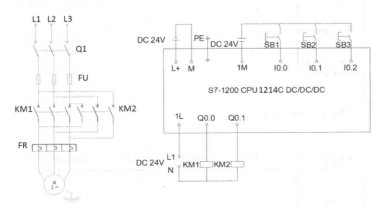

图 2.2.7　电气原理图与 PLC 接口图

3．完成博途 V16 软件工程项目创建、PLC 与 HMI 硬件组态、设备网络连接

该部分内容在前述任务中有详细介绍，请参照完成。

4．编辑变量表

本任务新建的 PLC 变量表如图 2.2.8 所示。

		名称	数据类型	地址	保持	从 H...	从 H...	在 H...
1		正向启动按钮	Bool	%I0.0		☑	☑	☑
2		反向启动按钮	Bool	%I0.1		☑	☑	☑
3		停止按钮	Bool	%I0.2		☑	☑	☑
4		HMI正向启动	Bool	%M0.0		☑	☑	☑
5		HMI反向启动	Bool	%M0.1		☑	☑	☑
6		HMI停止	Bool	%M0.2		☑	☑	☑
7		HMI计数清零	Bool	%M0.3		☑	☑	☑
8		电机启动计数值	Word	%MW10		☑	☑	☑
9		电动机正向运行	Bool	%Q0.0		☑	☑	☑
10		电动机反向运行	Bool	%Q0.1		☑	☑	☑

图 2.2.8　本任务新建的 PLC 变量表

5．编写 PLC 程序

根据控制要求编写 PLC 程序，如图 2.2.9 所示。

6．HMI 组态

根据任务控制要求，需要在 HMI 中组态 3 个分别用于控制电动机正向/停止/反向运行的按钮、一个计数器清零按钮，并组态一台电动机，以及两个圆形用于显示电动机的正/反向运行状态，添加两个文本用于指示电动机正向运行和反向运行，添加一个"I/O 域"用于显示电动机启动次数，如图 2.2.10 所示。

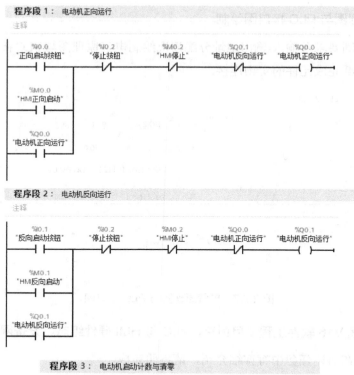

图 2.2.9　PLC 程序

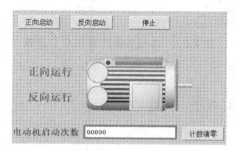

图 2.2.10　电动机正/反转 HMI 组态

对 4 个按钮分别设置"按下"和"释放"两个事件，在"按下"事件中对相应的 HMI 变量设置"置位位"；在"释放"事件中对相应的 HMI 变量设置"复位位"，并对用于显示

电动机正/反向运行状态的两个圆形设置"外观"和"可见性"两种动画，如图 2.2.11
和图 2.2.12 所示。

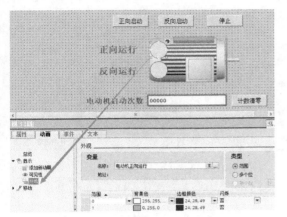 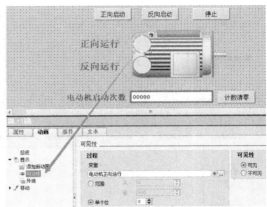

图 2.2.11　设置"外观"动画　　　　　图 2.2.12　设置"可见性"动画

使用同样的方法对"正向运行"与"反向运行"两个文本设置"可见性"动画，满足
当电动机正向运行时，显示"正向运行"文本，否则隐藏；当电动机反向运行时，显示"反
向运行"文本，否则隐藏；当电动机停止运行时，两个文本均隐藏。

添加一个"I/O 域"用于显示电动机启动次数，在"属性"选项卡的"常规"选项中关
联 PLC 中的"电机启动计数值"变量，模式选择为"输出"，显示格式选择为"十进制"，
如图 2.2.13 所示。

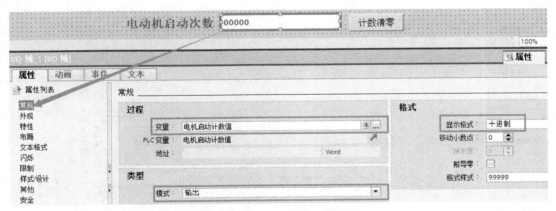

图 2.2.13　"I/O 域"属性设置

7．仿真调试

下载程序到 PLCSIM 中，启动 HMI 画面，将 PLC 转至在线状态，并启动监视程序，
如图 2.2.14 所示。

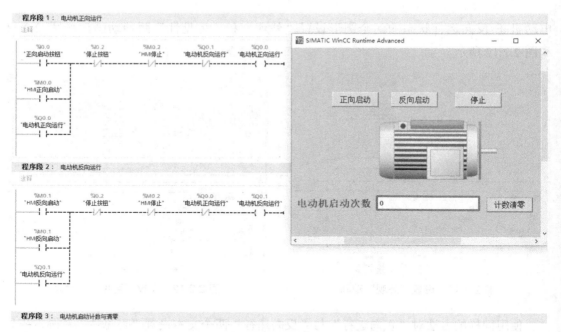

图 2.2.14　启动 HMI 画面与监视程序

单击 HMI 的"正向启动"按钮，PLC 程序中的正向运行线圈 Q0.0 保持接通状态，HMI 画面显示"正向运行"文本，正向运行的圆形指示灯变为绿色，电动机启动次数的 I/O 域显示"1"，如图 2.2.15 所示。

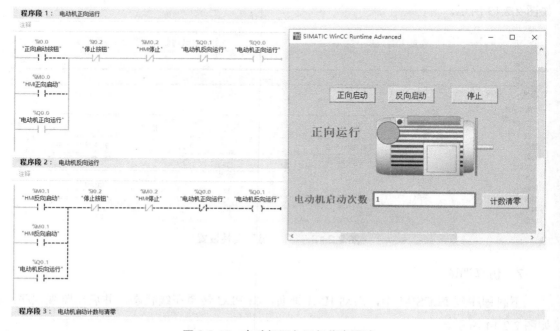

图 2.2.15　电动机正向运行仿真调试

单击 HMI 的"停止"按钮，PLC 程序中的正向运行线圈 Q0.0 失电，表示运行状态的文本和圆形指示灯隐藏，如图 2.2.16 所示。

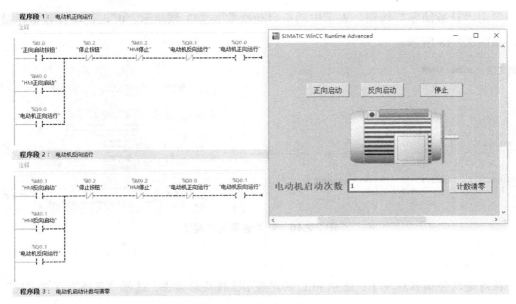

图 2.2.16　电动机停止状态仿真调试

单击 HMI 的"反向启动"按钮，PLC 程序中的正向运行线圈 Q0.1 保持接通状态，HMI 画面显示"反向运行"文本，反向运行的圆形指示灯变为绿色，表示电动机启动次数的 I/O 域显示"2"，表示电动机已经启动了两次，如图 2.2.17 所示。

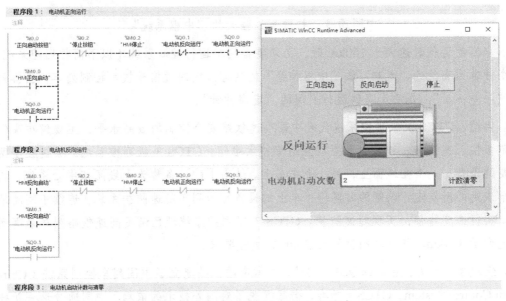

图 2.2.17　电动机反向运行仿真调试

在电动机反向运行时，单击 HMI 的"正向启动"按钮，PLC 程序中的正向运行线圈未被接通，电动机仍然保持反向运行状态，从而验证了互锁电路在程序中的作用。

单击"计数清零"按钮，表示电动机启动次数的 I/O 域显示"0"，说明计数值已被清零，如图 2.2.18 所示。

图 2.2.18　计数清零仿真调试

【小提示】

在博途软件编程环境下，选中 PLC 的扩展 I/O 模块后右击，选择"属性"→"常规"→"I/O 地址"选项，可对该模块的起始地址与结束地址进行设置。

【小思考】

CPU 1214C DC/DC/DC 支持多少个信号模块用于 I/O 扩展，请查阅系统手册。

 拓展阅读

中国通号：打造高铁强大的"中枢系统"

当高铁运行时速大于 160km 时，必须装备列车运行控制系统（以下简称列控系统）。这个被称为高铁的"大脑"和"中枢神经"的列控系统通过信号技术控制列车，指挥列车的"一举一动"，是决定高铁运行表现的"定海神针"。

目前，CTCS-3 级列控系统代表中国高速铁路安全控制的最高水平，主要解决高铁能够跑多快、跑多密、跑多少和互联互通等技术难题。CTCS-3 级列控系统的关键在于两个重要的设备：一个在地面上，另一个在车上。地面上的设备称为无线闭塞中心系统，指挥列车该走的时候走，该停的时候停；车上的设备称为列车超速防护系统，连续不间断地对列车实行速度监督，实现超速防护。CTCS-3 级列控系统现已满足高速铁路列车最高运行时速大于 350km、最短运行间隔为 3min 的运营要求。

经过多年努力，中国通号终于实现了技术突破，并建立了中国列车控制系统（Chinese Train Control System，CTCS）标准，彻底摆脱了对国外技术的依赖。中国通号这一新技术

实现了系统平台及关键技术的 100%国产化，实现了核心软件的 100%国产化，实现了成套列车运行控制核心技术长期被国外公司垄断的局面。

【任务计划】

根据任务资讯及收集、整理的资料填写任务计划单，如表 2.2.7 所示。

表 2.2.7　任务计划单

项　　目	电动机运行控制		
任　　务	电动机正/反转运行控制	学　时	4
计划方式	分组讨论、资料收集、技能学习等		
序　号	任　　务	时　间	负责人
1			
2			
3			
4	编写电动机正/反转运行控制 PLC 与 HMI 程序		
5	调试 PLC 与 HMI 程序，进行任务成果展示、汇报		
小组分工			
计划评价			

【任务实施】

根据任务计划编制任务实施方案，并完成任务实施，填写如表 2.2.8 所示的任务实施工单。

表 2.2.8　任务实施工单

项　　目	电动机运行控制		
任　　务	电动机正/反转运行控制	学　时	
计划方式	分组讨论、合作实操		
序　号	实施情况		
1			
2			
3			
4			
5			
6			

【任务检查与评价】

完成任务实施后，进行任务检查与评价，可采用小组互评等方式。任务评价单如表 2.2.9 所示。

表2.2.9 任务评价单

项 目	电动机运行控制			
任 务	电动机正/反转运行控制			
考核方式	过程评价+结果考核			
说 明	主要评价学生在项目学习过程中的操作方式、理论知识、学习态度、课堂表现、学习能力、动手能力等			
评价内容与评价标准				
序号	内 容	评价标准		成绩比例/%
		优	良	合 格	
1	基本理论掌握	掌握 PLC 的位逻辑运算指令、计数器指令的用法；掌握利用自锁、互锁电路完成 PLC 程序设计的方法	熟悉 PLC 的位逻辑运算指令、计数器指令的用法；熟悉自锁、互锁电路的作用	了解 PLC 的位逻辑运算指令、计数器指令的用法；了解自锁、互锁电路的作用	30
2	实践操作技能	熟练使用各种查询工具收集和查阅计数器指令的使用、电动机正/反转运行工作原理，分工科学合理，能按规范的程序设计步骤完成电动机正/反转运行控制程序设计	较熟练使用各种查询工具收集和查阅计数器指令的使用、电动机正/反转运行工作原理，分工较合理，能完成电动机正/反转运行控制程序设计	会使用各种查询工具收集和查阅计数器指令的使用、电动机正/反转运行工作原理，经协助能完成电动机正/反转运行控制程序设计	30
3	职业核心能力	具有良好的自主学习能力和分析、解决问题的能力，能解答任务小思考	具有较好的学习能力和分析、解决问题的能力，能部分解答任务小思考	具有分析、解决部分问题的能力	10
4	工作作风与职业道德	具有严谨的科学态度和工匠精神，能够严格遵守"6S"管理制度	具有良好的科学态度和工匠精神，能够自觉遵守"6S"管理制度	具有较好的科学态度和工匠精神，能够遵守"6S"管理制度	10
5	小组评价	具有良好的团队合作精神和沟通交流能力，热心帮助小组其他成员	具有较好的团队合作精神和沟通交流能力，能帮助小组其他成员	具有一定团队合作能力，能配合小组完成项目任务	10
6	教师评价	包括以上所有内容	包括以上所有内容	包括以上所有内容	10
合计					100

【任务练习】

1．请说明互锁电路的作用，并简述其工作原理。

2．博途 V16 提供了哪几种类型的计数器指令？

任务 2.3　电动机顺序启动控制

【任务描述】

在智能装配生产线上往往有多台电动机工作，如果所有电动机同时启动，那么可能会给电网造成冲击，因此通常采用电动机顺序启动的运行方式。请根据"电动机顺序启动控制"任务单完成智能装配生产线电动机顺序启动控制的 PLC 和 HMI 程序并调试。具体控制要求为：按下启动按钮后，第一台电动机立即运行，到达设定的定时时间后，第二台电动机运行；按下停止按钮后，两台电动机立即停止运行。

【任务单】

根据任务描述，实现智能装配生产线中的电动机顺序启动控制。具体任务要求请参照如表 2.3.1 所示的任务单。

表 2.3.1　任务单

项　　目	电动机运行控制	
任　　务	电动机顺序启动控制	
任务要求		任务准备
（1）分组讨论哪些场景下会使用到电动机的顺序启动运行方式，每组 3～5 人 （2）查询并学习定时器指令在电动机顺序启动控制中的作用 （3）完成电动机顺序启动控制资料的收集与整理 （4）完成电动机顺序启动控制的 PLC 与 HMI 程序，并仿真调试		（1）自主学习 ① 定时器指令 ② 电动机顺序启动控制方法 （2）设备工具 ① 硬件：计算机 ② 软件：办公软件、博途 V16
自我总结		拓展提高
		通过工作过程和总结，提高团队协作、程序设计和调试能力、技术迁移能力

【任务资讯】

2.3.1　定时器指令

博途 V16 提供了 10 个定时器指令，如表 2.3.2 所示。

扫一扫，看微课

表 2.3.2 定时器指令

指 令	说 明	指 令	说 明
TP	生成脉冲	–(TON)–	启动接通延时定时器
TON	接通延时	–(TOF)–	启动关断延时定时器
TOF	关断延时	–(TONR)–	时间累加器
TONR	时间累加器	–(RT)–	复位定时器
–(TP)–	启动脉冲定时器	–(PT)–	加载持续时间

1. TP（生成脉冲）

1）指令说明

使用生成脉冲指令可以将输出 Q 设置为预设的一段时间。当输入 IN 的逻辑运算结果（RLO）从 "0" 变为 "1"（信号上升沿）时，启动生成脉冲指令，预设的时间 PT 开始计时。无论后续输入信号的状态如何变化，都将输出 Q 置位为由 PT 指定的一段时间。当 PT 正在计时时，在输入 IN 处检测到的新的信号上升沿对输出 Q 处的信号状态没有影响。

可以扫描输出 ET 处的当前时间值。该定时器值从 T#0s 开始，在达到持续时间 PT 后结束。如果时间 PT 用完且输入 IN 的信号状态为 "0"，则复位输出 ET。如果在程序中未调用该指令（如跳过该指令），则输出 ET 会在超出时间 PT 后立即返回一个常数值。

生成脉冲指令可以放置在程序段的中间或末尾。它需要一个前导逻辑运算。

每次调用生成脉冲指令都会为其分配一个 IEC 定时器用于存储实例数据。

2）参数

生成脉冲指令参数如表 2.3.3 所示。

表 2.3.3 生成脉冲指令参数

参 数	声 明	数据类型	存储区	说 明
IN	Input	BOOL	I、Q、M、D、L 或常量	启动输入
PT	Input	TIME	I、Q、M、D、L 或常量	脉冲的持续时间 参数 PT 的值必须为正数
Q	Output	BOOL	I、Q、M、D、L	脉冲输出
ET	Output	TIME	I、Q、M、D、L	当前时间值

3）举例

生成脉冲指令示例程序如图 2.3.1 所示。

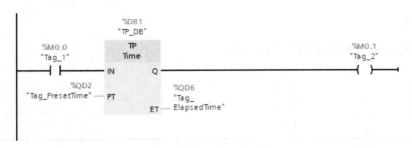

图 2.3.1　生成脉冲指令示例程序

当操作数"Tag_1"的信号状态从"0"变为"1"时，参数 PT 预设的时间开始计时，操作数"Tag_2"置"1"。当前时间值存储在操作数"Tag_ElapsedTime"中。当定时器计时结束时，操作数"Tag_2"的信号状态置"0"。

2. TON（接通延时）

1）指令说明

使用接通延时指令可以将输出 Q 设置为延时 PT 中指定的一段时间。当输入 IN 的逻辑运算结果（RLO）从"0"变为"1"（信号上升沿）时，启动该指令，预设的时间 PT 开始计时。超出时间 PT 之后，输出 Q 的信号状态将变为"1"。只要启动输入 IN 仍为"1"，输出 Q 就保持置位状态。当启动输入的信号状态从"1"变为"0"时，将复位输出 Q。在启动输入 IN 处检测到新的信号上升沿时，该定时器功能将再次启动。

可以在输出 ET 查询当前的时间值。该定时器值从 T#0s 开始，在达到持续时间 PT 后结束。只要输入 IN 的信号状态变为"0"，输出 ET 就复位。如果在程序中未调用该指令（如跳过该指令），则输出 ET 会在超出时间 PT 后立即返回一个常数值。

接通延时指令可以放置在程序段的中间或末尾。它需要一个前导逻辑运算。

每次调用接通延时指令都必须将其分配给存储实例数据的 IEC 定时器。

2）参数

接通延时指令参数如表 2.3.4。

表 2.3.4　接通延时指令参数

参　数	声　明	数据类型	存储区	说　明
IN	Input	BOOL	I、Q、M、D、L 或常量	启动输入
PT	Input	TIME	I、Q、M、D、L 或常量	接通延时的持续时间 参数 PT 的值必须为正数
Q	Output	BOOL	I、Q、M、D、L	超过时间 PT 后，置位的输出
ET	Output	TIME	I、Q、M、D、L	当前时间值

3）举例

接通延时指令示例程序如图 2.3.2 所示。

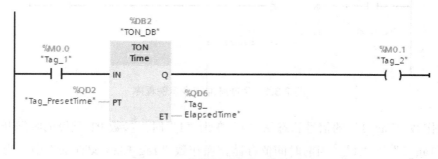

图 2.3.2　接通延时指令示例程序

当操作数"Tag_1"的信号状态从"0"变为"1"时，参数 PT 预设的时间开始计时。超过该时间后，操作数"Tag_2"的信号状态置"1"。只要操作数"Tag_1"的信号状态为"1"，操作数"Tag_2"就会保持置"1"状态。当前时间值存储在操作数"Tag_ElapsedTime"中。当操作数"Tag_1"的信号状态从"1"变为"0"时，将操作数"Tag_2"置"0"。

3．TOF（关断延时）

1）指令说明

使用关断延时指令可以在输出 Q 的复位延时 PT 中指定一段时间。当输入 IN 的逻辑运算结果（RLO）从"1"变为"0"（信号下降沿）时，将置位输出 Q。当输入 IN 处的信号状态变回"1"时，预设的持续时间 PT 开始计时。只要持续时间 PT 仍在计时，输出 Q 就保持置位状态。持续时间 PT 计时结束后，将复位输出 Q。如果输入 IN 的信号状态在持续时间 PT 计时结束之前变为"1"，则复位定时器。输出 Q 的信号状态仍为"1"。

可以在输出 ET 处查询当前的时间值。该定时器值从 T#0s 开始，在达到持续时间 PT 后结束。当持续时间 PT 计时结束后，在输入 IN 变回"1"之前，输出 ET 会保持被设置为当前值的状态。在持续时间 PT 计时结束之前，如果输入 IN 的信号状态切换为"1"，那么将输出 ET 置为值 T#0s。如果在程序中未调用该指令（如跳过该指令），则输出 ET 会在超出时间后立即返回一个常数值。

关断延时指令可以放置在程序段的中间或末尾。它需要一个前导逻辑运算。

每次调用关断延时指令都必须将其分配给存储实例数据的 IEC 定时器。

2）参数

关断延时指令参数如表 2.3.5 所示。

表 2.3.5 关断延时指令参数

参 数	声 明	数据类型	存储区	说 明
IN	Input	BOOL	I、Q、M、D、L 或常量	启动输入
PT	Input	TIME	I、Q、M、D、L 或常量	关断延时的持续时间 参数 PT 的值必须为正数
Q	Output	BOOL	I、Q、M、D、L	超出持续时间 PT 时复位的输出
ET	Output	TIME	I、Q、M、D、L	当前时间值

3）举例

关断延时指令示例程序如图 2.3.3 所示。

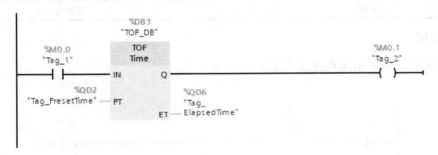

图 2.3.3 关断延时指令示例程序

当操作数"Tag_1"的信号状态从"0"变为"1"时，操作数"Tag_2"的信号状态将置"1"。当操作数"Tag_1"的信号状态从"1"变为"0"时，参数 PT 预设的时间开始计时。只要该时间仍在计时，操作数"Tag_2"就会保持置"1"状态。该时间计时完毕后，操作数"Tag_2"将置"0"。当前时间值存储在操作数"Tag_ElapsedTime"中。

4．TONR（时间累加器）

1）指令说明

使用时间累加器指令来累加由参数 PT 设定的时间段内的时间值。当输入 IN 的信号状态从"0"变为"1"（信号上升沿）时，执行时间测量操作，同时 PT 开始计时。当 PT 正在计时时，加上输入 IN 的信号状态为"1"时记录的时间值。累加得到的时间值将被写入输出 ET 中，并可以在此进行查询。PT 计时结束后，输出 Q 的信号状态为"1"。即使输入 IN 的信号状态从"1"变为"0"（信号下降沿），输出 Q 仍将保持置"1"状态。

无论启动输入的信号状态如何，输入 R 都将复位输出 ET 和 Q。

时间累加器指令可以放置在程序段的中间或末尾。它需要一个前导逻辑运算。

每次调用时间累加器指令都必须为其分配一个用于存储实例数据的 IEC 定时器。

2）参数

时间累加器指令参数如表 2.3.6 所示。

表 2.3.6　时间累加器指令参数表

参　数	声　明	数据类型	存储区	说　明
IN	Input	BOOL	I、Q、M、D、L 或常量	启动输入
R	Input	BOOL	I、Q、M、D、L 或常量	复位输入
PT	Input	TIME	I、Q、M、D、L 或常量	时间记录的最长持续时间 参数 PT 的值必须为正数
Q	Output	BOOL	I、Q、M、D、L	超出时间值 PT 之后要置位的输出
ET	Output	TIME	I、Q、M、D、L	累计的时间

3）举例

时间累加器指令示例程序如图 2.3.4 所示。

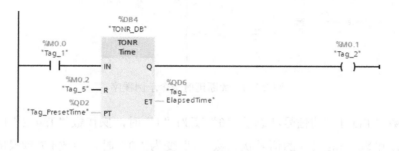

图 2.3.4　时间累加器指令示例程序

当操作数"Tag_1"的信号状态从"0"变为"1"时，参数 PT 预设的时间开始计时。只要操作数"Tag_1"的信号状态为"1"，该时间就继续计时。当操作数"Tag_1"的信号状态从"1"变为"0"时，计时将停止，并记录操作数"Tag_ElapsedTime"中的当前时间值。当操作数"Tag_1"的信号状态从"0"变为"1"时，将继续从发生信号跃迁"1"到"0"时记录的时间值开始计时。当达到参数 PT 中指定的时间值时，操作数"Tag_2"的信号状态将置"1"。当前时间值存储在操作数"Tag_ElapsedTime"中。

【小思考】

接通延时定时器与时间累加器有什么区别？

2.3.2　电动机顺序启动控制程序设计

本任务将通过博途 V16 创建一个工程项目，编写相关 PLC 与 HMI 程序，用于完成电动机顺序启动控制。具体控制要求为：使用操作台或 HMI 的启动按钮和停止按钮进行电动机顺序启动控制，按下启动按钮，第一台电动机马上启动，间隔 2s 后第二台电动机启动；

按下停止按钮，两台电动机同时停止运行。编写程序，并在仿真环境下对 PLC 和 HMI 程序进行验证。

1．点位需求分析

分析该任务的控制要求，对本任务进行输入/输出地址分配，如表 2.3.7 所示。

表 2.3.7　输入/输出地址分配

输　入		输　出	
PLC 输入地址	元　件	PLC 输出地址	元　件
I0.0	启动按钮 SB1	Q0.0	电动机 1 运行交流接触器 KM1 线圈
I0.1	停止按钮 SB2	Q0.1	电动机 2 运行交流接触器 KM2 线圈

2．电气原理图与 PLC 接口图绘制

根据任务控制要求及输入/输出地址分配情况绘制电气原理图与 PLC 接口图，如图 2.3.5 所示，并根据图纸完成元件的实物连接。

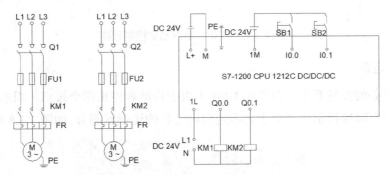

图 2.3.5　电气原理图与 PLC 接口图

3．完成博途工程项目创建、PLC 与 HMI 硬件组态、设备网络连接

该部分内容在前述任务中有详细介绍，请参照完成。

4．编辑变量表

本任务新建的 PLC 变量表如图 2.3.6 所示。

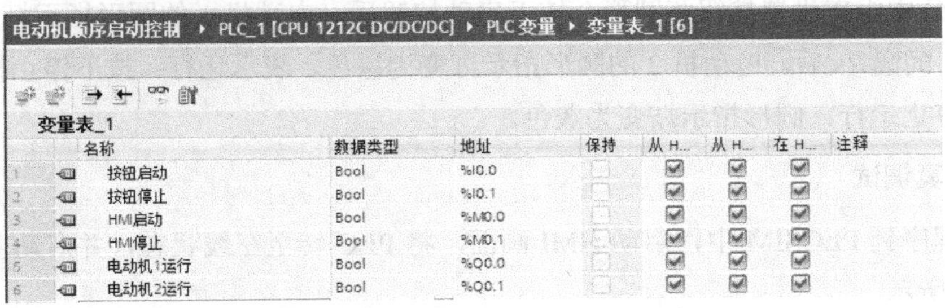

图 2.3.6　本任务新建的 PLC 变量表

5．编写 PLC 程序

根据控制要求编写 PLC 程序，如图 2.3.7 所示。

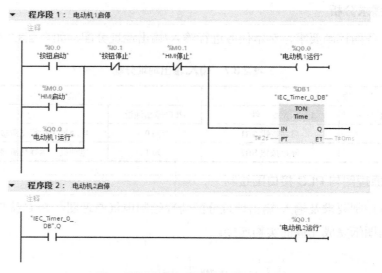

图 2.3.7　电动机顺序启动控制程序

6．HMI 组态

根据本任务的控制要求，需要在 HMI 中组态启动和停止两个按钮，组态两台电动机、两个文本及两个圆形指示灯（用于显示两台电动机的运行状态），如图 2.3.8 所示。

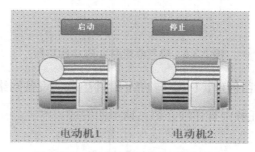

图 2.3.8　电动机顺序启动 HMI 组态

在 HMI 中组态设置按钮和圆形，按下启动按钮后，电动机 1 的圆形指示灯变为绿色，表示运行，间隔 2s 后，电动机 2 的圆形指示灯变为绿色，表示运行；按下停止按钮后，两台电动机停止运行，圆形指示灯变为灰色。

7．仿真调试

下载程序到 PLCSIM 中，启动 HMI 画面，将 PLC 转至在线状态，并启动监视程序，如图 2.3.9 所示。

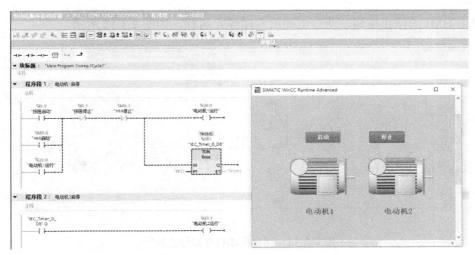

图 2.3.9　启动 HMI 画面与监视程序

单击 HMI 的启动按钮，电动机 1 立即启动，达到 2s 定时时间后，电动机 2 启动，如图 2.3.10 和图 2.3.11 所示。

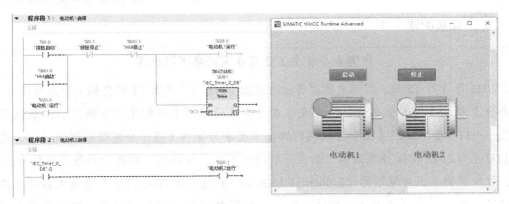

图 2.3.10　电动机 1 立即启动

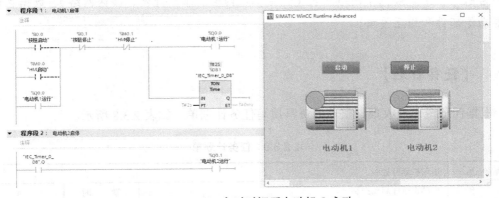

图 2.3.11　2s 定时时间后电动机 2 启动

单击 HMI 的停止按钮，两台电动机立即停止运行，如图 2.3.12 所示。

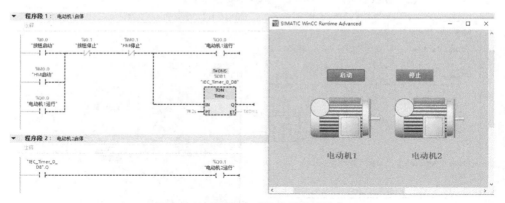

图 2.3.12　两台电动机立即停止运行

【小提示】

S7-1200 CPU 使用的是 IEC 定时器，在使用该定时器时，会自动生成一个数据类型为 IEC_Timer 的背景 DB。用户程序可以使用的定时器数量只与 CPU 的存储器容量有关。

 拓展阅读

中国主导首个工业互联网网络国际标准

2021 年 3 月 15 日，国际电信联盟标准化局（ITU-T）在第 13 研究组（未来网络与云）的全会上通过了中国信息通信研究院技术与标准研究所主导制定的首例工业互联网国际标准——ITU-T Y.2623《工业互联网网络技术要求与架构（基于分组数据网演进）》。通过的 ITU-T Y.2623 国际标准聚焦于工业互联网定制化、协同化、服务化和智能化的生产/服务，首次明确了工业互联网（Industrial Internet）的定义并写入 ITU-T 名词术语数据库，规范了工业互联网网络通用组网技术要求、工厂内/外网组网技术要求，定义了工业互联网网络组网框架，规范了网络互联（包括工厂内网、工厂外网、园区网络）、数据互通的主要功能部件和相互关系。

 【任务计划】

根据任务资讯及收集、整理的资料填写任务计划单，如表 2.3.8 所示。

表 2.3.8　任务计划单

项　　目	电动机运行控制		
任　　务	电动机顺序启动控制	学　　时	4
计划方式	分组讨论、资料收集、技能学习等		

续表

序　号	任　　务	时　　间	负责人
1			
2			
3			
4	编写电动机顺序启动控制 PLC 程序		
5	调试 PLC 程序，任务成果展示、汇报		
小组分工			
计划评价			

【任务实施】

根据任务计划编制任务实施方案，并完成任务实施，填写任务实施工单，如表 2.3.9 所示。

表 2.3.9　任务实施工单

项　　目	电动机运行控制		
任　　务	电动机顺序启动控制	学　　时	
计划方式	分组讨论、合作实操		
序　号	实施情况		
1			
2			
3			
4			
5			
6			

【任务检查与评价】

完成任务实施后，进行任务检查与评价，可采用小组互评等方式。任务评价单如表2.3.10
所示。

表 2.3.10　任务评价单

项　　目	电动机运行控制
任　　务	电动机顺序启动控制
考核方式	过程评价+结果考核
说　　明	主要评价学生在项目学习过程中的操作方式、理论知识、学习态度、课堂表现、学习能力、动手能力等

续表

序号	内容	评价内容与评价标准			成绩比例/%
		评价标准			
		优	良	合 格	
1	基本理论掌握	掌握 PLC 定时器指令的用法和参数；能够区分不同类型定时器的区别与特点	熟悉 PLC 定时器指令的用法和定时器指令的输入/输出参数	了解 PLC 定时器指令的用法	30
2	实践操作技能	熟练使用各种查询工具收集和查阅定时器指令的使用、电动机顺序启动运行工作过程，分工科学合理，按规范的程序设计步骤完成电动机顺序控制程序设计	较熟练使用各种查询工具收集和查阅定时器指令的使用、电动机顺序启动运行工作过程，分工较合理，能完成电动机顺序启动控制程序设计	会使用各种查询工具搜集和查阅定时器指令的使用、电动机顺序启动运行工作过程，经协助能完成电动机顺序启动控制程序设计	30
3	职业核心能力	具有良好的自主学习能力和分析、解决问题的能力，能解答任务小思考	具有较好的学习能力和分析、解决问题的能力，能部分解答任务小思考	具有分析、解决部分问题的能力	10
4	工作作风与职业道德	具有严谨的科学态度和工匠精神，能够严格遵守"6S"管理制度	具有良好的科学态度和工匠精神，能够自觉遵守"6S"管理制度	具有较好的科学态度和工匠精神，能够遵守"6S"管理制度	10
5	小组评价	具有良好的团队合作精神和沟通交流能力，热心帮助小组其他成员	具有较好的团队合作精神和沟通交流能力，能帮助小组其他成员	具有一定的团队合作能力，能配合小组完成项目任务	10
6	教师评价	包括以上所有内容	包括以上所有内容	包括以上所有内容	10
合计					100

【任务练习】

1. 博途 V16 提供了哪些类型的定时器？

2. 接通延时型定时器（TON）中的预设时间参数 PT 应是哪种数据类型？

【思维导图】

请完成如图 2.3.13 所示的项目 2 思维导图。

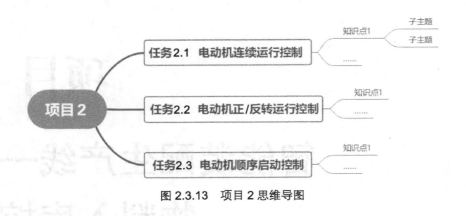

图 2.3.13 项目 2 思维导图

【创新思考】

1. 在任务 2.2 电动机正/反转运行控制中,电动机从正向运行状态切换到反向运行状态,必须先让电动机停止运行,再按下反转启动按钮切换至反向运行状态。现在要求电动机在正向运行状态下,按下反向启动按钮,直接切换到反向运行状态。请根据该控制要求,完成 PLC 和 HMI 程序编写,并进行仿真调试以验证。

2. 假如在一条智能装配生产线上有两条顺序相连的传送带,现要求按下启动按钮后,第一条传送带立即运行,3s 后第二条传送带开始运行;按下停止按钮后,第二条传送带立即停止运行,5s 后第一条传送带停止运行。请根据该控制要求,完成 PLC 和 HMI 程序的编写,并进行仿真调试以验证。

项目 3

智能装配生产线——物料入库控制

职业能力

- 能阐述智能装配生产线——三轴机械手的控制流程。
- 能完成轴工艺对象的组态。
- 能利用轴工艺指令编写 PLC 程序。
- 熟练掌握步进驱动器、伺服驱动器的使用和配置方法。
- 熟练使用数学函数指令、比较指令、移动操作指令编写 PLC 程序。
- 能完成 HMI 报警、用户管理、趋势视图组态。
- 能根据调试结果分析并修改程序。
- 培养勤奋进取、精益求精的精神。

引导案例

随着网络的发展,"宅经济"及"懒人经济"现象不断凸显,促使物流行业飞速发展。2021 年,我国快递业务量达 1085 亿件,许多物流企业和网络电商在末端配送方面不断探索,不断使用新技术及智慧物流设备,加强使用和推广无接触配送。相比于普通仓库,智能立体仓库可以节省 40% 以上的土地面积,还可以实现无人化作业,大幅度节省人力资源,并做到精细化管理。因此,智能立体仓库越来越受到各行各业的青睐。

本项目从轴工艺对象的组态、编程、调试等方面入手,让读者认识如何通过编程实现物料入库控制。

任务 3.1　Y 轴步进电机轴工艺对象组态

扫一扫，看微课

【任务描述】

在智能装配生产线的仓储站中，当仓储站检测到被加工好的物料后，其机械手就会下降、夹取物料、上升，并通过步进电机使 Y 轴运动到预设仓位的 Y 轴位置，完成 Y 轴方向的定位。请根据"Y 轴步进电机轴工艺对象组态"任务单完成智能装配生产线的仓储站机械手 Y 轴步进电机轴工艺对象组态，并通过轴控制面板进行调试。

【任务单】

根据任务描述，实现智能装配生产线的仓储站机械手 Y 轴步进电机轴工艺对象组态。具体任务要求请参照如表 3.1.1 所示的任务单。

表 3.1.1　任务单

项　　目	智能装配生产线——物料入库控制	
任　　务	Y 轴步进电机轴工艺对象组态	
任务要求		任务准备
（1）分组讨论在智能装配生产线仓储站中三轴机械手分别采用什么控制方式，每组 3～5 人 （2）查询并学习如何通过步进电机驱动器对 Y 轴进行控制 （3）完成步进电机控制资料的收集与整理 （4）完成智能装配生产线的仓储站中的 Y 轴步进电机轴工艺对象组态，并通过轴控制面板进行调试		（1）自主学习 ① 步进电机 ② 步进电机驱动器 ③ 轴工艺对象组态 ④ 定位轴工艺对象的工具 （2）设备工具 ① 硬件：计算机、PDM 200 实训装置 ② 软件：办公软件、博途 V16
自我总结		拓展提高
		通过工作过程和总结，提高团队协作能力、程序设计和调试能力、技术迁移能力

【任务资讯】

3.1.1　步进电机简介

步进电机是一种将电脉冲信号转换成相应的角位移或线位移的电动机，其实物图如

图 3.1.1 所示。每输入一个脉冲信号，转子就转动一个角度或前进一步，其输出的角位移或线位移与输入的脉冲数成正比，转速与脉冲频率成正比。

图 3.1.1 步进电机实物图

与具有其他控制用途的电机相比，首先，步进电机是一个完成数字模式转化的执行元件，能接收数字控制信号（电脉冲信号）并将其转化成与之相对应的角位移或线位移；其次，步进电机支持开环位置控制，每输入一个脉冲信号就得到一个规定的位置增量，这种增量位置控制系统与传统的直流控制系统相比，其成本明显降低，几乎不必进行调整。步进电机的角位移与输入的脉冲数严格成正比，而且在时间上与脉冲同步。只需控制脉冲数、脉冲频率和电机绕组的相序，即可获得所需的转角、速度和方向。

3.1.2 步进电机驱动器简介

步进电机驱动器是一种将电脉冲转化为角位移的执行机构。当步进电机驱动器收到一个脉冲信号时，就驱动步进电机按设定的方向转动一个固定的角度（称为步距角），步进电机的旋转是以固定的角度一步一步运行的。步进电机驱动器不仅可以通过控制脉冲数来控制角位移量，达到准确定位的目的；还可以通过控制脉冲频率来控制步进电机转动的速度和加速度，达到调速和定位的目的。在本项目的智能装配生产线设备中，使用的是雷赛 DM432C 步进电机驱动器，如图 3.1.2 所示。

图 3.1.2 雷赛 DM432C 步进电机驱动器

步进电机驱动器通常包含 3 类接口：控制信号接口、强电接口、拨码设定接口。

1．控制信号接口

雷赛 DM432C 步进电机驱动器控制信号接口说明如表 3.1.2 所示。

表 3.1.2　雷赛 DM432C 步进电机驱动器控制信号接口说明

名　　称	功　　能
PUL+（+5V） PUL-（PUL）	脉冲控制信号：脉冲上升沿有效；PUL-的高电平为 4～5V、低电平为 0～0.5V。为了可靠地响应脉冲信号，脉冲宽度应大于 1.2μs。如果采用+12V 或+24V 电源，则 PUL+需要串联电阻
DIR+（+5V） DIR-（DIR）	方向信号：高/低电平信号。为保证步进电机可靠换向，方向信号应先于脉冲信号至少 5μs 建立。步进电机的初始运行方向与其接线有关，互换任一相绕组（如 A+与 A-交换），都可以改变其初始运行方向，DIR+的高电平为 4～5V、低电平为 0～0.5V
ENA+（+5V） ENA-（ENA）	使能信号：此输入信号用于使能或禁止。当 ENA+ 接+5V、ENA-接低电平（或内部光耦导通）时，步进电机驱动器将切断步进电机各相的电流，使步进电机处于自由状态，此时步进脉冲不被响应。当不需要使用此功能时，令使能信号端悬空即可

PUL+与 PUL-接口用于脉冲信号输入，DIR+与 DIR-接口用于方向信号输入，ENA+与 ENA-接口用于使能信号输入。

2．强电接口

雷赛 DM432C 步进电机驱动器强电接口说明如表 3.1.3 所示。

表 3.1.3　雷赛 DM432C 步进电机驱动器强电接口说明

名　　称	功　　能
GND	直流电源地
+V	直流电源正极，+20～+40V 间的任何值均可，但推荐值在+24V 左右
A+、A-	步进电机 A 相线圈
B+、B-	步进电机 B 相线圈

当步进电机的转向与期望转向不同时，仅交换 A+、A-接口的位置即可。步进电机的接线如图 3.1.3 所示。

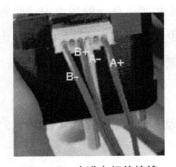

图 3.1.3　步进电机的接线

3. 拨码设定接口

雷赛 DM432C 步进电机驱动器采用 8 位拨码开关设定动态电流、静止（静态）电流、细分精度。拨码设定接口的具体功能划分如图 3.1.4 所示。

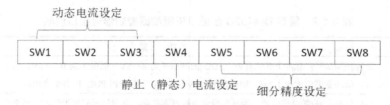

图 3.1.4　拨码设定接口的具体功能划分

1）动态电流设定

雷赛 DM432C 步进电机驱动器动态电流设定如表 3.1.4 所示。

表 3.1.4　雷赛 DM432C 步进电机驱动器动态电流设定

输出峰值电流/A	输出均值电流/A	SW1	SW2	SW3	电流自设定
Default		on	on	on	当将 SW1、
1.31	0.94	off	on	on	SW2、SW3 分别
1.63	1.16	on	off	on	设为 on、on、on
1.94	1.39	off	off	on	时，可以通过计算
2.24	1.60	on	on	off	机软件设定所需
2.55	1.82	off	on	off	电流的最大值为
2.87	2.05	on	off	off	3.2A，分辨率为
3.20	2.29	off	off	off	0.1A

2）静止（静态）电流设定

静态电流可用 SW4 拨码开关设定，off 表示将静态电流设定为动态电流的一半，on 表示将静态电流设定为与动态电流相同。在一般用途中，应将 SW4 设定为 off，使步进电机和步进电机驱动器的发热量减少、可靠性提高。脉冲串停止后约 0.4s，电流自动减至脉冲串存在时的一半左右，发热量理论上减少至原来的 36%。

3）细分精度设定

雷赛 DM432C 步进电机驱动器细分精度设定如表 3.1.5 所示。

表 3.1.5   雷赛 DM432C 步进电机驱动器细分精度设定

步数/转	SW5	SW6	SW7	SW8	步数/转	SW5	SW6	SW7	SW8
Default	on	on	on	on	1000	on	on	on	off
400	off	on	on	on	2000	off	on	on	off
800	on	off	on	on	4000	on	off	on	off
1600	off	off	on	on	5000	off	off	on	off
3200	on	on	off	on	8000	on	on	off	off
6400	off	on	off	on	10000	off	on	off	off
12800	on	off	off	on	20000	on	off	off	off
25600	off	off	off	on	25000	off	off	off	off
微步细分说明	当 SW5、SW6、SW7、SW8 均为 on 时，步进电机驱动器细分精度设定采用其内部默认细分数 1（整步=200 步/转）；当用户通过计算机软件 ProTuner 或 STU 调试器进行细分数设定时，最小值为 1，分辨率为 1，最大值为 512								

3.1.3   轴工艺对象组态

扫一扫，
看微课

1. 轴工艺对象组件间的关系

S7-1200 的运动控制组态引入了轴工艺对象的概念，旨在简化轴的控制和处理，支持用户创建带有运动控制功能的用户程序。定位轴工艺对象作为实际轴在博途软件中的映射，用来驱动、管理和使用 PTO（Pulse Train Output，脉冲序列输出）、PROFIdrive/模拟量实现对设备的控制。定位轴工艺对象采用的硬件和软件组件间的关系如图 3.1.5 所示。

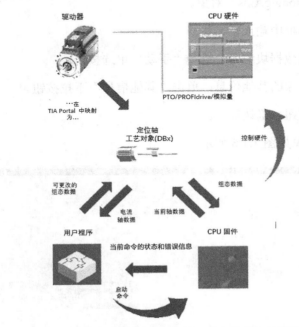

图 3.1.5   定位轴工艺对象采用的硬件和软件组件间的关系

定位轴工艺对象的组态参数包括驱动器接口参数、机械参数、驱动器的传动比参数、位置限制参数等。定位轴工艺对象的组态保存在该工艺对象数据块（DB）中，该数据块也将作为用户程序和 CPU 固件间的接口，在用户程序运行期间，当前轴数据也保存在该工艺对象数据块中。

可以使用用户程序启动 CPU 固件中的运动控制指令，包括启用和禁用轴、绝对定位轴、相对定位轴，在点动模式下移动轴、停止轴等。可以通过运动控制指令的输入参数和轴组态确定命令参数。该指令的输出参数将提供有关状态和所有命令错误的最新信息。

2．轴工艺对象组态步骤

（1）添加一个定位轴工艺对象。

要在项目树中添加定位轴工艺对象，请按以下步骤操作。

① 在项目树中选择"CPU"→"工艺对象"选项。

② 双击"添加新对象"选项。

③ 打开"新增对象"对话框。

④ 选择"运动控制"工艺。

⑤ 打开"运动控制"文件夹。

⑥ 在"版本"列中选择所需的工艺版本。

⑦ 选择"TO_PositioningAxis"对象。

⑧ 在"名称"文本框中输入轴名称。

⑨ 更改自动分配的数据块编号：选择"手动"单选按钮。

⑩ 显示有关工艺对象的其他信息：单击"其他信息"下拉按钮。

⑪ 单击"确定"按钮，确认输入。

添加定位轴工艺对象如图 3.1.6 所示。

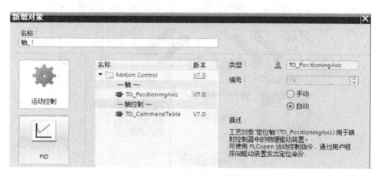

图 3.1.6　添加定位轴工艺对象

创建的新定位轴工艺对象保存在项目树中的"工艺对象"（Technology Objects）文件夹中。组织块 MC-Servo [OB91]和 MC-Interpolator [OB92]在"程序块"（Program Blocks）文件夹中自动创建，定位轴工艺对象在这些组织块中进行处理。MC-Servo [OB91]实现位置控制器的计算。MC-Interpolator [OB92]对运动控制指令、设定值生成和监视功能进行评估。

（2）组态定位轴工艺对象的各类参数。

组态定位轴工艺对象的各类参数包括基本参数中的常规、驱动器，扩展参数中的机械、位置限制、动态及回原点。定位轴工艺对象的各类参数如图 3.1.7 所示。

图 3.1.7　定位轴工艺对象的各类参数

3.1.4　定位轴工艺对象的工具

博途软件为定位轴工艺对象提供组态（Configuration）、调试（Commissioning）和诊断（Diagnosis）工具，其与定位轴工艺对象和驱动器的关系如图 3.1.8 所示。

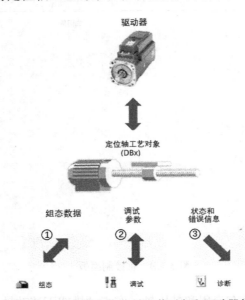

图 3.1.8　3 种工具与定位轴工艺对象和驱动器的关系

3 种工具的作用如表 3.1.6 所示。

表 3.1.6　3 种工具的作用

工　具	作　用
组态	读取和写入定位轴工艺对象的组态数据
调试	通过定位轴工艺对象的驱动器来控制；读取轴控制面板上显示的轴状态；优化位置控制
诊断	读取定位轴工艺对象的当前状态和错误信息，显示 PROFIdrive 驱动器的更多消息帧信息

1．组态

使用组态工具可以组态定位轴工艺对象的以下属性。

- 要使用的 PTO、PROFIdrive 驱动器/模拟量的选项和驱动器接口的组态。

- 机械装置的属性和驱动器（机器/设备）的传动比参数。

- 位置限制和定位监控的属性。

- 动态和回原点的属性。

- 控制回路的参数。

- 在定位轴工艺对象的数据块中保存组态数据。

2．调试

使用调试工具可以测试轴的功能，无须创建用户程序。在启用该工具时，将显示轴控制面板，如图 3.1.9 所示。

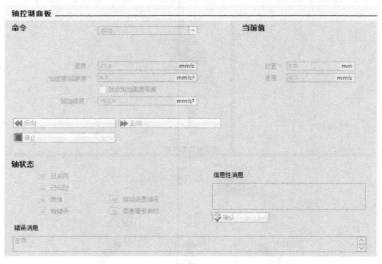

图 3.1.9　轴控制面板

轴控制面板提供的命令有启用和禁用轴、在点动模式下移动轴、以绝对和相对方式定位轴、使轴回原点、确认错误信息。

可以根据运动命令相应地调整动态值。轴控制面板还会显示当前的轴状态。

3．诊断

使用诊断工具跟踪轴及驱动器的当前状态和错误信息。"诊断"下拉菜单中的"状态和错误位"选项如图 3.1.10 所示。

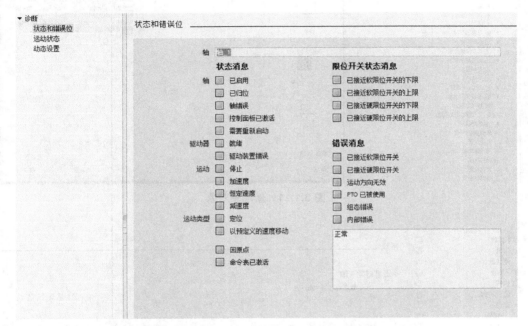

图 3.1.10　"诊断"下拉菜单中的"状态和错误位"选项

3.1.5　Y 轴步进电机轴工艺对象组态与调试

本任务使用博途软件的工艺对象完成仓储站中的 Y 轴步进电机轴工艺对象组态。

1．新增轴对象

选择项目树中的"工艺对象"→"新增对象"选项，在弹出的对话框中，选择"轴"选项，编辑轴名称，如图 3.1.11 所示。

2．基本参数——常规组态

选择"基本参数"→"常规"选项，组态驱动器类型和测量单位。这里提供了 PTO、PROFIdrive、模拟量 3 种方式对轴对象进行控制。在本任务中，Y 轴步进电机实际上是采用步进电机驱动器进行脉冲输出信号控制的，因此驱动器选择 PTO（Pulse Train Output），测量单位选择 mm，如图 3.1.12 所示。

图 3.1.11　新增轴对象

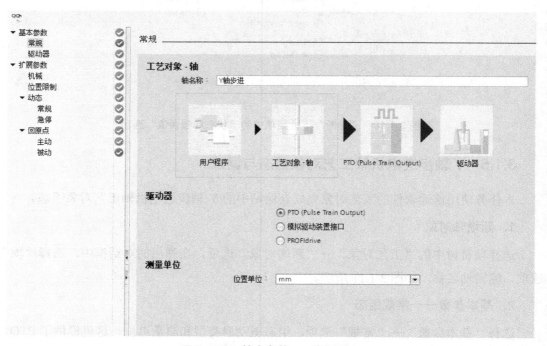

图 3.1.12　基本参数——常规组态

3. 基本参数——驱动器组态

配置脉冲发生器、信号类型、脉冲输出和方向输出。需要根据步进电机的控制方式及

PLC 与步进电机驱动器的实际接线进行配置，其中，Q0.2 输出脉冲信号、Q0.3 输出方向信号，如图 3.1.13 所示。

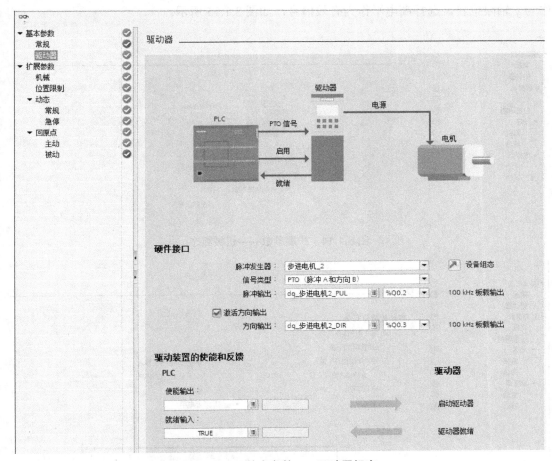

图 3.1.13　基本参数——驱动器组态

4．扩展参数——机械组态

根据实际情况进行机械组态，如图 3.1.14 所示。"电机每转的脉冲数"设置为"3200"，表示电机旋转一周需要发送 3200 个脉冲，该数据是根据驱动器的参数进行设置的；"电机每转的负载位移设置为""4.0"，表示电机旋转一周，机械装置移动的距离为 4mm，这与机械轴的螺距有关；"所允许的旋转方向"选择"双向"，表示允许轴在正、反两个方向上运行。

5．扩展参数——位置限制组态

位置限制有硬件限位和软件限位两种方式，当启用硬限位开关时，如果机械轴触碰到硬限位开关，那么它将以组态的急停减速制动到停止状态；当启用软限位开关时，机械轴

105

在运行过程中会根据设置的软限位开关的位置提前减速制动，保证其停止在软限位位置。在本任务中，启用硬限位开关，根据限位开关的实际接线，使用 I0.5 作为 y 轴限位右、I0.4 作为 y 轴限位左，选择高电平作为有效信号，如图 3.1.15 所示。

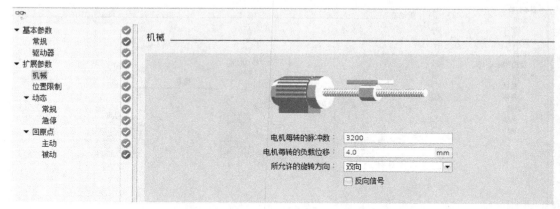

图 3.1.14　扩展参数——机械组态

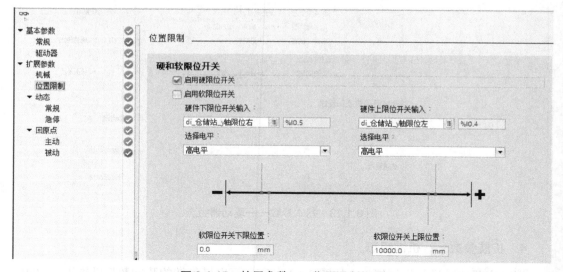

图 3.1.15　扩展参数——位置限制组态

6．速度组态

速度组态可以根据实际情况对轴的最大转速、启动/停止速度、加速度、减速度进行组态，也可以通过改变加/减速时间来修改加速度和减速度。根据轴的实际运行需要进行速度组态，如图 3.1.16 所示。

7．急停组态

急停组态可以组态轴的急停减速时间，当轴出现错误时，会采用急停速度将轴停止，如图 3.1.17 所示。

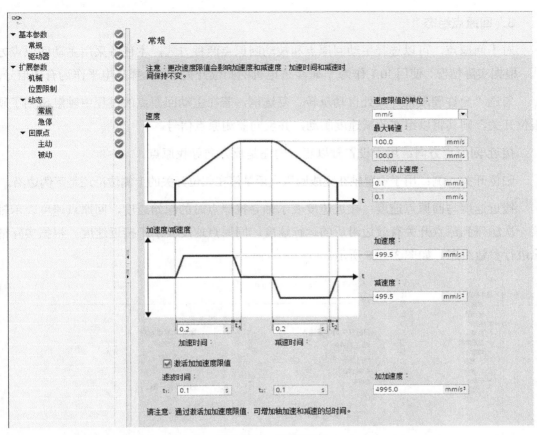

图 3.1.16　速度组态

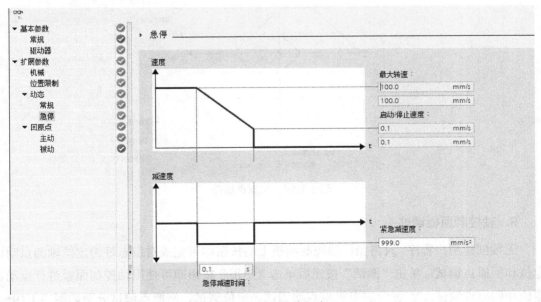

图 3.1.17　急停组态

8．回原点组态

对于回原点，可以选择主动回原点和被动回原点两种方式，本任务采用主动回原点方式。根据实际情况，使用 I0.1 作为 Y 轴步进电机的归位开关，并选择高电平作为有效信号。

勾选"允许硬限位开关处自动反转"复选框，若在主动回原点的过程中轴触碰到了硬限位开关，则其将以组态的减速度制动，并反向监测原点信号。

接近/回原点方向：用于设置轴以正方向还是反方向寻找原点。

归位开关一侧：用于设置轴在完成回原点后是停在归位开关的上侧边沿还是下侧边沿。

接近速度与回原点速度：接近速度表示轴寻找原点时的起始速度，回原点速度表示轴第一次触碰到原点开关有效边沿后的运行速度，回原点速度要小于接近速度。根据实际情况进行参数组态，如图 3.1.18 所示。

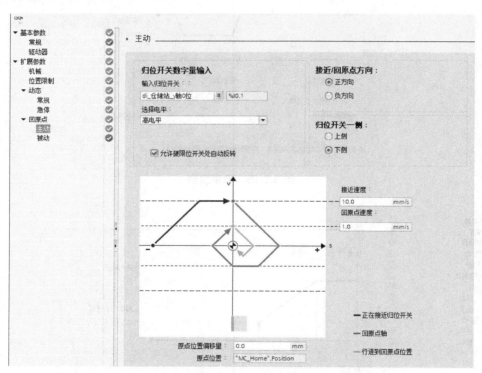

图 3.1.18　回原点组态

9．轴控制面板调试

无须创建用户程序，只需操作轴控制面板上的按钮即可完成对组态好的定位轴的点动、定位和回原点调试：单击"激活"按钮后单击"启用"按钮即可使用轴控制面板进行点动、定位和回原点调试。Y 轴步进电机轴点动调试、定位调试、回原点调试分别如图 3.1.19～图 3.1.21 所示。

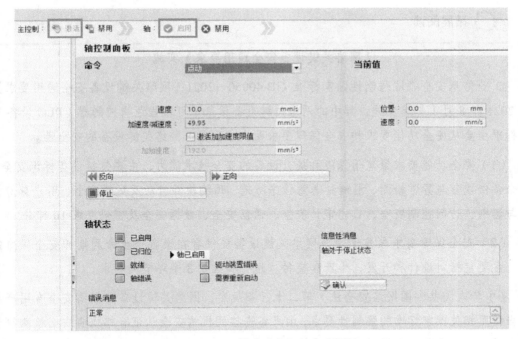

图 3.1.19　Y轴步进电机轴点动调试

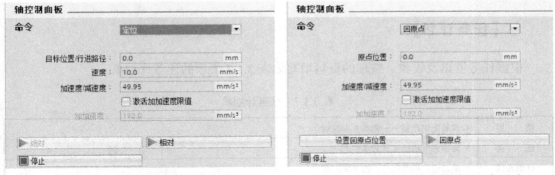

图 3.1.20　Y轴步进电机轴定位调试　　　图 3.1.21　Y轴步进电机轴回原点调试

【小提示】

轴控制面板可用作S7-1200 PLC运动控制的调试工具，但若在用户程序中使用了运动控制指令程序，则必须先在用户程序中禁用工艺对象，只有这样，才能使用轴控制面板对组态好的轴对象进行调试。

【小思考】

在轴工艺对象组态中的位置限制——硬限位开关中选择电平时，什么情况下选择低电平？什么情况下选择高电平？

**拓展阅读**

《网络关键设备安全通用要求》实施

工业信息安全领域强制性国家标准 GB 40050—2021《网络关键设备安全通用要求》于 2021 年 8 月 1 日起实施，其中的网络关键设备覆盖了可编程逻辑控制器（PLC 设备）。该标准主要从安全功能要求和安全保障要求两大方面保障网络关键设备的安全性。

（1）安全功能要求聚焦于保障和提升设备的安全技术能力，主要包括设备标识安全、冗余备份恢复与异常检测、漏洞和恶意程序防范、预装软件启动及更新安全、用户身份标识与鉴别、访问控制安全、日志审计安全、通信安全、数据安全及密码要求 10 部分。

（2）安全保障要求聚焦于规范网络关键设备提供者在设备全生命周期的安全保障能力，主要包括对设计和开发、生产和交付、运行和维护 3 个环节的要求。

《中华人民共和国网络安全法》第二十三条规定，网络关键设备和网络安全专用产品应当按照相关国家标准的强制性要求，由具备资格的机构安全认证合格或者安全检测符合要求后，方可销售或者提供。

【任务计划】

根据任务资讯及收集、整理的资料填写如表 3.1.7 所示的任务计划单。

表 3.1.7　任务计划单

项　目	智能装配生产线——物料入库控制			
任　务	Y 轴步进电机轴工艺对象组态		学　时	4
计划方式	分组讨论、资料收集、技能学习等			
序　号	任　务		时　间	负责人
1				
2				
3				
4	组态 Y 轴步进电机轴工艺对象			
5	通过轴控制面板调试 Y 轴步进电机，进行任务成果展示、汇报			
小组分工				
计划评价				

【任务实施】

根据任务计划编制任务实施方案，并完成任务实施，填写如表 3.1.8 所示的任务实施工单。

表 3.1.8 任务实施工单

项 目	智能装配生产线——物料入库控制		
任 务	Y 轴步进电机轴工艺对象组态	学 时	
计划方式	分组讨论、合作实操		
序 号	实施情况		
1			
2			
3			
4			
5			
6			

【任务检查与评价】

完成任务实施后，进行任务检查与评价，可采用小组互评等方式。任务评价单如表 3.1.9 所示。

表 3.1.9 任务评价单

项 目		智能装配生产线——物料入库控制			
任 务		Y 轴步进电机轴工艺对象组态			
考核方式		过程评价+结果考核			
说 明		主要评价学生在项目学习过程中的操作方式、理论知识、学习态度、课堂表现、学习能力、动手能力等			
评价内容与评价标准					
序号	内 容	评价标准			成绩比例/%
		优	良	合 格	
1	基本理论掌握	掌握轴工艺对象的组态方法	熟悉轴工艺对象的组态方法	了解轴工艺对象的组态方法	30
2	实践操作技能	熟练使用轴控制面板对轴工艺对象进行调试	较熟练使用轴控制面板对轴工艺对象进行调试	经协助使用轴控制面板对轴工艺对象进行调试	30
3	职业核心能力	具有良好的自主学习能力和分析、解决问题的能力，能解答任务小思考	具有较好的学习能力和分析、解决问题的能力，能部分解答任务小思考	具有分析、解决部分问题的能力	10

续表

序号	内容	评价内容与评价标准			成绩比例/%
		评价标准			
		优	良	合格	
4	工作作风与职业道德	具有严谨的科学态度和工匠精神，能够严格遵守"6S"管理制度	具有良好的科学态度和工匠精神，能够自觉遵守"6S"管理制度	具有较好的科学态度和工匠精神，能够遵守"6S"管理制度	10
5	小组评价	具有良好的团队合作精神和沟通交流能力，热心帮助小组其他成员	具有较好的团队合作精神和沟通交流能力，能帮助小组其他成员	具有一定团队合作能力，能配合小组完成项目任务	10
6	教师评价	包括以上所有内容	包括以上所有内容	包括以上所有内容	10
合计					100

【任务练习】

1. 雷赛 DM432C 步进电机驱动器拨码开关中的 SW5～SW8 的作用是什么？

2. 假如在进行轴工艺对象组态时，未在回原点组态中勾选"允许硬限位开关处自动反转"复选框，那么轴在回原点的过程中触碰到硬限位开关后会发生什么情况？

任务 3.2　X 轴伺服电机控制

【任务描述】

伺服电机在各类生产线上的应用十分广泛，在智能装配生产线的仓储站中，X 轴的运动就是通过伺服电机来完成的。下面学习如何通过 Motion Control 工艺指令完成对 X 轴伺服电机的控制。请根据"X 轴伺服电机的控制"任务单完成仓储站机械手 X 轴伺服电机控制的 PLC 程序、HMI 画面组态，并完成 X 轴伺服电机的调试。

【任务单】

根据任务描述，实现仓储站机械手 X 轴伺服电机的控制。具体任务要求请参照如表 3.2.1 所示的任务单。

表 3.2.1 　任务单

项　　目	智能装配生产线——物料入库控制	
任　　务	X 轴伺服电机的控制	
任务要求		任务准备
（1）分组讨论哪些场合需要使用伺服控制方式，每组 3～5 人		（1）自主学习
		① 伺服电机
（2）查询并学习如何使用伺服驱动器对 X 轴进行控制		② 伺服驱动器
（3）完成伺服电机控制资料的收集与整理		③ Motion Control 工艺指令
（4）完成 X 轴伺服电机控制的 PLC 与 HMI 程序并调试		④ 移动操作指令
		⑤ HMI 的 I/O 域
		⑥ HMI 的报警功能
		（2）设备工具
		① 硬件：计算机、PDM 200 实训装置
		② 软件：办公软件、博途 V16
自我总结		拓展提高
		通过工作过程和总结，提高团队协作能力、程序设计和调试能力、技术迁移能力

【任务资讯】

3.2.1　伺服电机简介

伺服电机（Servo Motor）是指在伺服系统中控制机械元件运转的发动机，是一种辅助电机间接变速的装置，其实物图如图 3.2.1 所示。

图 3.2.1 　伺服电机实物图

伺服电机可以精准地控制速度和位置，将电压信号转化为转矩和转速以驱动控制对象。伺服电机转子转速受输入信号控制，并能快速反应。在自动控制系统中，伺服电机用作执行元件，且具有机电时间常数小、线性度高等特性，可把收到的电信号转化成电动机轴上的角位移或角速度输出。伺服电机分为直流和交流两大类，其主要特点是当信号电压为零时无自转现象，转速随着转矩的增加而匀速下降。

3.2.2 伺服驱动器简介

伺服驱动器（Servo Drives）又称伺服控制器、伺服放大器，是用来控制伺服电机的一种控制器，其作用类似变频器作用于普通交流马达，属于伺服系统的一部分，主要应用于高精度的定位系统中。它一般通过位置、速度和力矩 3 种方式对伺服电机进行控制，实现高精度的传动系统定位，伺服电机是传动技术的高端产品。下面介绍在智能装配生产线中使用的雷赛 L6RS-400 伺服驱动器。

1. 产品外观

雷赛 L6 RS-400 伺服驱动器如图 3.2.2 所示。

图 3.2.2　雷赛 L6 RS-400 伺服驱动器

2. 驱动器端子说明

端子号分类及描述如表 3.2.2 所示。

表 3.2.2　端子号分类及描述

端子号	描　　述
CN1	脉冲信号端子
CN2	I/O 信号端子
CN3	编码器反馈信号端子
CN4	RS232 与 RS485 通信端子
CN5	RS232 与 RS485 通信端子
CN6	编码器分频输出端子
X1	主电路电源输入、制动电阻及电机动力输出端子

1）脉冲信号端子（CN1）

脉冲信号端子描述如表 3.2.3 所示。

表 3.2.3　脉冲信号端子描述

端子号	图　示	引脚号	信　号	名　称	说　明
CN1		1	PUL+_24	24V 脉冲正输入端	硬件滤波实现最大带宽 750kHz
		2	DIR+_24	24V 方向正输入端	
		3	PUL+	5V 脉冲正输入端	
		4	PUL−	5V 脉冲负输入端	
		5	DIR+	5V 方向正输入端	
		6	DIR−	5V 方向负输入端	

2）I/O 信号端子（CN2）

I/O 信号端子描述如表 3.2.4 所示。

表 3.2.4　IO 信号端子描述

端子号	图　示	引脚号	信　号	名　称	说　明
CN2		1	COM+	数字输入公共端	带公共端的双向数字输入，功能可配置，电压范围推荐为 12～24V DC
		2	SI1	数字输入信号 1	
		3	SI2	数字输入信号 2	
		4	SI3	数字输入信号 3	
		5	SI4	数字输入信号 4	
		6	COM−	数字输出信号共阴公共地	共阴数字输出，功能可配置，最大上拉电压为 30V DC，最大电流为 50mA；推荐上拉电压为 12～24V DC，电流为 10mA
		7	SO1	数字输出信号 1	
		8	SO1	数字输出信号 2	
		9	SO3+	双端差分数字输出信号 3	双端差分输出，功能可配置，最大上拉电压为 30V DC，最大电流为 50mA；推荐上拉电压为 12～24V DC，电流为 10mA
		10	SO3−		

3）编码器反馈信号端子（CN3）

编码器反馈信号端子描述如表 3.2.5 所示。

表 3.2.5　编码器反馈信号端子描述

端子号	图　示	引脚号	信　号	名　称
CN3		1	VCC5V	编码器 5V 电源正端
		2	GND	编码器电源地
		3	BAT−	外置电池正端

续表

端子号	图　　示	引脚号	信　　号	名　　称
CN3		4	BAT+	外置电池负端
		5	SD+	串行编码器数据 SD+
		6	SD−	串行编码器数据 SD−
		连接器外壳	PE	屏蔽接地

扫一扫，
看微课

3.2.3　Motion Control 工艺指令

CPU 通过脉冲接口为步进电机和伺服电机的运行提供运动控制功能。运动控制功能负责对驱动器进行监控，通过对 CPU 的脉冲输出和方向输出进行组态来控制驱动器。用户程序使用运动控制指令来控制轴并启动运动任务。

1. MC_Power

MC_Power 运动控制指令可启用或禁用轴，如图 3.2.3 所示。

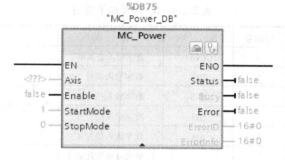

图 3.2.3　MC_Power 运动控制指令

MC_Power 运动控制指令参数如表 3.2.6 所示。

表 3.2.6　MC_Power 运动控制指令参数

参　　数	声　　明	数据类型	说　　明	
Axis	Input	TO_Axis	轴工艺对象	
Enable	Input	BOOL	TRUE	轴已启用
			FALSE	根据组态的 StopMode 中断当前所有作业。停止并禁用轴
StartMode	Input	INT	0	启用位置不受控的定位轴
			1	启用位置受控的定位轴
			使用带 PTO 驱动器的定位轴时忽略该参数。此参数在启用定位轴时（Enable 从 FALSE 变为 TRUE），以及在成功确认导致轴被禁用的中断后再次启用轴时执行一次	
StopMode	Input	INT	0	紧急停止。若禁用轴的请求处于待决状态，则轴将以组态的急停减速度进行制动，在变为静止状态后被禁用

续表

参　　数	声　　明	数据类型	说　　明	
StopMode	Input	INT	1	立即停止。若禁用轴的请求处于待决状态，则会输出该设定值 0，并禁用轴。轴将根据驱动器中的组态进行制动，并转入停止状态。对于通过 PTO 的驱动器连接，当禁用轴时，将根据基于频率的减速度停止脉冲输出：当输出频率≥100Hz 时，减速时间最长为 30ms；当输出频率<100Hz 时，减速时间为 30ms；当输出频率为 2Hz 时，减速时间最长为 1.5s
			2	带有加速度变化率控制的紧急停止。若禁用轴的请求处于待决状态，则轴将以组态的急停减速度进行制动。如果激活了加速度变化率控制，那么会将已组态的加速度变化率考虑在内。轴在变为静止状态后被禁用
Status	Output	BOOL		轴的使能状态
			FALSE	禁用轴。轴不会执行运动控制指令，也不会接收任何新指令（MC_Reset 指令除外）通过 PTO 的驱动器连接：轴未回原点。在禁用轴时，只有在轴停止之后，才会将状态更改为 FALSE
			TRUE	轴已启用。轴已就绪，可以执行运动控制指令。在启用轴时，直到信号"驱动器准备就绪"处于待决状态，才会将状态更改为 TRUE。在轴组态中，如果未组态"驱动器准备就绪"驱动器接口，那么状态将会立即更改为 TRUE
Busy	Output	BOOL	TRUE	MC_Power 处于活动状态
Error	Output	BOOL	TRUE	运动控制指令 MC_Power 或相关工艺对象发生错误

2．MC_Reset

MC_Reset 运动控制指令可用于确认伴随轴停止出现的运行错误和组态错误，如图 3.2.4 所示。

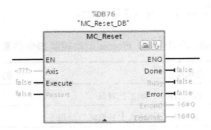

图 3.2.4　MC_Reset 运动控制指令

MC_Reset 运动控制指令参数如表 3.2.7 所示。

表 3.2.7　MC_Reset 运动控制指令参数

参　　数	声　　明	数据类型	说　　明
Axis	Input	TO_Axis	轴工艺对象
Execute	Input	BOOL	输入上升沿时启动指令

参　数	声　明	数据类型	说　明	
Restart	Input	BOOL	TRUE	将轴组态从装载存储器中下载到工作存储器中。只有在禁用轴后才能执行该指令
			FALSE	处于待决状态的错误
Done	Output	BOOL	错误已确认	
Busy	Output	BOOL	指令正在执行	
Error	Output	BOOL	执行指令期间出错	

3．MC_Home

使用 MC_Home 运动控制指令可将轴坐标与实际物理驱动器位置相匹配,如图 3.2.5 所示。轴的绝对定位需要回原点,可执行多种类型的回原点操作。

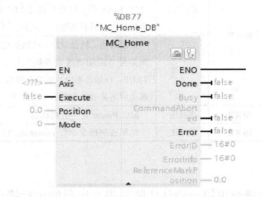

图 3.2.5　MC_Home 运动控制指令

MC_Home 运动控制指令参数如表 3.2.8 所示。

表 3.2.8　MC_Home 运动控制指令参数

参　数	声　明	数据类型	说　明	
Axis	Input	TO_Axis	轴工艺对象	
Execute	Input	BOOL	输入上升沿时启动指令	
Position	Input	REAL	Mode=0、2 和 3：完成回原点操作之后轴的绝对位置 Mode=1：对当前轴位置的修正值 限值：$-1.0E12 \leqslant Position \leqslant 1.0E12$	
Mode	Input	INT	回原点模式	
			0	绝对式直接回原点。新的轴位置为参数 Position 的值
			1	相对式直接回原点。新的轴位置=当前轴位置+参数 Position 的值

续表

参　　数	声　　明	数据类型		说　　明
Mode	Input	INT	2	被动回原点。根据轴组态进行回原点操作。回原点后，将新的轴位置设置为参数 Position 的值。如果已引用轴（<轴名称>.StatusBits.HomingDone = TRUE），那么此状态位在附加被动回原点操作期间保持置位状态
			3	主动回原点。按照轴组态进行回原点操作。回原点后，将新的轴位置设置为参数 Position 的值
			6	绝对编码器调节（相对）。将当前轴位置的偏移值设置为参数 Position 的值。计算出的绝对值偏移值保存在 CPU 内（<轴名称>.StatusSensor.AbsEncoderOffset）
			7	绝对编码器调节（绝对）。将当前的轴位置设置为参数 Position 的值。计算出的绝对值偏移值保持性地保存在 CPU 内（<轴名称>.StatusSensor.AbsEncoderOffset）
			0	绝对式直接回原点。新的轴位置为参数 Position 的值
Done	Output	BOOL	TRUE	指令已完成
Busy	Output	BOOL	TRUE	指令正在执行
CommandAborted	Output	BOOL	TRUE	指令在执行过程中被另一指令中止
Error	Output	BOOL	TRUE	执行指令期间出错

4．MC_MoveJog

使用 MC_MoveJog 运动控制指令可以在点动模式下以指定的速度连续移动轴，如图 3.2.6 所示。例如，可以使用 MC_MoveJog 运动控制指令进行测试和调试。

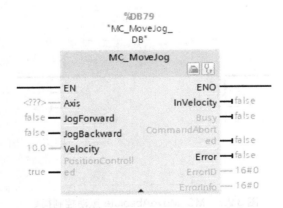

图 3.2.6　MC_MoveJog 运动控制指令

MC_MoveJog 运动控制指令参数如表 3.2.9 所示。

表 3.2.9　MC_MoveJog 运动控制指令参数

参　　数	声　　明	数据类型	说　　明	
Axis	Input	TO_SpeedAxis	轴工艺对象	
JogForward	Input	BOOL	如果参数值为 TRUE，那么轴都将按参数 Velocity 中指定的速度正向移动	
JogBackward	Input	BOOL	如果参数值为 TRUE，那么轴都将按参数 Velocity 中指定的速度反向移动	
如果两个参数同时为 true，那么轴将根据所组态的减速度停止。通过参数 Error、ErrorID 和 ErrorInfo 指出错误				
Velocity	Input	REAL	点动模式的预设速度。限值：启动/停止速度≤预设速度≤最大速度	
PositionControlled	Input	BOOL	false	非位置控制操作
			true	位置控制操作
			只要执行 MC_MoveJog 运动控制指令，就应用该参数。在使用 PTO 轴时忽略该参数	
InVelocity	Output	BOOL	true	达到参数 Velocity 中指定的速度
Busy	Output	BOOL	true	指令正在执行
CommandAborted	Output	BOOL	true	指令在执行过程中被另一指令中止
Error	Output	BOOL	true	执行指令期间出错

5．MC_MoveAbsolute

MC_MoveAbsolute 运动控制指令可以启动轴定位运动，将轴移动到某个绝对位置，如图 3.2.7 所示。

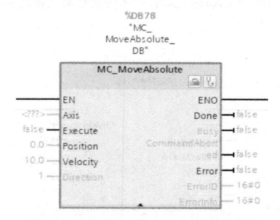

图 3.2.7　MC_MoveAbsolute 运动控制指令

MC_MoveAbsolute 运动控制指令参数如表 3.2.10 所示。

表 3.2.10　MC_MoveAbsolute 运动控制指令参数

参　数	声　明	数据类型	说　明	
Axis	INPUT	TO_PositioningAxis	轴工艺对象	
Execute	INPUT	BOOL	上升沿时启动指令	
Position	INPUT	REAL	绝对目标位置。限值：−1.0E12 ≤ Position ≤ 1.0E12	
Velocity	INPUT	REAL	轴的速度。由于组态的加速度和减速度及待接近的目标位置等因素的影响，不会始终保持这一速度。限值：启动/停止速度 ≤ Velocity ≤ 最大速度	
Direction	INPUT	INT	轴的运动方向。只有在模数已启用的情况下才进行评估。启用模数的菜单栏操作顺序为"工艺对象"→"组态"→"扩展参数"→"模数"→"启用模数"(Technology Object →Configuration→Extended Parameters→Modulo→Enable Modulo)。对于 PTO 轴则忽略该参数	
			0	速度的符号（Velocity 参数）用于确定运动的方向
			1	正方向（从正方向逼近目标位置）
			2	负方向（从负方向逼近目标位置）
			3	最短距离（工艺对象将选择从当前位置到目标位置的最短距离）
Done	OUTPUT	BOOL	TRUE	达到绝对目标位置
Busy	OUTPUT	BOOL	TRUE	指令正在执行
CommandAborted	OUTPUT	BOOL	TRUE	指令在执行过程中被另一指令中止
Error	OUTPUT	BOOL	TRUE	执行指令期间出错

【小提示】

轴工艺指令中的相对定位指令使轴从当前位置向正方向或负方向移动设定的距离，而绝对定位指令则使轴回原点并重新建立坐标系后，无论当前处于什么位置，都按照设定值移动到固定位置。

3.2.4　移动操作指令

扫一扫，
看微课

对 MOVE（移动值）指令的介绍如下。

（1）指令说明。

使用 MOVE 指令，可以将输入操作数 IN 中的内容传送给输出操作数 OUT1。

（2）参数。

MOVE 指令参数如表 3.2.11 所示。

表 3.2.11　MOVE 指令参数

参　数	声　明	数据类型	存储区	说　明
EN	Input	BOOL	I、Q、M、D、L 或常量	使能输入
ENO	Output	BOOL	I、Q、M、D、L	使能输出
IN	Input	位字符串、整数、浮点数、定时器、日期时间、CHAR、WCHAR、STRUCT、ARRAY、IEC 数据类型、PLC 数据类型（UDT）	I、Q、M、D、L 或常量	源值
OUT1	Output	位字符串、整数、浮点数、定时器、日期时间、CHAR、WCHAR、STRUCT、ARRAY、IEC 数据类型、PLC 数据类型（UDT）	I、Q、M、D、L	传送源值中的操作数

（3）举例。

MOVE 指令示例如图 3.2.8 所示。

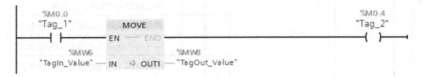

图 3.2.8　MOVE 指令示例

若操作数"Tag_1"的信号状态为"1"，则执行该指令。该指令将操作数"TagIn_Value"的内容复制到操作数"TagOut_Value"中，并将操作数"Tag_2"的信号状态置"1"。

3.2.5　HMI 的 I/O 域

I/O 域对象位于 HMI 工具箱的"元素"列表框中，主要用于输入和显示过程值，如图 3.2.9 所示。

图 3.2.9　I/O 域对象

1．外观与布局

在巡视窗口的"属性"选项卡中，可以自定义 I/O 域对象的外观属性与布局属性，如位置、形状、样式、颜色和字体类型等，如图 3.2.10 和图 3.2.11 所示。

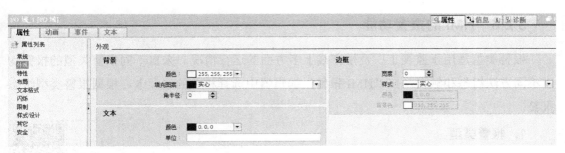

图 3.2.10   I/O 域外观属性

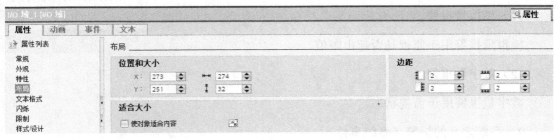

图 3.2.11   I/O 域布局属性

2. 类型与格式

在巡视窗口的"属性"选项卡的"常规"选项中，可以关联 I/O 域的变量，指定 I/O 域的类型与格式，如表 3.2.12 和表 3.2.13 所示。

表 3.2.12   I/O 域的类型

类　　型	说　　明
输入（Input）	在运行系统中，只能在 I/O 域中输入值
输入/输出（Input/Output）	在运行系统中，可以在 I/O 域中输入和输出值
输出（Output）	在运行系统中，只能在 I/O 域中输出值

表 3.2.13   I/O 域的格式

显示格式	说　　明
二进制	以二进制形式输入和输出值
日期	输入和输出日期信息。格式依赖于 HMI 设备上的语言设置
日期/时间	输入和输出日期及时间信息。格式依赖于 HMI 设备上的语言设置
十进制	以十进制形式输入和输出值
十六进制	以十六进制形式输入和输出值
时间	输入和输出时间信息。格式依赖于 HMI 设备上的语言设置
字符串	输入和输出字符串

3.2.6　HMI 的报警功能

报警类型适用于监视工厂及生产线上多方面的运行情况。来自不同报警类型的报警均以不同方法组态和触发。在"HMI 报警"编辑器中选择相关的选项卡，根据报警类型组态报警。

1．报警类型

1）用户定义的报警

（1）模拟量报警。

模拟量报警用于监视是否超出限值。

（2）数字量报警。

数字量报警用于监视状态。

2）系统定义的报警（系统事件）

（1）系统事件属于 HMI 设备，并被导入项目中。

（2）系统事件用于监视 HMI 设备。

2．报警视图

报警视图对象用于显示在工厂的生产过程中发生的报警。报警视图能够以列表形式显示报警信息，如图 3.2.12 所示。报警视图提供了多种视图类型，如当前报警和历史报警列表。

图 3.2.12　报警视图

报警视图的属性如图 3.2.13 所示。在"常规"选区的"显示"栏下有"当前报警状态"单选按钮，其下有两个可供选择的复选框，一个是"未决报警"，另一个是"未确认的报警"。未决报警表示当前正在发生的报警信息会显示在报警视图中，当触发报警的事件或变量消失后，这条报警信息也会自动在报警视图中消失；而未确认的报警表示曾经在报警视图中出现过一条报警信息，虽然触发报警的事件或变量已经消失，但是这条报警信息依然存在于报警视图中，只有人为确认后才会消失。

报警缓冲区用于记录之前发生过的所有报警信息。

图 3.2.13　报警视图的属性

3．触发报警的类型

在"HMI 变量"下拉菜单中双击"HMI 报警"选项，有离散量报警、模拟量报警等报警类型，其中，离散量报警如图 3.2.14 所示。离散量报警可以通过一个位触发一条报警，而模拟量报警则是根据变量的数值触发报警的。

图 3.2.14　离散量报警

报警类别包括错误（Errors）、警告（Warnings）、系统（System）消息、确认（Acknowledgement）消息和未确认（No Acknowledgement）消息，如图 3.2.15 所示。比较错误和警告，首先，其颜色表示不同；其次，错误可以选择带单次确认的报警，而警告是不带确认的报警，即当警告消失后，对应的报警信息也会在报警视图中消失。

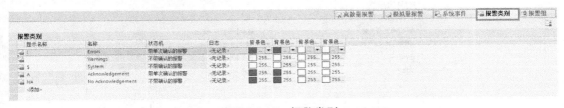

图 3.2.15　报警类别

3.2.7　X 轴伺服电机控制程序设计

本任务将使用博途 V16 的运动控制指令完成对机械手 X 轴伺服电机的控制，在 HMI

上组态 I/O 域，对 X 轴伺服电机的实时位置及运行速度进行显示，并通过组态 HMI 的报警功能完成对 X 轴伺服电机运行位置超限与运行速度超限的报警。具体的步骤如下。

1．X 轴伺服电机工艺对象组态

根据仓储站中机械手 X 轴伺服电机的实际参数与接线情况完成对 X 轴伺服电机工艺对象各参数的组态，组态过程与 3.1.5 节中的 Y 轴步进电机轴工艺对象组态类似。驱动器组态、位置限制组态、主动回原点组态分别如图 3.2.16～图 3.2.18 所示。

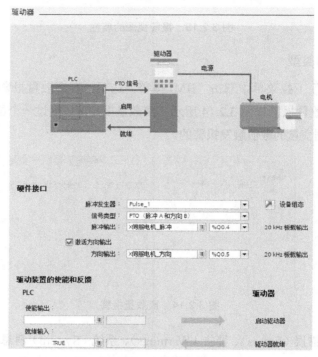

图 3.2.16　驱动器组态

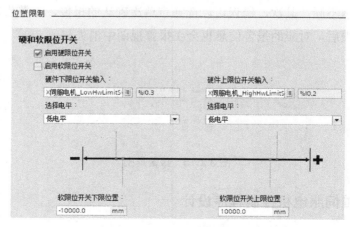

图 3.2.17　位置限制组态

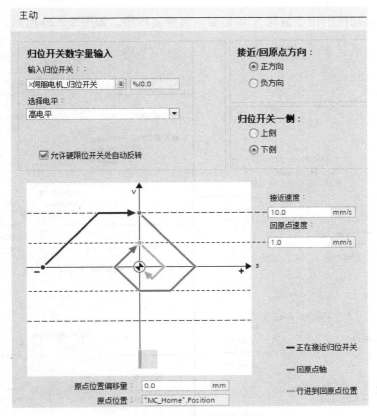

图 3.2.18　主动回原点组态

2. 编写 PLC 梯形图程序

（1）根据需要新建变量表，如图 3.2.19 所示。

	名称	数据类型	地址	保持	从 H...	从 H...	在 H...	注释
1	X伺服电机_脉冲	Bool	%Q0.4		☑	☑	☑	
2	X伺服电机_方向	Bool	%Q0.5		☑	☑	☑	
3	X伺服电机_LowHwLimitSwitch	Bool	%I0.3		☑	☑	☑	
4	X伺服电机_HighHwLimitSwitch	Bool	%I0.2		☑	☑	☑	
5	X伺服电机_归位开关	Bool	%I0.0		☑	☑	☑	
6	触屏X轴手动前进	Bool	%M10.0		☑	☑	☑	
7	触屏X轴手动后退	Bool	%M10.1		☑	☑	☑	
8	触屏X轴回原点	Bool	%M10.2		☑	☑	☑	
9	触屏X轴复位	Bool	%M10.3		☑	☑	☑	
10	X轴绝对定位位置	Real	%MD20		☑	☑	☑	
11	X轴绝对定位使能	Bool	%M10.4		☑	☑	☑	
12	X轴回原点完成	Bool	%M10.5		☑	☑	☑	
13	X轴绝对定位完成	Bool	%M10.6		☑	☑	☑	
14	X轴上限位报警信号	Bool	%M11.0		☑	☑	☑	
15	X轴下限位报警信号	Bool	%M11.1		☑	☑	☑	
16	X轴报警信号	Word	%MW11		☑	☑	☑	
17	新增				☑	☑	☑	

图 3.2.19　新建变量表

（2）使用运动控制指令编写 X 轴伺服电机控制程序，如图 3.2.20 所示。

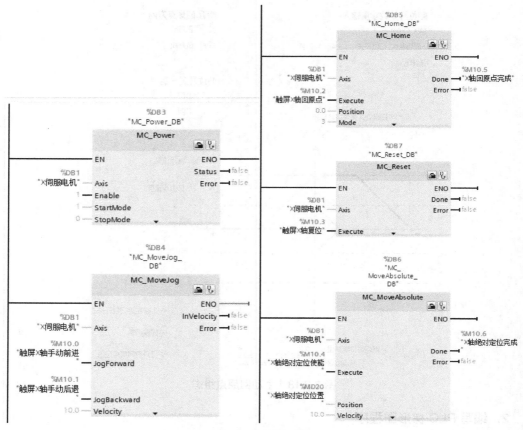

图 3.2.20　X 轴伺服电机控制程序

（3）编写 X 轴上/下限位 HMI 报警信号赋值程序，如图 3.2.21 所示。

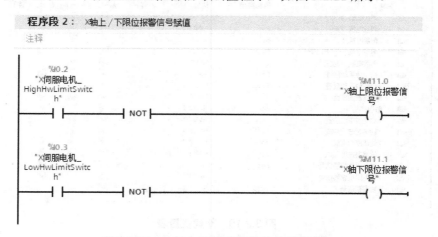

图 3.2.21　X 轴上/下限位报警信号赋值程序

由于 X 轴上/下限位开关以常闭触点接入 PLC 的输入接口 I0.2 和 I0.3，所以，当 I0.2 和 I0.3 为低电平时，触发超限报警信号，将 X 轴的上/下限位报警信号取反后分别保存到 M11.0 和 M11.1 中，作为 HMI 报警画面中的 X 轴超限报警的触发条件。

（4）在本任务中，采用实际的 PLC 编程与 HMI 组态画面来完成 X 轴伺服电机的控制，因此需要关闭仿真软件 PLCSIM，将 HMI 连接网络配置设置为实际连接的 PLC 网卡与网络端口，需要配置计算机的 PG/PC 接口，步骤如下。

① 打开控制面板，在界面右上角找到"查看方式"下拉列表，选择"小图标"/"大图标"选项，如图 3.2.22 所示。

图 3.2.22　选择"小图标"/"大图标"选项

② 在小图标/大图标模式下，选择"设置 PG/PC 接口（32 位）"选项，如图 3.2.23 所示。

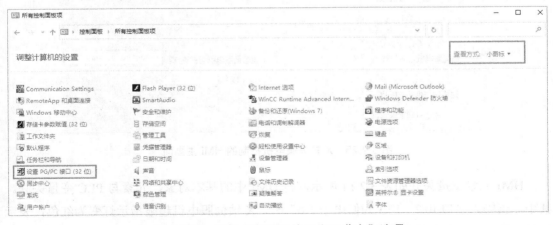

图 3.2.23　选择"PG/PC 接口（32 位）"选项

③ 配置连接点的网卡接口。在"应用程序访问点（A）"下拉列表中选择 HMI 连接中默认的连接点 S7ONLINE，这里需要根据连接 PLC 实际网口与网卡进行设置。例如，这里使用的是有线网卡 Realtek PCIe GBE Family Controller，并且是基于 TCP/IP 协议的配置，因此选择"Realtek PCIe GBE Family Controller.TCPIP.Auto.1"选项，如图 3.2.24 所示。

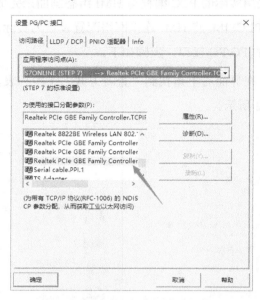

图 3.2.24　配置连接点的网卡接口

3．组态 HMI 画面

（1）组态 HMI 主画面。X 轴伺服电机控制的 HMI 主画面如图 3.2.25 所示。

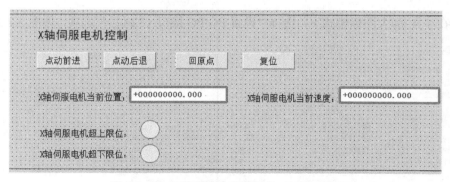

图 3.2.25　X 轴伺服电机控制的 HMI 主画面

HMI 元素变量关联如表 3.2.14 所示，将 HMI 中的基本对象、元素与 PLC 变量关联。其中，当输入接口 I0.2、I0.3 为低电平"0"时，X 轴伺服电机超限指示灯变为红色，表示 X 轴伺服电机运行位置超限。

表 3.2.14　HMI 元素变量关联

名称（类型）	关联变量	名称（类型）	关联变量
点动前进（按钮）	M10.0	X 轴伺服电机当前位置（I/O 域）	X 伺服电机_ActualPosition
点动后退（按钮）	M10.1	X 轴伺服电机当前速度（I/O 域）	X 伺服电机_Velocity
回原点（按钮）	M10.2	X 轴伺服电机超上限位（圆）	I0.2
复位（按钮）	M10.3	X 轴伺服电机超下限位（圆）	I0.3

（2）组态 HMI 报警画面。

在全局画面下组态报警窗口和报警指示器，一旦出现报警信号，就会在 HMI 运行窗口中弹出报警窗口，方便及时观察。可在报警窗口的属性列表中对报警窗口的各项参数进行设置。全局画面下的报警窗口如图 3.2.26 所示。

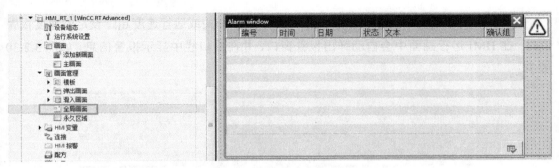

图 3.2.26　全局画面下的报警窗口

添加 HMI 报警信号。在本任务中，添加 X 轴伺服电机上、下限位超限报警两个离散量报警信号，以及一个 X 轴运行速度超限的模拟量报警信号，如图 3.2.27 和图 3.2.28 所示。

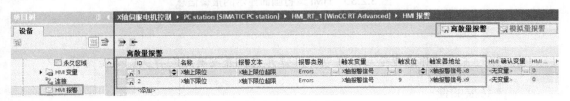

图 3.2.27　添加离散量报警信号

图 3.2.28　添加模拟量报警信号

4．调试

将程序下载到 PLC 中，启动仿真运行程序。通过 HMI 运行画面上的 X 轴伺服控制按钮控制 X 轴伺服电机点动前进、点动后退、回原点，观察其实际运行情况。X 轴伺服电机运行的当前位置和速度会显示在 HMI 运行画面中，如图 3.2.29 所示。

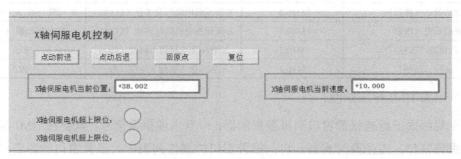

图 3.2.29　HMI 运行画面中显示的 X 轴伺服电机运行的当前位置和速度

当 X 轴伺服电机在运行过程中触碰到上/下限位开关或运行速度超过设定的速度报警值时，在 HMI 运行画面中会自动弹出报警窗口，并在窗口栏中显示报警信息，如图 3.2.30 所示。

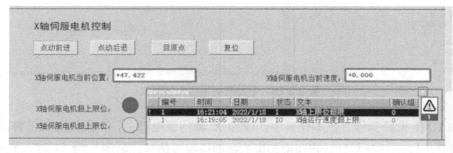

图 3.2.30　HMI 运行画面显示的报警信息

【小思考】

轴在执行主动回原点命令后触碰到了限位开关但并没有反向掉头，这是为什么？

 拓展阅读

2021 年中国通用伺服市场的 3 个"第 1 次"和 2 个"再突破"

从 2020 年到 2021 年，原材料涨价、芯片缺货、限电限产等不确定因素对通用伺服市场持续产生影响。这些因素既是挑战，又是机遇，中国厂商乘风破浪，实现 3 个"第 1 次"和 2 个"再突破"。

3 个"第 1 次"："第 1 次"，中国通用伺服市场规模突破 200 亿元大关，2021 年，中国通用伺服市场规模超 230 亿元，同比增长超 35%；"第 1 次"，国产品牌厂商整体市场份额成为市场的第一大贡献体，2021 年，中国大陆与台湾的市场份额占比为 42%，超越日、

韩的 39% 和欧美的 19%；"第 1 次"，国产品牌汇川成为通用伺服市场的领先者，2021 年，汇川伺服业绩增长率超过 100%，超越国内外其他品牌，一跃成为市场第一名。

2 个"再突破"：总线型通用伺服市场份额自 2020 年突破 50% 后，2021 年占比"再突破" 55%，总线型伺服产品因其稳定性高、速度快等优势而获得越来越多客户的青睐；国产品牌"再突破"刻板印象，从传统的"质次价低"发展为"质优价低"。从技术水平上看，目前有一些国产厂商的伺服产品已能直接对标欧美、日系厂商的中高端产品，如汇川的 IS810；从行业应用上看，许多国产厂商积极推出适应下游不同行业需求的产品甚至行业解决方案，典型厂商有汇川、台达、埃斯顿、科伺等。

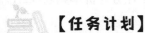

【任务计划】

根据任务资讯及收集、整理的资料填写如表 3.2.15 所示的任务计划单。

表 3.2.15　任务计划单

项　　目	智能装配生产线——物料入库控制		
任　　务	X 轴伺服电机的控制	学　时	4
计划方式	分组讨论、资料收集、技能学习等		
序　号	任　　务	时　间	负责人
1			
2			
3			
4	使用轴控制指令编写 X 轴伺服电机控制程序		
5	调试 X 轴伺服电机，进行任务成果展示、汇报		
小组分工			
计划评价			

【任务实施】

根据任务计划编制任务实施方案，并完成任务实施，填写如表 3.2.16 所示的任务实施工单。

表 3.2.16　任务实施工单

项　　目	智能装配生产线——物料入库控制		
任　　务	X 轴伺服电机控制	学　时	
计划方式	分组讨论、合作实操		
序　号	实施情况		
1			

续表

序　号	实施情况
2	
3	
4	
5	
6	

 【任务检查与评价】

完成任务实施后，进行任务检查与评价，可采用小组互评等方式。任务评价单如表 3.2.17 所示。

表 3.2.17　任务评价单

项　目	智能装配生产线——物料入库控制			
任　务	X 轴伺服电机控制			
考核方式	过程评价+结果考核			
说　明	主要评价学生在项目学习过程中的操作方式、理论知识、学习态度、课堂表现、学习能力、动手能力等			
评价内容与评价标准				
序号	内　容	评价标准		成绩比例/%
		优	良	合　格	
1	基本理论掌握	掌握轴工艺指令的使用方法	熟悉轴工艺指令的使用方法	了解轴工艺指令的使用方法	30
2	实践操作技能	熟练使用各轴工艺指令进行控制程序的编写，并进行程序调试	较熟练使用各轴工艺指令进行控制程序的编写，并进行程序调试	经协助使用各轴工艺指令完成控制程序的编写和程序调试	30
3	职业核心能力	具有良好的自主学习能力和分析、解决问题的能力，能解答任务小思考	具有较好的学习能力和分析、解决问题的能力，能部分解答任务小思考	具备分析、解决部分问题的能力	10
4	工作作风与职业道德	具有严谨的科学态度和工匠精神，能够严格遵守"6S"管理制度	具有良好的科学态度和工匠精神，能够自觉遵守"6S"管理制度	具有较好的科学态度和工匠精神，能够遵守"6S"管理制度	10
5	小组评价	具有良好的团队合作精神和沟通交流能力，热心帮助小组其他成员	具有较好的团队合作精神和沟通交流能力，能帮助小组其他成员	具有一定团队合作能力，能配合小组完成项目任务	10
6	教师评价	包括以上所有内容	包括以上所有内容	包括以上所有内容	10
合　计				100

【任务练习】

1. 在 Motion Control 工艺指令中用于确认"伴随轴停止出现的运行错误"和"组态错误"的是哪条指令？

2. 在 X 轴伺服电机的控制中，如果轴在绝对定位时出现错误，那么它是否还能在点动模式下移动？

任务 3.3　仓储位置手动校准设置

【任务描述】

在智能装配生产线中，需要对仓储站的 10 个仓位进行定位，以便机械手能够将装配好的物料准确地存放到仓位中。仓位定位需要手动校准仓储站的 4 个端点仓储位置和取料位置。请根据"仓储位置手动校准设置"任务单完成仓储位置手动校准设置的 PLC 程序，并完成调试。本任务需要用 SCL 进行 PLC 程序设计。

【任务单】

根据任务描述，实现智能装配生产线仓储站的仓储位置手动校准设置。具体任务要求请参照如表 3.3.1 所示的任务单。

表 3.3.1　任务单

项　　目	智能装配生产线——物料入库控制	
任　　务	仓储位置手动校准设置	
任务要求		**任务准备**
（1）分组讨论 SCL 具有哪些优势，适用于什么场合，每组 3～5 人		（1）自主学习
		① SCL
（2）查询并学习 SCL 的基本语法		② S7-1200 数据类型
（3）完成 SCL 控制程序编写的相关资料的收集与整理		③ S7-1200 用户程序
（4）完成仓储位置手动校准设置的 PLC 与 HMI 程序并调试		④ HMI 用户管理
		（2）设备工具
		① 硬件：计算机，PDM 200 实训装置
		② 软件：办公软件、博途 V16
自我总结		**拓展提高**
		通过工作过程和总结，提高团队协作能力、程序设计和调试能力、技术迁移能力

【任务资讯】

3.3.1　SCL 介绍

扫一扫，
看微课

1．SCL 概述

SCL（Structured Control Language，结构化控制语言）是一种基于 PASCAL 的高级编程语言。这种语言基于标准 DIN EN 61131-3（国际标准为 IEC 1131-3）。SCL 实现了该标准中定义的 ST 语言（结构化文本）的 PLCopen 初级水平。

1）语言元素

SCL 除包含 PLC 的典型元素（输入、输出、定时器和存储器等）外，还包含高级编程语言，如表达式、赋值运算和运算符。

2）程序控制

SCL 提供了简便的指令进行程序控制，如创建程序分支、循环或跳转。

3）应用

相较于梯形图编程语言，SCL 尤其适用于数据管理、过程优化、配方管理、数学计算/统计任务等应用领域。

【小提示】

S7-1200 系列 PLC 支持多种编程语言，如果要更改块的编程语言，那么需要遵守以下规则。

（1）所有 CPU 系列。

① 只能更改整个块的编程语言，不能更改单个程序段的编程语言。

② 不能更改以编程语言 SCL 或 GRAPH 编程的块。但对于 GRAPH 块，可以更改 LAD 和 FBD 作为程序段语言。

（2）S7-1200 可以在编程语言 LAD 和 FBD 之间切换。

2．SCL 编程窗口

在博途 V16 中，可以在使用梯形图编写程序时通过右击来插入 SCL 程序段，实现梯形图和 SCL 的混合编程。

SCL 编程窗口为程序编写的工作区，在此区域中可输入 SCL 程序，如图 3.3.1 所示。

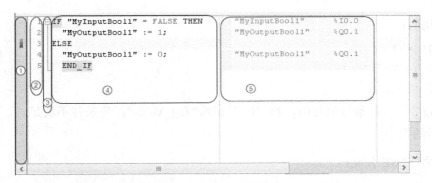

图 3.3.1　SCL 编程窗口

图 3.3.1 中对应的 SCL 编程窗口描述如表 3.3.2 所示。

表 3.3.2　图 3.3.1 中对应的 SCL 编程窗口描述

部　分	含　义
① 侧栏	在侧栏中可以设置书签和断点
② 行号	行号显示在程序代码的左侧
③ 轮廓视图	在轮廓视图中将突出显示相应的代码部分
④ 代码区	在代码区，可对 SCL 程序进行编辑
⑤ 绝对操作数的显示	通过表格列出了赋值给绝对地址的符号操作数

3．SCL 的程序控制指令

1）IF（条件执行）

（1）说明。

使用条件执行指令，可以根据条件控制程序流的分支，该条件是结果为布尔值（TRUE 或 FALSE）的表达式。可以将逻辑表达式或比较表达式作为条件。

在执行该指令时，将对指定的表达式进行运算。若表达式的值为 TRUE，则表示满足该条件；若表达式的值为 FALSE，则表示不满足该条件。

（2）指令格式。

根据分支的类型，可以对以下形式的指令进行编程。

● IF 分支：

```
IF <condition> THEN <instructions>
END_IF;
```

若满足该条件，则将执行 THEN 后编写的指令；若不满足该条件，则程序将从 END_IF 后的指令继续执行。

示例说明：

```
IF "Tag_1" = 1
THEN "Tag_Value" := 10;
END_IF;
```

当"Tag_1" = 1 条件满足时，将 10 赋值给"Tag_Value"；当条件不满足时，直接执行 END_IF 后的指令。

- IF 和 ELSE 分支：

```
IF <condition> THEN <instructions1>
ELSE <Instructions0>
END_IF;
```

若满足该条件，则将执行 THEN 后编写的指令；若不满足该条件，则将首先执行 ELSE 后编写的指令，然后程序将从 END_IF 后的指令继续执行。

示例说明：

```
IF "Tag_1" = 1
THEN "Tag_Value" := 10;
ELSE "Tag_Value" := 0;
END_IF;
```

当"Tag_1" = 1 条件满足时，将 10 赋值给"Tag_Value"；当条件不满足时，将 0 赋值给"Tag_Value"，接着执行 END_IF 后的指令。

- IF、ELSIF 和 ELSE 分支：

```
IF <condition1> THEN <instructions1>
ELSIF <condition2> THEN <instructions2>
ELSE <instructions0>
END_IF;
```

若满足第一个条件（<condition 1>），则将执行 THEN 后的指令（< instructions 1>）。在执行这些指令后，程序将从 END_IF 后的指令继续执行。

若不满足第一个条件，则将检查第二个条件（< condition 2>）。如果满足第二个条件，则将执行 THEN 后的指令（< instructions 2>）。在执行这些指令后，程序将从 END_IF 后的指令继续执行。

若不满足任何条件，则先执行 ELSE 后的指令（< instructions 0>），再执行 END_IF 后的指令部分。

在 IF 指令内可以嵌套任意多个 ELSIF 和 THEN 的组合，也可以选择对 ELSE 分支进行编程。

示例说明：

```
IF "Tag_1" = 1
THEN "Tag_Value" := 10;
ELSIF "Tag_2" = 1
THEN "Tag_Value" := 20;
ELSIF "Tag_3" = 1
THEN "Tag_Value" := 30;
ELSE "Tag_Value" := 0;
END_IF;
```

示例程序参数值如表 3.3.3 所示。

表 3.3.3　示例程序参数值

操作数	值			
Tag_1	1	0	0	0
Tag_2	0	1	0	0
Tag_3	0	0	1	0
Tag_Value	10	20	30	0

2）FOR

使用 FOR（在计数循环中执行）指令可以重复执行程序循环，直至运行变量不在指定的取值范围内；也可以嵌套程序循环。在程序循环内，可以编写包含其他运行变量的其他程序循环。

通过复查循环条件（CONTINUE）指令，可以终止当前连续运行的程序循环。通过立即退出循环（EXIT）指令，可以终止整个循环的执行。

在编写不会导致死循环的"安全"FOR 语句时，请遵循 FOR 语句的限制规则，如表 3.3.4 所示。

```
FOR <Run_tag> := <Start_value> TO <End_value> BY <Increment> DO <Instructions>;
END_FOR;
```

表 3.3.4　FOR 语句的限制规则

如　　果	则	说　　明
起始值<结束值	结束值<PMAX 增量	运行变量在正方向上运行
起始值>结束值且增量<0	结束值>NMAX 增量	运行变量在负方向上运行

FOR 语句参数如表 3.3.5 所示。

表 3.3.5　FOR 语句参数

参　　数	数据类型（S7-1200）	存储区	说　　明
<执行变量>	SINT、INT、DINT、USINT、UINT、UDINT	I、Q、M、D、L	在执行循环时会计算其值的操作数。执行变量的数据类型将确定其他参数的数据类型

参　数	数据类型（S7-1200）	存储区	说　　明
<起始值>	SINT、INT、DINT、USINT、UINT、UDINT	I、Q、M、D、L	表达式，在执行变量首次进行循环时，将分配表达式的值
<结束值>	SINT、INT、DINT、USINT、UINT、UDINT	I、Q、M、D、L	表达式，在运行程序最后一次循环时会定义表达式的值。在每个循环后都会检查执行变量的值。 （1）未达到结束值：执行符合 DO 的指令 （2）达到结束值：最后执行一次 FOR 循环 （3）超出结束值：完成 FOR 循环 在执行该指令期间，不允许更改结束值
<Increment>	SINT、INT、DINT、USINT、UINT、UDINT	I、Q、M、D、L	执行变量在每次循环后都会递增（正增量）或递减（负增量）其值的表达式，可以选择指定增量的大小。如果未指定增量，则在每次循环后执行变量的值加 1。 在执行该指令期间，不允许更改增量
<指令>	—	—	只要执行变量的值在取值范围内，每次循环就都会执行的指令。取值范围由起始值和结束值定义

示例说明：

```
FOR i := 2 TO 8 BY 2
DO "a_array[i] := "Tag_Value"×"b_array[i]";
END_FOR;
```

用操作数"Tag_Value"乘以变量"b_array"ARRAY 中的元素(2, 4, 6, 8)，并将计算结果读入变量"a_array"ARRAY 的元素(2, 4, 6, 8)中。

4．SCL 运算符和运算符的优先级

通过运算符可以将表达式连接在一起或相互嵌套。表达式的运算顺序取决于运算符的优先级和括号，如表 3.3.6 所示。

表 3.3.6　SCL 运算符和运算符的优先级

运算符	运　算	优先级	运算符	运　算	优先级
算术表达式			逻辑表达式		
+	一元加	2	NOT	取反	3
−	一元减	2	AND 或 &	与运算	8
××	幂运算	3	XOR	异或运算	9
×	乘法	4	OR	或运算	10
/	除法	4	引用表达式		
MOD	模运算	4	REF	引用	
+	加法	5	^	取消引用	1
−	减法	5	?=	赋值尝试	11

运算符	运 算	优先级	运算符	运 算	优先级
+=、-=、×=、/=	组合赋值运算	11	其他运算		
关系表达式			( )	括号	1
<	小于	6	:=	赋值	11
>	大于	6	—	—	—
<=	小于或等于	6	—	—	—
>=	大于或等于	6	—	—	—
=	等于	7	—	—	—
<>	不等于	7	—	—	—

SCL 运算符和运算符的优先级的基本原则如下。

（1）算术运算符优先于关系运算符，关系运算符优先于逻辑运算符。

（2）同等优先级的运算符的运算按照从左到右的顺序进行。

（3）赋值运算按照从右到左的顺序进行。

（4）括号运算符的优先级最高。

3.3.2　S7-1200 数据类型

在用户程序中，可使用预定义的数据类型。S7-1200 支持的数据类型包括以下几种。

- 基本数据类型（二进制数、整数、浮点数、定时器、DATE、TOD、LTOD、CHAR、WCHAR）。

- 复杂数据类型（DT、LDT、DTL、STRING、WSTRING、ARRAY、STRUCT）。

- 用户自定义数据类型［PLC 数据类型（UDT）］。

- 指针。

- 参数类型。

- 系统数据类型。

- 硬件数据类型。

下面对本任务中将要使用的复杂数据类型 ARRAY 和 STRUCT 进行介绍。

1. ARRAY

ARRAY（数组）数据类型的变量表示一个由多个数目固定且数据类型相同的元素组成的数据结构，这些元素可使用除 ARRAY 之外的所有数据类型。在创建 ARRAY 变量时，将在方括号内定义小标的限值，并在关键字"of"之后定义数据类型。ARRAY 数据类型的属性如表 3.3.7 所示。

表 3.3.7　ARRAY 数据类型的属性

块属性	格　式	ARRAY 限值	数据类型
标准块	ARRAY[下限..上限] of <数据类型>	[−32768..32767] of <数据类型>	除 ARRAY 之外的所有数据类型
优化块		[−2147483648..2147483647] of <数据类型>	

举例说明如下。

在数据块中建立一个名为“仓储位置 y2”的 ARRAY 数据类型的变量，ARRAY 中包含 11 个 Real 数据类型的元素，如图 3.3.2 所示。

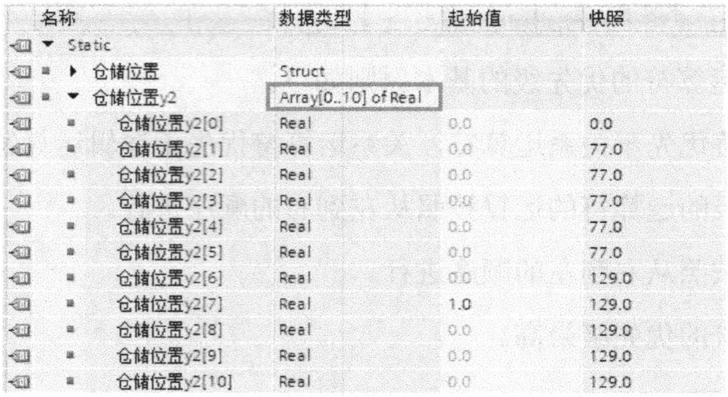

名称	数据类型	起始值	快照
▼ Static			
▶ 仓储位置	Struct		
▼ 仓储位置y2	Array[0..10] of Real		
仓储位置y2[0]	Real	0.0	0.0
仓储位置y2[1]	Real	0.0	77.0
仓储位置y2[2]	Real	0.0	77.0
仓储位置y2[3]	Real	0.0	77.0
仓储位置y2[4]	Real	0.0	77.0
仓储位置y2[5]	Real	0.0	77.0
仓储位置y2[6]	Real	0.0	129.0
仓储位置y2[7]	Real	1.0	129.0
仓储位置y2[8]	Real	0.0	129.0
仓储位置y2[9]	Real	0.0	129.0
仓储位置y2[10]	Real	0.0	129.0

图 3.3.2　ARRAY 数据类型举例

2. STRUCT

STRUCT（结构）数据类型是指一种元素数量固定但数据类型不同的数据结构。在 STRUCT 中，也可嵌套 STRUCT 或 ARRAY 数据类型的元素。STRUCT 可用于根据过程控制系统分组数据，以及作为一个数据单元来传送参数。

举例说明如下。

在数据块中建立一个名为“仓储位置”的 STRUCT 数据类型的数据，在 STRUCT 结构体中包含 7 个 Bool 数据类型和 6 个 Real 数据类型的元素，如图 3.3.3 所示。

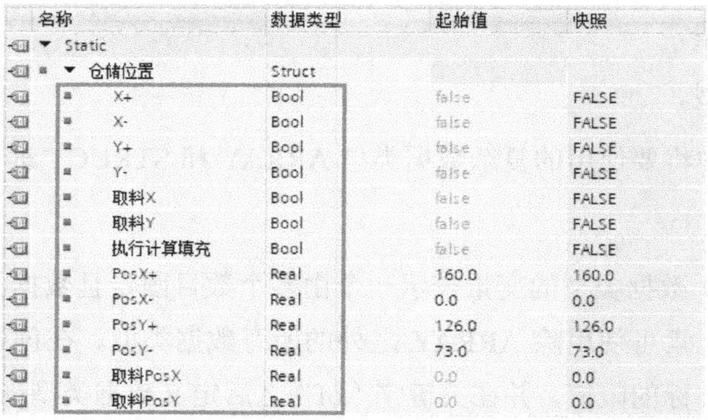

名称	数据类型	起始值	快照
▼ Static			
▼ 仓储位置	Struct		
X+	Bool	false	FALSE
X-	Bool	false	FALSE
Y+	Bool	false	FALSE
Y-	Bool	false	FALSE
取料X	Bool	false	FALSE
取料Y	Bool	false	FALSE
执行计算填充	Bool	false	FALSE
PosX+	Real	160.0	160.0
PosX-	Real	0.0	0.0
PosY+	Real	126.0	126.0
PosY-	Real	73.0	73.0
取料PosX	Real	0.0	0.0
取料PosY	Real	0.0	0.0

图 3.3.3　STRUCT 数据类型举例

3.3.3　S7-1200 用户程序

S7-1200 CPU 采用块的概念将程序分解为独立、自成体系的各个块。在用户程序中包含不同类型的块，各个块实现不同的功能。S7-1200 CPU 支持的程序块类型包括组织块（OB）、函数块（FB）、函数（FC）、数据块（DB），如表 3.3.8 所示。

扫一扫，
看微课

表 3.3.8　S7-1200 CPU 支持的程序块类型

程序块	功能描述
组织块（OB）	组织块由操作系统调用，决定用户程序结构
数据块（DB）	数据块用于存储程序数据，其数据格式由用户定义
函数块（FB）	函数块是具有"存储区"的代码块，可将值存储在背景数据块中，在块执行完成后，这些值仍然有效
函数（FC）	函数为不带"存储区"的代码块

1. 程序结构

在 S7-1200 程序结构中，组织块由操作系统调用，是操作系统与用户程序之间的接口。操作系统在每个循环中都调用主程序 OB，同时执行在程序循环 OB 中编写的程序。

用户程序采用结构化的编程方式，程序之间嵌套调用。根据任务将程序分层，每层控制程序均作为上一层控制任务的子程序，同时调用下一层子程序。

用户程序在执行完启动 OB 后首先进入运行模式，然后循环执行程序循环 OB，最后按照顺序执行 OB 中的程序。程序调用如图 3.3.4 所示。

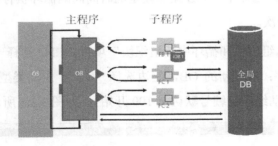

图 3.3.4　程序调用

2. OB

OB 的基本功能是调用用户程序。不同类型的 OB 用于完成不同的系统功能。S7-1200 CPU 支持部分 OB，其相应的启动事件及优先级描述如表 3.3.9 所示。

表 3.3.9　相应的启动事件及优先级描述

事件名称	数　　量	OB 编号	优先级
程序循环	≥1	1；≥123	1

续表

事件名称	数 量	OB 编号	优先级
启动	≥1	100；≥123	1
延时中断	≤4	20～23；≥123	3
循环中断	≤4	20～23；≥123	7
沿（硬件）中断	16 个上升沿 16 个下降沿	40～47；≥123	5
HSC（高速计数器）中断	6 个计数值等于参考值 6 个计数方向变化 6 个外部复位	40～47；≥123	6
诊断错误	=1	82	9
时间错误	=1	80	26

（1）程序循环 OB：当 CPU 处于运行模式时，操作系统每个周期调用一次程序循环 OB。所有的程序循环 OB 执行完成后，操作系统重新调用程序循环 OB。S7-1200 CPU 支持多个程序循环 OB，按照其编号从小到大依次执行，程序循环 OB 优先级最低，优先级为 1。

（2）启动 OB：当操作系统从停止状态转换到运行状态时，执行一次启动 OB，只有在启动 OB 执行完成后才开始执行刚才的程序循环 OB。如果用户程序中有多个启动 OB，那么按照编号从小到大依次执行。用户可以在启动 OB 中编写一些初始化程序。

（3）循环中断 OB：循环中断 OB 按照设定的时间间隔循环执行，每间隔设定的时间，就调用循环中断 OB 一次。

举例：新建"启动组织块和循环中断组织块"项目，CPU 选择"1215C DC/DC/DC"。首先编写启动 OB 程序：添加新的 OB，左边选择"OB"，中间类型选择"Startup"，右边编号选择"自动"（启动组织块编号默认从 100 开始），如图 3.3.5 所示。

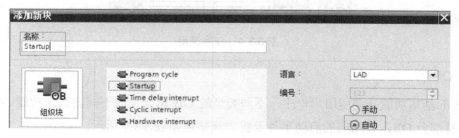

图 3.3.5　添加启动组织块

编写 OB100 程序，如图 3.3.6 所示。

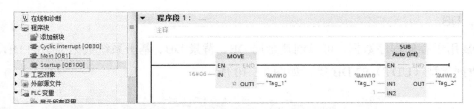

图 3.3.6　OB100 程序

然后编写循环中断组织块程序：添加新的组织块，左边选择"组织块"，中间类型选择"Cyclic interrupt"，右边编号选择"自动"（循环中断组织块编号默认从 30 开始），循环时间设置为 3000ms，如图 3.3.7 所示。

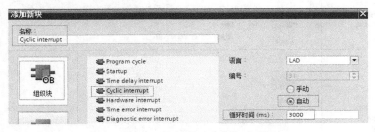

图 3.3.7　添加循环中断组织块

编写 OB30 程序，如图 3.3.8 所示。

图 3.3.8　OB30 程序

编译程序，启动仿真：程序下载后，PLC 仿真器运行。在"监控与强制表"中新建"监控表_1"，并添加 3 个监控变量"Tag_1"、"Tag_2"、"Tag_3"，单击"全部监视"图标。OB100 只在启动时运行 1 次，完成"Tag_1"赋值、"Tag_2"计算功能。OB30 实现"Tag_3"每隔 3s 加 1。程序运行结果如图 3.3.9 所示。

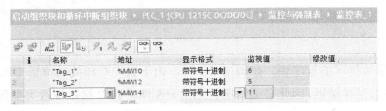

图 3.3.9　程序运行结果

3．DB

DB 用于存储程序数据，可以创建全局 DB、背景 DB、基于系统数据类型的 DB、基于 PLC 数据类型（UDT）的 DB 等，如图 3.3.10 所示。

图 3.3.10　创建 DB

- 全局 DB。全局 DB 必须要事先定义才可以在程序中使用。

- 背景 DB。背景 DB 与 FB 相关联，用于存储 FB 的输入、输出、输入/输出参数及静态变量，其变量只能在 FB 中定义，不能在背景 DB 中直接创建。

- 基于系统数据类型的 DB。博途软件提供了含有固定数据格式的模板，用户可以使用这些模板创建相应格式的 DB。这种类型的 DB 可以用于特定功能要求。

- 基于 PLC 数据类型［UDT（User Data Type，用户数据类型）］的 DB。UDT 类型是一种用户根据需要建立的由多个不同数据类型元素组成的数据结构。只需创建一次 UDT，就可以通过指定的 UDT 创建所需的 DB。

4．FC

FC 是不带数据区的程序块。在调用 FC 时，由于它没有相关的背景 DB，没有可以存储块参数值的数据存储器，因此必须给所有形参分配实参。FC 接口参数类型包括输入参数、输出参数、输入/输出参数、临时局部数据和常量，如表 3.3.10 所示。

表 3.3.10　FC 接口参数类型

接口参数类型	读写访问	描　述
输入参数（Input）	只读	在调用 FC 时，将用户程序数据传递到 FC 中。实参可以为常数
输出参数（Output）	读写	在调用 FC 时，将 FC 执行结果传递到用户程序中。实参不能为常数
输入/输出参数（InOut）	读写	在块调用之前读取输入/输出参数，并在块调用之后写入。实参不能为常数
临时局部数据（Temp）	读写	仅在调用 FC 时生效，是用于存储临时中间结果的变量
常量（Constant）	只读	当声明常量符号名后，在 FC 中可以使用符号名代替常量

5. FB

FB 与 FC 相比，最大的区别是在调用 FB 时必须为其分配背景 DB，用于存储块的参数值。背景 DB 在调用 FB 时自动生成，其结构与对应 FB 的接口区一致。FB 接口参数类型如表 3.3.11 所示。

表 3.3.11　FB 接口参数类型

接口参数类型	读写访问	描　述
输入参数（Input）	只读	在 FB 调用时，将用户程序数据传递到 FB 中。实参可以为常数
输出参数（Output）	读写	在 FB 调用时，将 FB 执行结果传递到用户程序中。实参不能为常数
输入/输出参数（InOut）	读写	在接收数据后进行运算，将执行结果返回。实参不能为常数
静态数据（Static）	读写	不参与参数传递，用于存储中间过程值，可被其他程序块访问
临时局部数据（Temp）	读写	仅在 FB 调用时生效，是用于存储临时中间结果的变量
常量（Constant）	只读	当声明常量符号名后，在 FB 中可以使用符号名代替常量

3.3.4　HMI 用户管理

扫一扫，
看微课

1. 用户管理的应用

访问保护用于控制对运行系统中的数据和函数的访问。此功能将防止应用程序进行未经授权的操作。在项目创建期间，与安全相关的操作已限制为特定的用户组。为此，首先需要设置拥有特有访问权（所谓的权限）的用户和用户组，然后组态操作安全相关的对象所需的权限，如操作员仅对特定的操作员控件拥有访问权限，调试人员在运行系统中拥有全部权限。

在用户管理中集中管理用户、用户组和权限，将用户和用户组与项目一起传送给 HMI 设备，通过用户视图在 HMI 设备中管理用户和密码。

2．用户创建

在用户管理（User Administration）编辑器的"用户"（Users）选项卡中，可以创建用户并将其分配到用户组中。"用户"选项卡是 HMI 中用户管理的一部分。要打开"用户"选项卡，需要在项目窗口中双击"用户管理"选项。

3．用户工作区

用户工作区以表格形式列出了用户和用户组。在工作区中可以管理用户：创建或删除用户，将用户分配到不同的用户组中。一个用户只能分配到一个用户组。用户工作区内包括用户表和组表，如图 3.3.11 所示。

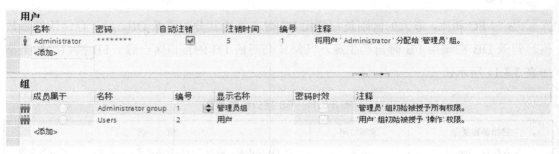

图 3.3.11　用户工作区

用户表显示已存在的用户，在此表中选择一个用户之后，组表中将显示该用户所属的用户组。用户 Administrator（管理员）的默认密码为 administrator，出于安全方面的考虑，应该更改此用户的密码。

4．用户组

可在用户管理编辑器的"用户组"（User Groups）选项卡中创建用户和权限。"用户组"选项卡是 HMI 中用户管理的一部分。在项目窗口中双击"用户管理"选项，打开"用户组"选项卡。

在工作区中管理用户组和授权：可以创建新用户组和权限或删除它们，将权限分配给用户组。在巡视窗口中选择用户组或权限后，可以在常规组中编辑名称，还可以在注释组中输入简短的描述。

5．用户组工作区

用户组工作区显示了组及其权限的列表，可以管理用户组并为其分配权限，包括组表和权限表，如图 3.3.12 所示。

组表显示已存在的用户组，在该表中选择用户组时，权限表的"激活"列将显示为该用户组分配的权限。

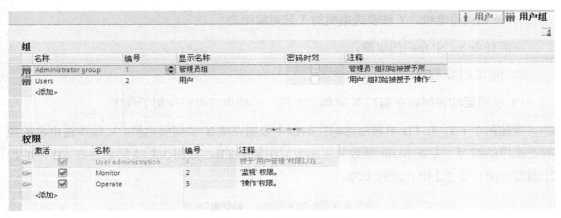

图 3.3.12 用户组工作区

用户组和权限的编号由管理员指定，而名称和注释则由用户来指定，预定义的权限的编号是固定的。对于自己创建的权限，可以任意编辑，但需要确保分配的编号唯一。

3.3.5 仓储位置手动校准设置程序设计

本任务通过手动操作三轴机械手并编写程序完成仓储位置手动校准设置，从而获得仓储站的取料位置及 10 个仓储位置。取料位置与仓储位置如图 3.3.13 所示。

图 3.3.13 取料位置与仓储位置

在手动校准前需要完成仓储站机械手 X 轴、Y 轴的回原点操作。在回原点操作完成后，通过 HMI 点动运行仓储站机械手 X 轴伺服电机、Y 轴步进电机，手动对齐仓储站两个对角端点仓储位(X−,Y−)和(X+,Y+)，得到仓储站 4 个端点 X+、X−、Y+、Y−的位置。由于相邻两个仓储位置是等间距的，所以根据 4 个端点的位置，用公式可以计算得到仓储站的 10 个仓储位置，最终完成仓储位置手动校准设置。

1．X轴伺服电机、Y轴步进电机的工艺对象组态

参照任务 3.1 中介绍的步骤。

2．编写 PLC 程序

1）使用运动控制指令编写 X 轴伺服电机、Y 轴步进电机控制子程序

新建两个 FB，在 FB 中利用运动控制指令分别完成 X 轴伺服电机、Y 轴步进电机的控制子程序的编写，并在 Main 函数（主函数）中调用 FB，如图 3.3.14 所示。在 FB 中的程序编写参照任务 3.2 中介绍的步骤。

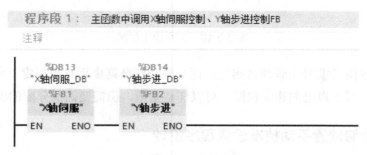

图 3.3.14　在 Main 函数中调用 FB

2）编写仓储站仓位推出与收回程序

仓储站仓位推出与收回程序如图 3.3.15 所示。

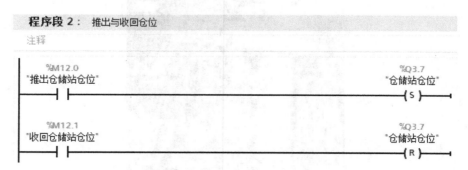

图 3.3.15　仓储站仓位推出与收回程序

3）根据任务要求完成所需 DB 及数据的创建

在本任务中，创建一个名为"仓储_DATA"的 DB，用于存放与仓储站位置和控制相关的数据，包括一个名为"仓储位置"的 STRUCT 结构体，一个用于存放取料位置及各仓储位置 Y 轴坐标值的名为"仓储位置 y2"的 ARRAY 数组，一个用于存放取料位置及各仓储位置 X 轴坐标值的名为"仓储位置 x6"的 ARRAY 数组，如图 3.3.16 所示。

150

	名称	数据类型	起始值	快照
1	▼ Static			
2	▼ 仓储位置	Struct		
3	X+	Bool	false	FALSE
4	X-	Bool	false	FALSE
5	Y+	Bool	false	FALSE
6	Y-	Bool	false	FALSE
7	取料X	Bool	false	FALSE
8	取料Y	Bool	false	FALSE
9	执行计算填充	Bool	false	FALSE
10	PosX+	Real	160.0	160.0
11	PosX-	Real	0.0	0.0
12	PosY+	Real	126.0	126.0
13	PosY-	Real	73.0	73.0
14	取料PosX	Real	0.0	0.0
15	取料PosY	Real	0.0	0.0
16	▶ 仓储位置y2	Array[0..10] of Real		
17	▶ 仓储位置x6	Array[0..10] of Real		

图 3.3.16　创建“仓储_DATA”DB

4）编写仓储位置手动校准设置程序

根据仓储位置手动校准设置任务要求，采用 SCL 编写程序。手动对齐 X 轴、Y 轴两个对角端点及取料点，并将对应 X 轴、Y 轴位置值存放到 DB 的“仓储位置”STRUCT 结构体相对应的变量和“仓储位置 x6”“仓储位置 y2”数组元素中。代码清单和注释如下：

```
//手动对齐X轴、Y轴两个对角端点，需要先复位仓储站机械手，复位后 "X伺服pul".StatusBits.
HomingDone、"Y步进".StatusBits.HomingDone为TRUE
//手动JOG运动到1号仓位点（X-,Y-），将"仓储_DATA".仓储位置."X-"通过HMI对应按钮按下，将当
前X坐标保存到PosX-中
// 将"仓储_DATA".仓储位置."Y-通过HMI对应按钮按下，将当前Y坐标保存到PosY-中
//同理，手动JOG运动到10号仓位点（对角）（X+,Y+），分别将"仓储_DATA".仓储位置."X+"和"Y+"
通过HMI对应按钮按下，将当前X、Y坐标分别保存到PosX+、PosY+中
IF "仓储_DATA".仓储位置."X+" AND "X伺服pul".StatusBits.HomingDone THEN
    "仓储_DATA".仓储位置."PosX+" := "X伺服pul".Position;
END_IF;
IF "仓储_DATA".仓储位置."X-" AND "X伺服pul".StatusBits.HomingDone THEN
    "仓储_DATA".仓储位置."PosX-" := "X伺服pul".Position;
END_IF;
IF "仓储_DATA".仓储位置."Y+" AND "Y步进".StatusBits.HomingDone THEN
    "仓储_DATA".仓储位置."PosY+" := "Y步进".Position;
END_IF;
IF "仓储_DATA".仓储位置."Y-" AND "Y步进".StatusBits.HomingDone THEN
    "仓储_DATA".仓储位置."PosY-" := "Y步进".Position;
END_IF;
//手动对齐取料点
IF "仓储_DATA".仓储位置.取料X AND "X伺服pul".StatusBits.HomingDone THEN
```

```
    "仓储_DATA".仓储位置x6[0] := "X伺服pul".Position;
END_IF;
IF "仓储_DATA".仓储位置.取料Y AND "Y步进".StatusBits.HomingDone THEN
    "仓储_DATA".仓储位置y2[0] := "Y步进".Position;
END_IF;
```

在 Main 的 FB 接口 Temp 下新建一个数据类型为 Int 的参数 i，如图 3.3.17 所示。

		名称	数据类型	默认值	注释
Main					
1	▼	Input			
2	■	Initial_Call	Bool		Initial call of this OB
3	■	Remanence	Bool		=True, if remanent data are available
4	▼	Temp			
5	■	i	Int		
6	▼	Constant			

图 3.3.17　新建参数 i

根据 PosX−、PosX+、PosY−、PosY+ 4 个仓储位置端点坐标的值计算 1～10 号仓储位置坐标值，并将计算出来的各仓储位置的 X 轴、Y 轴坐标值分别存储到"仓储位置 x6"和"仓储位置 y2"数组元素中：

```
//填充坐标 [按下"仓储_DATA".仓储位置.执行计算填充对应的HMI按钮，执行根据PosX-、PosX+、
PosY-、PosY+的值自动计算仓储位置（1～10）坐标值]
IF "仓储_DATA".仓储位置.执行计算填充 THEN
    FOR #i := 1 TO 10 DO
        //X轴
        "仓储_DATA".仓储位置x6[#i] := "仓储_DATA".仓储位置."PosX-" +
        ((#i - 1) MOD 5) × (("仓储_DATA".仓储位置."PosX+" - "仓储_DATA".仓储位
置."PosX-") / 4);
        //Y轴
        IF #i < 6 THEN
            "仓储_DATA".仓储位置y2[#i] := "仓储_DATA".仓储位置."PosY-";
        ELSE
            "仓储_DATA".仓储位置y2[#i] := "仓储_DATA".仓储位置."PosY+";
        END_IF;
    END_FOR;
    "仓储_DATA".仓储位置.执行计算填充 := 0;
END_IF;
```

3. 组态 HMI 画面

1）组态 HMI 主画面

完成仓储位置手动校准设置功能组态及变量连接，如图 3.3.18 所示。

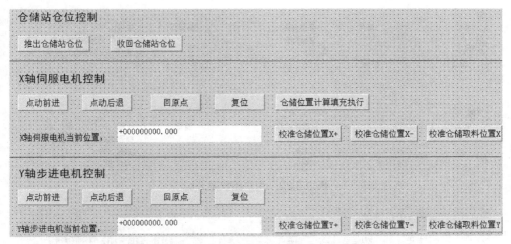

图 3.3.18　仓储位置手动校准设置功能组态及变量连接

2）HMI 用户管理设置

本任务需要设置不同类型的用户登录，使其具有 HMI 画面不同的使用权限：管理员拥有所有的权限，可以操作所有 HMI 画面中的按钮；普通用户"User_1"只能操作 X 轴伺服电机、Y 轴步进电机的运行控制按钮，没有操作仓储位置手动校准对应按钮的权限。

新建一个名称为"User_1"的用户，并将其分配给用户组，如图 3.3.19 所示。

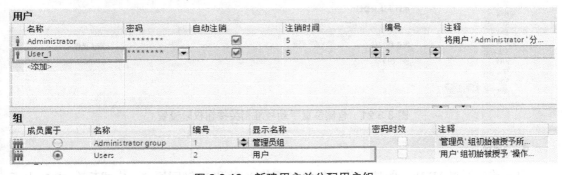

图 3.3.19　新建用户并分配用户组

在用户组中进行权限设置，令管理员组拥有所有权限，用户组只有操作权限，如图 3.3.20 所示。

在 HMI 主画面中对仓储位置手动校准的相关按钮进行操作权限设置。以"仓储位置计算填充执行"按钮为例，单击该按钮，在"属性"选项卡下的"安全"选项中，对权限进行设置，选择"用户管理"选项，如图 3.3.21 所示。只有拥有用户管理权限的管理员组的用户在输入正确的密码后才能对该按钮进行操作。用同样的方法对其余仓储位置手动校准相关按钮进行设置。

153

图 3.3.20　用户组权限分配

图 3.3.21　仓储位置手动校准相关按钮权限设置

4．调试

（1）首先通过 HMI 上的按钮使三轴机械手的 X 轴和 Y 轴回原点，完成后在 HMI 上手动将三轴机械手移至 1 号仓储位置正上方，然后分别按下"校准仓储位置 X-"和"校准仓储位置 Y-"按钮，最后移动三轴机械手至 10 号仓储位置正上方，分别按下"校准仓储位置 X+"和"校准仓储位置 Y+"按钮，得到 PosX-、PosX+、PosY-、PosY+ 4 个仓储位置端点坐标值，如图 3.3.22 所示。

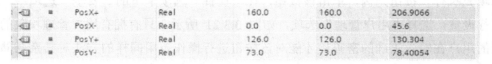

		PosX+	Real	160.0	160.0	206.9066
		PosX-	Real	0.0	0.0	45.6
		PosY+	Real	126.0	126.0	130.304
		PosY-	Real	73.0	73.0	78.40054

图 3.3.22　4 个仓储位置端点坐标值

在上述操作的过程中，由于对这些按钮都进行了权限设置，因此在单击这些按钮时会弹出管理员身份登录对话框，如图 3.3.23 所示。只有以管理员身份登录，并正确输入密码后才能操作仓储位置手动校准相关按钮。

图 3.3.23　管理员身份登录对话框

（2）使用同样的方法获得取料位置的 X 轴、Y 轴坐标值。通过 HMI 上的"仓储位置计算填充执行"按钮计算各个仓储位置的 X 轴、Y 轴坐标位置，并分别将坐标值赋值到"仓储位置 x6""仓储位置 y2"数组中。取料位置与仓储位置值监控如图 3.3.24 所示。

	名称	类型								
◁■	▼ 仓储位置y2	Array[0..10] of Real				☑	☑	☑	☑	☐
◁	■ 仓储位置y2[0]	Real	0.0	0.0	0.0	☑	☑	☑	☑	
◁	■ 仓储位置y2[1]	Real	0.0	77.0	78.40054	☑	☑	☑	☑	
◁	■ 仓储位置y2[2]	Real	0.0	77.0	78.40054	☑	☑	☑	☑	
◁	■ 仓储位置y2[3]	Real	0.0	77.0	78.40054	☑	☑	☑	☑	
◁	■ 仓储位置y2[4]	Real	0.0	77.0	78.40054	☑	☑	☑	☑	
◁	■ 仓储位置y2[5]	Real	0.0	77.0	78.40054	☑	☑	☑	☑	
◁	■ 仓储位置y2[6]	Real	0.0	129.0	130.304	☑	☑	☑	☑	
◁	■ 仓储位置y2[7]	Real	1.0	129.0	130.304	☑	☑	☑	☑	
◁	■ 仓储位置y2[8]	Real	0.0	129.0	130.304	☑	☑	☑	☑	
◁	■ 仓储位置y2[9]	Real	0.0	129.0	130.304	☑	☑	☑	☑	
◁	■ 仓储位置y2[10]	Real	0.0	129.0	130.304	☑	☑	☑	☑	
◁■	▼ 仓储位置x6	Array[0..10] of Real				☑	☑	☑	☑	☐
◁	■ 仓储位置x6[0]	Real	0.0	0.0	45.6	☑	☑	☑	☑	
◁	■ 仓储位置x6[1]	Real	0.0	0.0	45.6	☑	☑	☑	☑	
◁	■ 仓储位置x6[2]	Real	1.0	40.0	85.92664	☑	☑	☑	☑	
◁	■ 仓储位置x6[3]	Real	1.0	80.0	126.2533	☑	☑	☑	☑	
◁	■ 仓储位置x6[4]	Real	1.0	120.0	166.5799	☑	☑	☑	☑	
◁	■ 仓储位置x6[5]	Real	1.0	160.0	206.9066	☑	☑	☑	☑	
◁	■ 仓储位置x6[6]	Real	1.0	0.0	45.6	☑	☑	☑	☑	
◁	■ 仓储位置x6[7]	Real	0.0	40.0	85.92664	☑	☑	☑	☑	
◁	■ 仓储位置x6[8]	Real	-1.0	80.0	126.2533	☑	☑	☑	☑	
◁	■ 仓储位置x6[9]	Real	-1.0	120.0	166.5799	☑	☑	☑	☑	
◁	■ 仓储位置x6[10]	Real	-1.0	160.0	206.9066	☑	☑	☑	☑	

图 3.3.24　取料位置与仓储位置值监控

【小思考】

在巡视窗口中选择"信息"选项卡中"交叉引用"选项，可以快速查询该对象在用户程序中不同位置的使用情况，请思考交叉引用在程序调试过程中的作用。

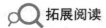 **拓展阅读**

京东物流科技全场景、全链条覆盖价值凸显

2021 年 11 月 18 日,京东物流运输有限公司(以下简称"京东物流")发布公告,其第三季度营收 2575 亿元,同比增长 43.37%。京东物流已具备 5G 智能调度云边端一体化、全终端、数据融合、全链路、数字孪生、共建生态等特性,管理和接入供应链物流全环节终端。在存储系统方面,三代天狼系统已实现拣货效率提升 3~5 倍,拣货准确率提升至 99.99%,单位面积存储密度提升 3 倍;在快递车方面,第五代智能快递车已实现完全无盲区,具备远程遥控、监控等功能,有效提升了自动驾驶的智能水平。在数据管理能力方面,京东物流被授予 DCMM(数据管理能力成熟度模型,Data management Capability Maturity Model)4 级,是国内目前唯一获得 4 级认证的物流企业;在物流基础设施方面,截至 2021 年 9 月 30 日,京东物流已运营约 1300 个仓库,从 2020 年第三季度末以来,一年间新增约 500 个仓库,其中包括 13 座"亚洲一号"大型智能物流园区(简称"亚一")。通过多个自动化设备的使用,新投用的"亚一"的综合效率提升 4 倍以上。

【任务计划】

根据任务资讯及收集、整理的资料填写如表 3.3.12 所示的任务计划单。

表 3.3.12　任务计划单

项　　　目	智能装配生产线——物料入库控制		
任　　　务	仓储位置手动校准设置	学　时	6
计划方式	分组讨论、资料收集、技能学习等		
序　　号	任　　务	时　间	负责人
1			
2			
3			
4	使用 SCL 编程语言编写控制程序		
5	调试手动校准程序,进行任务成果展示、汇报		
小组分工			
计划评价			

【任务实施】

根据任务计划编制任务实施方案,并完成任务实施,填写如表 3.3.13 所示的任务实施工单。

表 3.3.13 任务实施工单

项 目	智能装配生产线——物料入库控制		
任 务	仓储位置手动校准设置	学 时	
计划方式	分组讨论、合作实操		
序 号	实施情况		
1			
2			
3			
4			
5	验证 PLC 与 HMI 程序能否满足系统控制要求		
6	进行任务成果展示、汇报		

【任务检查与评价】

完成任务实施后，进行任务检查与评价，可采用小组互评等方式。任务评价单如表 3.3.14 所示。

表 3.3.14 任务评价单

项 目	智能装配生产线——物料入库控制			
任 务	仓储位置手动校准设置			
考核方式	过程评价+结果考核			
说 明	主要评价学生在项目学习过程中的操作方式、理论知识、学习态度、课堂表现、学习能力、动手能力等			
评价内容与评价标准				
序号	内 容	评价标准		成绩比例/%
		优	良	合 格	
1	基本理论掌握	掌握 SCL 的使用方法及 PLC 用户程序结构	熟悉 SCL 的使用方法及 PLC 用户程序结构	了解 SCL 的使用方法及 PLC 用户程序结构	30
2	实践操作技能	熟练使用 SCL 编写控制程序并进行调试	较熟练使用 SCL 编写控制程序并进行调试	经协助使用 SCL 编写控制程序	30
3	职业核心能力	具有良好的自主学习能力和分析、解决问题的能力，能解答任务小思考	具有较好的学习能力和分析、解决问题的能力，能部分解答任务小思考	具有分析、解决部分问题的能力	10
4	工作作风与职业道德	具有严谨的科学态度和工匠精神，能够严格遵守"6S"管理制度	具有良好的科学态度和工匠精神，能够自觉遵守"6S"管理制度	具有较好的科学态度和工匠精神，能够遵守"6S"管理制度	10
5	小组评价	具有良好的团队合作精神和沟通交流能力，热心帮助小组其他成员	具有较好的团队合作精神和沟通交流能力，能帮助小组其他成员	具有一定团队合作能力，能配合小组完成项目任务	10
6	教师评价	包括以上所有内容	包括以上所有内容	包括以上所有内容	10
合计					100

【任务练习】

1. PLC 的 SCL 与 LAD 梯形图语言相比，在哪些应用场合下会更有优势？
2. S7-1200 支持的数据类型包括哪些？

任务 3.4　物料入库流程控制

扫一扫，
看微课

【任务描述】

本任务要求在本项目前 3 个任务的基础上，当装配好的物料通过输送线到达仓储站取料位置后，由三轴机械手进行移动抓取，将物料放至 10 号仓储位置进行存储。请根据"物料入库流程控制"任务单完成 PLC 和 HMI 程序的编写并调试。

【任务单】

根据任务描述，实现物料入库流程控制。具体任务要求请参照如表 3.4.1 所示的任务单。

表 3.4.1　任务单

项　　目	智能装配生产线——物料入库控制	
任　　务	物料入库流程控制	
任务要求		**任务准备**
（1）分组讨论在智能装配生产线仓储站中物料入库的控制流程，每组 3～5 人 （2）完成物料入库控制的资料收集与整理 （3）完成仓储站物料入库流程控制的 PLC 与 HMI 程序并调试		（1）自主学习 ① 气动元件 ② 数学函数指令 ③ 比较指令 ④ HMI 趋势视图 （2）设备工具 ① 硬件：计算机、PDM 200 实训装置 ② 软件：办公软件、博途 V16
自我总结		**拓展提高**
		通过工作过程和总结，提高团队协作能力、程序设计和调试能力、技术迁移能力

【任务资讯】

3.4.1　气动元件

在三轴机械手运动控制中，Z 轴采用气动元件进行控制。气缸示意图如图 3.4.1 所示。

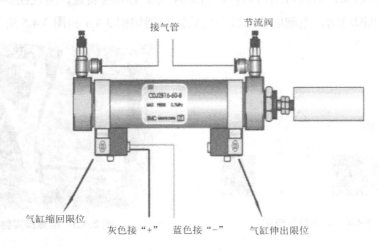

图 3.4.1　气缸示意图

气缸的正确运动使物料被分到相应的位置，只要交换进出气的方向就能改变气缸的伸出（缩回）运动，气缸两侧的磁性开关可以识别气缸是否已经运动到位。

磁性开关安装在气缸的伸出限位端，当气缸伸出时，磁性开关感应到，指示灯点亮。气缸缩回与伸出分别如图 3.4.2 和图 3.4.3 所示。

图 3.4.2　气缸缩回

图 3.4.3　气缸伸出

电磁阀（Electromagnetic Valve）是用电磁控制的工业设备，是用来控制流体的自动化基础元件，属于执行器，并不限于液压、气动。电磁阀在工业控制系统中用来调整介质的方向、流量、速度和其他参数。电磁阀可以配合不同的电路实现预期的控制，能确保控制

159

的精度和灵活性。常用的电磁阀有单向阀、安全阀、方向控制阀、速度调节阀等。电磁阀里有密闭的腔，在不同位置开有通孔，每个通孔连接不同的油管，腔中间是活塞，两面是两块电磁铁，哪面的磁铁线圈通电，阀体就会被吸引到哪面，通过控制阀体的移动来开启或关闭不同的排油孔，而进油孔是常开的，这样液压油就会进入不同的排油管，通过油的压力推动油缸的活塞，活塞带动活塞杆，活塞杆又带动机械装置。通过控制电磁铁的电流通断就控制了机械运动。电磁阀示意图与实物图分别如图 3.4.4 和图 3.4.5 所示。

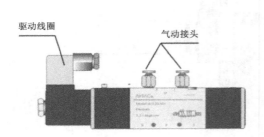

图 3.4.4　电磁阀示意图

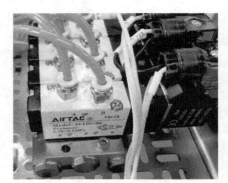

图 3.4.5　电磁阀实物图

单向电磁阀用来控制气缸单方向运动，实现气缸的伸出和缩回。

3.4.2　数学函数指令

扫一扫，
看微课

1．ADD 指令

1）指令说明

使用 ADD（加）指令，当使能输入 EN 接通时，执行 OUT:= IN1+IN2。

在初始状态下，指令框中至少包含两个输入（IN1 和 IN2），可以扩展输入数目。在功能框中按升序对插入的输入编号。当执行该指令时，将所有可用输入参数的值相加，求得的和存储在输出 OUT 中。

2）参数

ADD 指令参数如表 3.4.2 所示。

表 3.4.2　ADD 指令参数

参　数	声　明	数据类型	存储区	说　明
EN	Input	BOOL	I、Q、M、D、L 或常量	使能输入
ENO	Output	BOOL	I、Q、M、D、L	使能输出
IN1	Input	整数、浮点数	I、Q、M、D、L、P 或常量	要相加的第一个数
IN2	Input	整数、浮点数	I、Q、M、D、L、P 或常量	要相加的第二个数

续表

参　数	声　明	数据类型	存储区	说　明
INn	Input	整数、浮点数	I、Q、M、D、L、P 或常量	要相加的可选输入值
OUT	Output	整数、浮点数	I、Q、M、D、L、P	总和

3）举例

ADD 指令示例如图 3.4.6 所示。

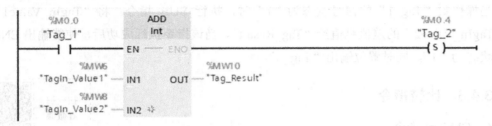

图 3.4.6　ADD 指令示例

当操作数"Tag_1"的信号状态为"1"时，执行 ADD 指令，将"TagIn_Value1"和"TagIn_Value2"的和赋值给"Tag_Result"。当该指令执行成功后，使能输出 ENO 的信号状态为"1"，同时置位输出"Tag_2"。

2. SUB 指令

1）指令说明

使用 SUB（减）指令，当使能输入 EN 接通时，执行 OUT:= IN1-IN2。

2）参数

SUB 指令参数如表 3.4.3 所示。

表 3.4.3　SUB 指令参数

参　数	声　明	数据类型	存储区	说　明
EN	Input	BOOL	I、Q、M、D、L 或常量	使能输入
ENO	Output	BOOL	I、Q、M、D、L	使能输出
IN1	Input	整数、浮点数	I、Q、M、D、L、P 或常量	被减数
IN2	Input	整数、浮点数	I、Q、M、D、L、P 或常量	相减
OUT	Output	整数、浮点数	I、Q、M、D、L、P	差值

3）举例

SUB 指令示例如图 3.4.7 所示。

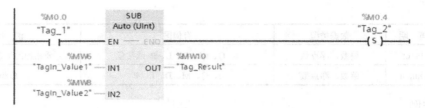

图 3.4.7　SUB 指令示例

当操作数"Tag_1"的信号状态为"1"时，执行 SUB 指令。将"TagIn_Value1"减去"TagIn_Value2"的差值赋值给"Tag_Result"。当该指令执行成功后，使能输出 ENO 的信号状态为"1"，同时置位输出"Tag_2"。

3.4.3　比较指令

1．CMP ==指令

1）指令说明

可以使用 CMP==（等于）指令判断第一个比较值（<操作数 1>）是否等于第二个比较值（<操作数 2>）。

若满足比较条件，则该指令返回逻辑运算结果（RLO）为"1"；若不满足比较条件，则返回 RLO 为"0"。

2）参数

CMP==指令参数如表 3.4.4 所示。

表 3.4.4　CMP==指令参数

参　数	声　明	数据类型	存储区	说　明
<操作数 1>	Input	位字符串、整数、浮点数、字符串、定时器、日期时间、ARRAY of <数据类型>（ARRAY 限值固定/可变）、STRUCT、VARIANT、ANY、PLC 数据类型	I、Q、M、D、L、P 或常量	第一个比较值
<操作数 2>	Input	位字符串、整数、浮点数、字符串、定时器、日期时间、ARRAY of <数据类型>（ARRAY 限值固定/可变）、STRUCT、VARIANT、ANY、PLC 数据类型	I、Q、M、D、L、P 或常量	第二个比较值

3）举例

CMP ==指令示例如图 3.4.8 所示。

当操作数"Tag_1"和"Tag_2"的信号状态为"1"，且"Tag_Value1"="Tag_Value2"时，置位输出"Tag_3"。

扫一扫，
看微课

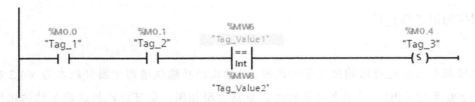

图 3.4.8　CMP ==指令示例

2. CMP <>指令

1）指令说明

使用 CMP <>（不等于）指令判断第一个比较值（<操作数 1>）是否不等于第二个比较值（<操作数 2>）。

若满足比较条件，则该指令返回逻辑运算结果（RLO）为"1"；若不满足比较条件，则该指令返回 RLO 为"0"。

2）参数

CMP<>指令参数如表 3.4.5 所示。

表 3.4.5　CMP<>指令参数

参　数	声　明	数据类型	存储区	说　明
<操作数 1>	Input	位字符串、整数、浮点数、字符串、定时器、日期时间、ARRAY of <数据类型>（ARRAY 限值固定/可变）、STRUCT、VARIANT、ANY、PLC 数据类型	I、Q、M、D、L、P 或常量	第一个比较值
<操作数 2>	Input	位字符串、整数、浮点数、字符串、定时器、日期时间、ARRAY of <数据类型>（ARRAY 限值固定/可变）、STRUCT、VARIANT、ANY、PLC 数据类型	I、Q、M、D、L、P 或常量	第二个比较值

3）举例

CMP <>指令示例如图 3.4.9 所示。

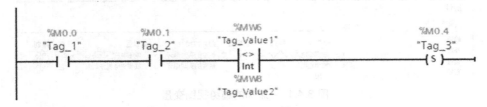

图 3.4.9　CMP <>指令示例

当操作数"Tag_1"和"Tag_2"的信号状态为"1"，且"Tag_Value1"<>"Tag_Value2"

时，置位输出"Tag_3"。

【小提示】

比较指令可以进行结构化变量的比较，结构比较功能仅适用于固件版本为 V4.2 及以上的 S7-1200 系列 CPU。若两个变量的结构数据类型相同，则可以比较这两个结构化操作数的值。在比较结构化变量时，待比较操作数的数据类型必须相同。

扫一扫，
看微课

3.4.4 HMI 趋势视图

趋势视图是当前过程或日志的变量值以趋势的形式表达的图形。趋势视图可以直观地查看一个或多个变量在一段时间内值的变化情况，如图 3.4.10 所示。

图 3.4.10 趋势视图

在巡视窗口中，可以自定义对象的位置、几何形状、样式、颜色和字体类型，可以修改显示数值表、标尺、网格等。

在"属性列表"下的"趋势"选项中可以添加需要在趋势视图中实时采集显示的变量，并且可以修改变量对应的样式、趋势值、趋势类型等参数。添加的趋势视图变量如图 3.4.11 所示。

图 3.4.11 添加的趋势视图变量

3.4.5 物料入库流程控制程序设计

本任务通过 PLC 编程完成物料入库流程控制，具体控制流程为：装配完成的物料由传送带传输到仓储站，在仓储站检测到物料后，仓储站机械手进行回原点操作后，首先停留在取料位置，然后下降、夹取物料、上升，其 X 轴、Y 轴运动到预设的 10 号仓储位置，下降、松开物料、上升，最后在完成物料入库后重新回到取料位置等待进料。同时，使用 HMI 趋势视图功能，实时采集三轴机械手 X 轴伺服电机、Y 轴步进电机的运行速度并显示。

1. X 轴伺服电机、Y 轴步进电机的工艺对象组态

参照任务 3.1 中介绍的步骤。

2. 编写 PLC 程序

1）创建 PLC 变量表

根据智能装配生产线实际接线及需要创建 PLC 变量表，如图 3.4.12 所示。

	名称	数据类型	地址		名称	数据类型	地址
1	总站启动	Bool	%I5.0	23	触屏Y轴手动后退	Bool	%M11.1
2	总站停止	Bool	%I5.1	24	触屏Y轴回原点	Bool	%M11.2
3	触屏启动	Bool	%M300.0	25	触屏Y轴复位	Bool	%M11.3
4	触屏停止	Bool	%M300.1	26	Y轴绝对定位使能	Bool	%M11.4
5	变频器启停	Bool	%Q1.0	27	X轴绝对定位位置	Real	%MD20
6	变频器频率输出	Int	%QW64	28	X轴绝对定位位置	Real	%MD30
7	X伺服电机_脉冲	Bool	%Q0.4	29	仓储站步骤	Int	%MW40
8	X伺服电机_方向	Bool	%Q0.5	30	仓储站运行	Bool	%M100.0
9	X伺服电机_LowHwLimitSwitch	Bool	%I0.3	31	仓储站机械手升降	Bool	%Q4.0
10	X伺服电机_HighHwLimitSwitch	Bool	%I0.2	32	仓储站机械手夹取	Bool	%Q4.1
11	X伺服电机_归位开关	Bool	%I0.0	33	触屏复位	Bool	%M300.2
12	Y轴步进电机_脉冲	Bool	%Q0.2	34	仓储站仓位	Bool	%Q3.7
13	Y轴步进电机_方向	Bool	%Q0.3	35	仓储站机械手降到位	Bool	%I3.1
14	Y轴步进电机_LowHwLimitSw...	Bool	%I0.5	36	仓储站机械夹到位	Bool	%I3.2
15	Y轴步进电机_HighHwLimitS...	Bool	%I0.4	37	FirstScan	Bool	%M1.0
16	Y轴步进电机_归位开关	Bool	%I0.1	38	X轴绝对定位使能	Bool	%M10.4
17	仓储站_物料检测	Bool	%I4.3	39	X轴回原点完成	Bool	%M10.5
18	触屏X轴手动前进	Bool	%M10.0	40	X轴绝对定位完成	Bool	%M10.6
19	触屏X轴手动后退	Bool	%M10.1	41	Y轴回原点完成	Bool	%M11.5
20	触屏X轴回原点	Bool	%M10.2	42	Y轴绝对定位完成	Bool	%M11.6
21	触屏X轴复位	Bool	%M10.3				
22	触屏Y轴手动前进	Bool	%M11.0				

图 3.4.12　PLC 变量表

2）使用运动控制指令编写 X 轴伺服电机、Y 轴步进电机控制子程序

在 Main 函数（主函数）中调用 X 轴、Y 轴电机控制 FB，如图 3.4.13 所示。FB 中的程序编写参照任务 3.2 中介绍的步骤。

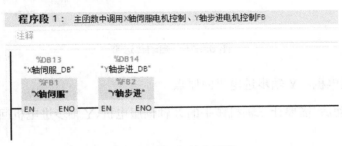

图 3.4.13　在主函数中调用 FB

3）状态复位

在首次启动时，对仓储站各设备状态进行复位；在需要复位时，也可通过 HMI 上的复位按钮进行复位操作，如图 3.4.14 所示。

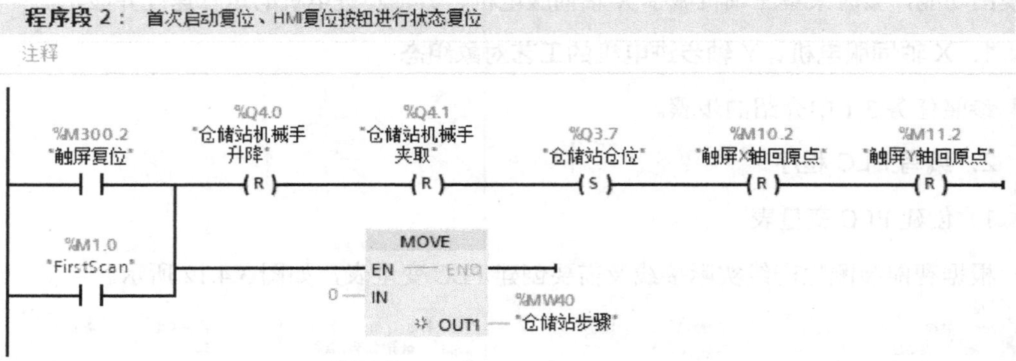

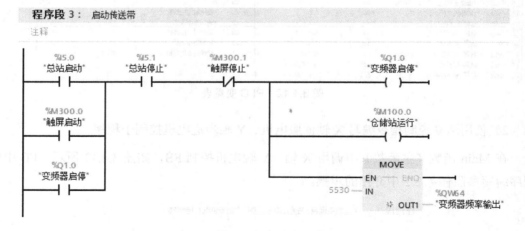

图 3.4.14　状态复位

4）启动传送带

智能装配生产线传送带采用变频器控制，可以通过实体设备上的总站启动按钮或 HMI 上的启动按钮启动传送带，并在程序中给变频器设置一个固定运行频率值，如图 3.4.15 所示。

图 3.4.15　启动传送带

5）X 轴伺服电机、Y 轴步进电机回原点

在生产线启动后，需要让三轴机械手的 X 轴伺服电机、Y 轴步进电机回原点，如图 3.4.16 所示。

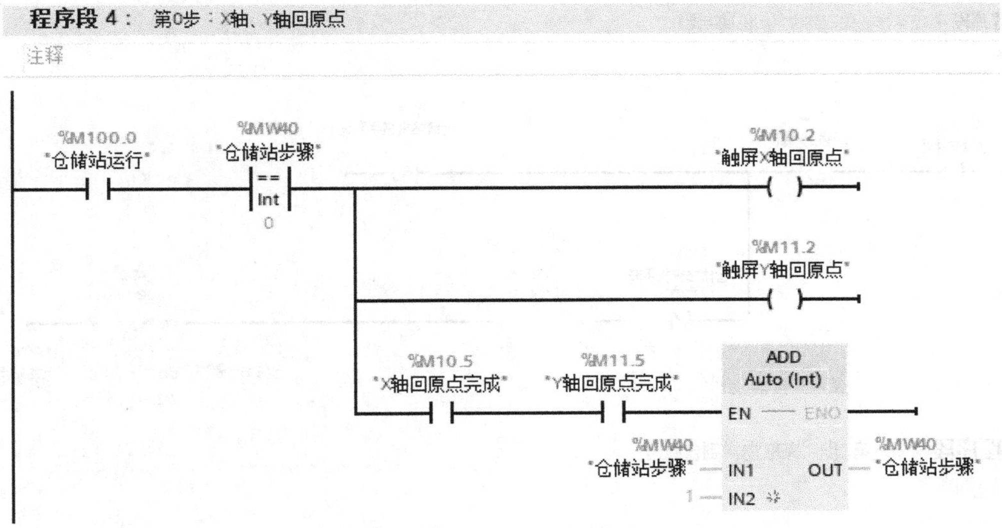

程序段 4： 第0步：X轴、Y轴回原点

注释

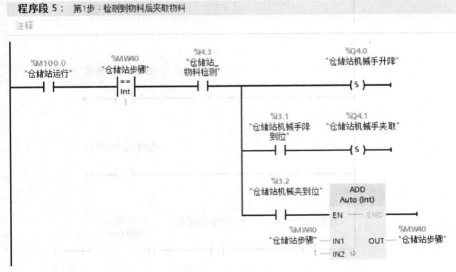

图 3.4.16　X 轴伺服电机、Y 轴步进电机回原点

6）物料入库流程控制

在 X 轴伺服电机、Y 轴步进电机回原点完成后，进行物料入库流程控制。具体流程为：当仓储站检测到物料后，机械手下降、夹取物料、上升；当其 X 轴、Y 轴运动到预设的 10 号仓储位置时，下降、松开物料、上升；完成物料入库后，重新回到取料位置等待进料。物料入库流程控制程序如图 3.4.17 所示。

程序段 5： 第1步：检测到物料后夹取物料

注释

图 3.4.17　物料入库流程控制程序

程序段 6： 第2步：夹取到物料后机械手上升

注释

程序段 7： 第3步：夹取物料到仓储位

注释

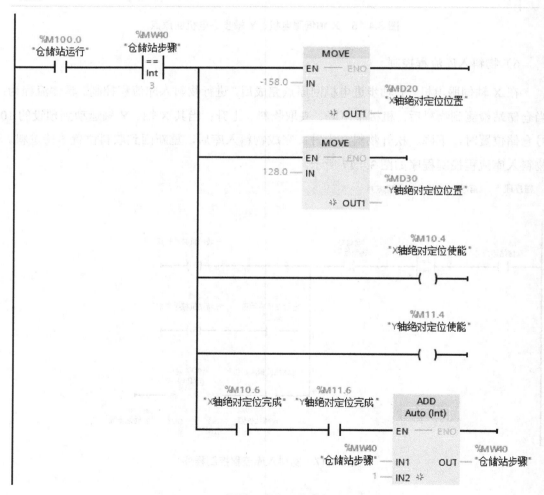

图 3.4.17 物料入库流程控制程序（续）

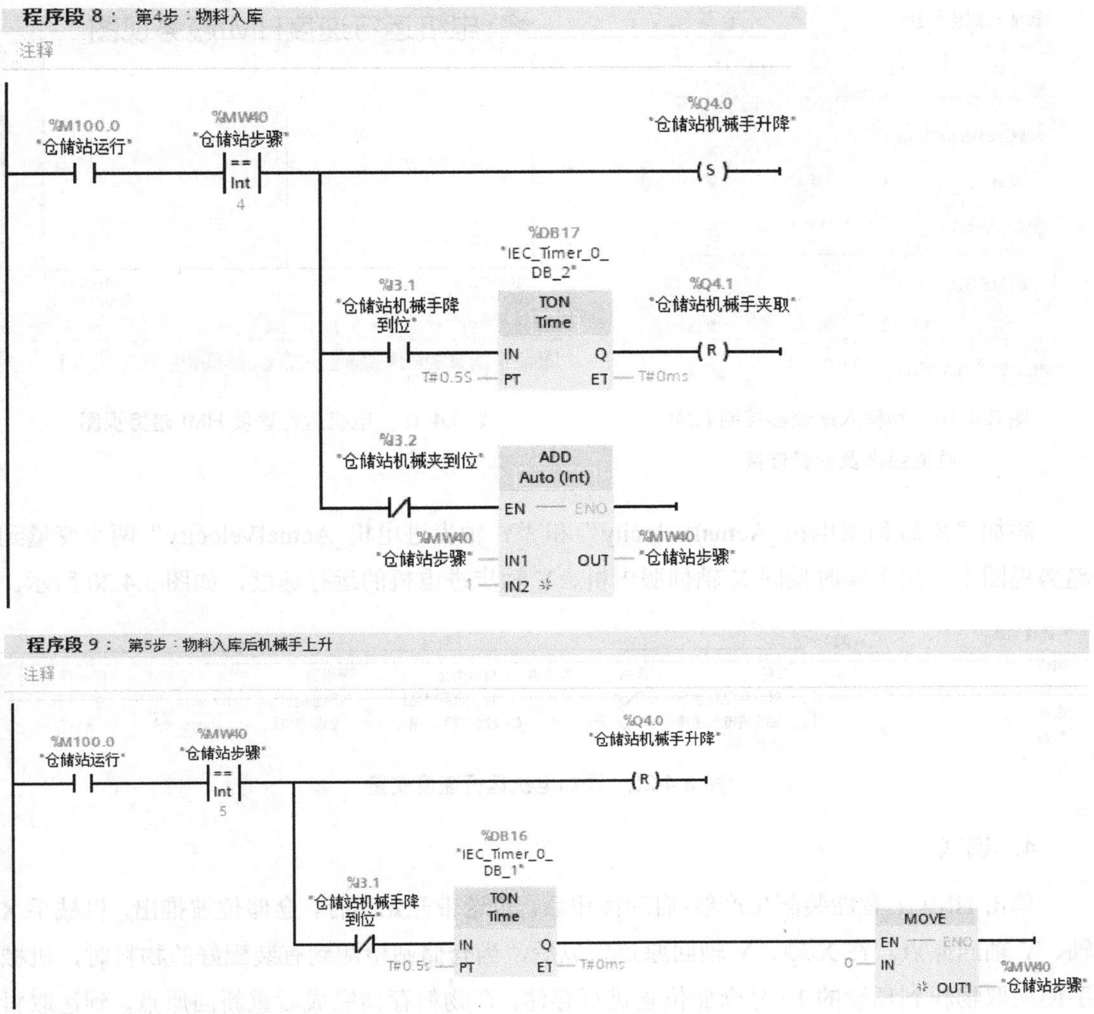

程序段 8： 第4步：物料入库

注释

程序段 9： 第5步：物料入库后机械手上升

注释

图 3.4.17 物料入库流程控制程序（续）

3．组态 HMI 画面

1）组态 HMI 主画面

完成物料入库流程控制 HMI 画面组态及变量连接，如图 3.4.18 所示。

2）HMI 趋势视图组态

本任务中利用 HMI 趋势视图实时采集并显示 X 轴伺服电机和 Y 轴步进电机的运行速度，如图 3.4.19 所示。

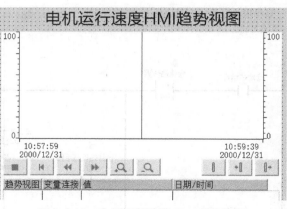

图 3.4.18 物料入库流程控制 HMI
画面组态及变量连接

图 3.4.19 电机运行速度 HMI 趋势视图

添加"X 轴伺服电机_ActualVelocity"和"Y 轴步进电机_ActualVelocity"两个变量到趋势视图中,用于实时反映 X 轴伺服电机、Y 轴步进电机的运行速度,如图 3.4.20 所示。

图 3.4.20 添加电机运行速度变量

4．调试

单击 HMI 上智能装配生产线-启动按钮后,传送带开始运行,仓储位被推出,机械手 X 轴、Y 轴回原点。在 X 轴、Y 轴回原点完成后,当仓储站检测到有装配好的物料时,机械手便夹取物料到预设的 10 号仓储位置进行存储,在物料存储完成后重新回原点,到达取料位置,等待物料到达仓储站。

在机械手夹取物料入库的过程中,HMI 趋势视图实时显示 X 轴伺服电机与 Y 轴步进电机的运行速度,如图 3.4.21 所示。

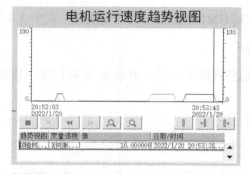

图 3.4.21 HMI 趋势视图实时显示 X 轴伺服电机与 Y 轴步进电机的运行速度

【小思考】

CMP ==指令支持哪些数据类型的比较？能够使用哪些存储区？

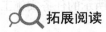 拓展阅读

百变金刚"中国臂"——空间站核心舱机械臂

中国空间站核心舱上的机械臂是我国目前智能程度最高、难度最大、系统最复杂的空间智能制造系统，是对人类手臂的最真实还原。该机械臂的最大承载能力为 25t（1t=1000kg），可以移动空间站中的实验舱，也可以辅助航天员出舱。

核心舱机械臂通过末端执行器实现与目标适配器之间的对接与分离，类似于木工常用的榫卯结构，可以实现舱体爬行功能，以一种类似蠕虫的运动方式移动到空间站的许多部分，进而更大范围地触达空间站各舱体外表面。

核心舱机械臂具备舱体爬行功能，并能够实现舱外状态监视。当机械臂转位实验舱时，可开展空间站建造任务。此外，机械臂可捕获来访悬停飞行器、转移货运飞船载荷、进行空间站舱表状态检查等，并可与实验舱实现机械臂级联组合。

【任务计划】

根据任务资讯及收集、整理的资料填写如表 3.4.6 所示的任务计划单。

表 3.4.6　任务计划单

项　　目	智能装配生产线——物料入库控制		
任　　务	物料入库流程控制	学　　时	4
计划方式	分组讨论、资料收集、技能学习等		
序　号	任　　务	时　　间	负责人
1			
2			
3			
4	编写物料入库流程控制程序		
5	调试程序，进行任务成果展示、汇报		
小组分工			
计划评价			

【任务实施】

根据任务计划编制任务实施方案，并完成任务实施，填写如表 3.4.7 所示的任务实施工单。

表 3.4.7　任务实施工单

项　　目	智能装配生产线——物料入库控制		
任　　务	物料入库流程控制	学　时	
计划方式	分组讨论、合作实操		
序　　号	实施情况		
1			
2			
3			
4			
5			
6			

【任务检查与评价】

完成任务实施后，进行任务检查与评价，可采用小组互评等方式。任务评价单如表 3.4.8 所示。

表 3.4.8　任务评价单

项　目	智能装配生产线——物料入库控制			
任　务	物料入库流程控制			
考核方式	过程评价+结果考核			
说　明	主要评价学生在项目学习过程中的操作方式、理论知识、学习态度、课堂表现、学习能力、动手能力等			
评价内容与评价标准				

序号	内　容	评价标准			成绩比例/%
		优	良	合　格	
1	基本理论掌握	掌握数学函数指令、比较指令、移动操作指令的使用方法	熟悉数学函数指令、比较指令、移动操作指令的使用方法	了解数学函数指令、比较指令、移动操作指令的使用方法	30
2	实践操作技能	熟练使用 PLC 指令和 HMI 用户管理组态方法完成三轴机械手的编程与调试	较熟练使用 PLC 指令和 HMI 用户管理组态方法完成三轴机械手的编程与调试	经协助使用 PLC 指令和 HMI 用户管理组态完成三轴机械手控制程序的编写	30
3	职业核心能力	具有良好的自主学习能力和分析、解决问题的能力，能解答任务小思考	具有较好的学习能力和分析、解决问题的能力，能部分解答任务小思考	具有分析、解决部分问题的能力	10

续表

序号	内　容	评价标准			成绩比例/%
		优	良	合　格	
4	工作作风与职业道德	具有严谨的科学态度和工匠精神，能够严格遵守"6S"管理制度	具有良好的科学态度和工匠精神，能够自觉遵守"6S"管理制度	具有较好的科学态度和工匠精神，能够遵守"6S"管理制度	10
5	小组评价	具有良好的团队合作精神和沟通交流能力，热心帮助小组其他成员	具有较好的团队合作精神和沟通交流能力，能帮助小组其他成员	具有一定团队合作能力，能配合小组完成项目任务	10
6	教师评价	包括以上所有内容	包括以上所有内容	包括以上所有内容	10
合计					100

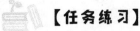

【任务练习】

1．请简述电磁阀是如何工作的。

2．请根据智能装配生产线——物料入库控制中对电机运行参数的采集需求，采集步进电机与伺服电机的两种运行参数，并以趋势视图的形式在 HMI 画面中进行实时显示。

【思维导图】

请完成如图 3.4.22 所示的项目 3 思维导图。

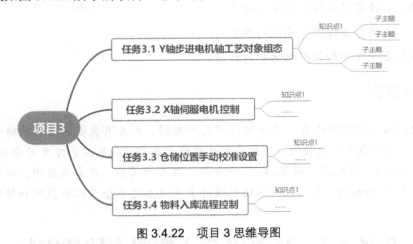

图 3.4.22　项目 3 思维导图

【创新思考】

在进行 X 轴伺服电机与 Y 轴步进电机的控制时，如果轴在绝对定位时出现错误，那么它是否还能在点动模式下移动轴？如果不能，那么应该如何处理才能使电机恢复正常运行呢？

项目 4

智能装配生产线——MCGS 组态设计

职业能力

- 能通过工艺要求、MCGS 产品说明书、产品目录等资料选择合理的触摸屏。
- 能阐述 MCGS 嵌入版组态软件的组成、功能和特点。
- 能进行组态工程项目分析和组态画面设计。
- 能用脚本语言完成特定的策略功能。
- 能对工业组态系统进行调试与维护。
- 培养自主研发和知识产权保护意识。

引导案例

工业触摸屏可以控制设备、显示运行状态和数据，并具有良好的抗干扰特性和应用稳定性，在工业生产线中广泛应用。智能装配生产线为 S 型，从其左前方开始分别为上料站、加工站、待装站 1、装配站、待装站 2、仓储站，共 6 个工位。在本项目中，以智能装配生产线为例，使用 mcsgTpc 嵌入式一体化触摸屏来实现上述 6 个工位的监测和控制功能。

任务 4.1　MCGS 嵌入版组态软件安装

【任务描述】

MCGS 组态软件包括 3 个版本，分别是网络版、通用版、嵌入版。本项目采用 MCGS

嵌入版组态软件，它是专门应用于嵌入式计算机监控系统的组态软件。MCGS 嵌入版组态软件的组态环境能够在基于 Microsoft 的各种 32 位和 64 位的 Windows 平台上运行。本任务完成 MCGS 嵌入版组态软件的安装。

【任务单】

本任务要求对 MCGS 嵌入版组态软件进行认识并安装。具体任务要求可参照如表 4.1.1 所示的任务单。

表 4.1.1　任务单

项　　目	智能装配生产线——MCGS 组态设计	
任　　务	MCGS 嵌入版组态软件安装	
任务要求		任务准备
（1）分组进行组态软件的发展现状及趋势调查，并讨论组态监控软件的主要应用场景，每组 3～5 人 （2）查询 mcgsTpc 嵌入式一体化触摸屏包含的型号和 MCGS 嵌入版组态软件的主要功能 （3）所需资料自行在昆仑通态官网上下载，包括组态软件、设备驱动、硬件手册、教程资料 （4）完成 MCGS 嵌入版组态软件的安装		（1）自主学习 ① 了解 MCGS 常用的触摸屏 ② 了解 MCGS 嵌入版组态软件的主要功能 ③ 了解 MCGS 嵌入版组态软件的体系结构 （2）设备工具 ① 硬件：计算机 ② 软件：MCGS 嵌入版 7.7 组态软件
自我总结		拓展提高
		通过 MCGS 嵌入版组态软件的安装过程总结，提高资料收集和知识迁移能力

【任务资讯】

扫一扫，
看微课

4.1.1　mcgsTpc 嵌入式一体化触摸屏介绍

本节主要介绍 mcgsTpc 嵌入式一体化触摸屏的主流产品——TPC1061Ti，包括其基本功能及特点，并了解 TPC1061Ti 总体的结构框架。

1. 认识 TPC1061Ti

1）产品特色

高清真彩：高分辨率，65535 色数字真彩。

配置优良：Cortex-A8 内核，128MB 内存，128MB 存储空间。

稳定可靠：抗干扰性能达工业Ⅲ级，LED 背光寿命长。

时尚环保：宽屏、超轻、超薄设计，引领时尚；低功耗，发展绿色工业。

全能软件：MCGS 全功能组态软件，支持 U 盘备份恢复。

2）产品外观

TPC1061Ti 的产品外观如图 4.1.1 所示。

图 4.1.1　TPC1061Ti 的产品外观

2. 触摸屏维护

1）TPC 系统设置

TPC 系统设置包含背光灯、蜂鸣器、触摸屏、日期/时间设置等。TPC 开机启动后，当屏幕出现"正在启动……"提示进度条时，单击任意位置，进入"启动属性"对话框，单击"系统维护"按钮，进入"系统维护"对话框，单击"设置系统参数"按钮即可进行 TPC 系统参数设置，在"TPC 系统设置"对话框中选择"IP 地址"选项卡，可以对触摸屏的 IP 地址进行设置。TPC 系统设置如图 4.1.2 所示。

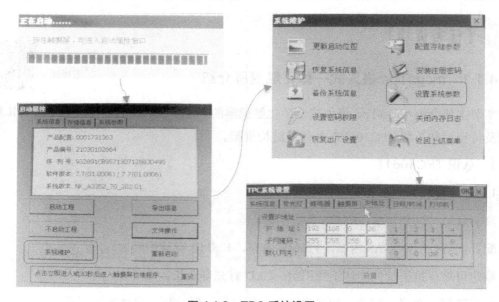

图 4.1.2　TPC 系统设置

2）触摸屏校准

在进入"启动属性"对话框后，等待 30 秒，系统将自动运行触摸屏校准程序。使用触摸笔或手指轻按十字光标中心点不放，当光标移动至下一点后抬起；重复该动作，直至出现"新校准设置已测定"提示，轻点屏幕任意位置退出触摸屏校准程序。触摸屏校准如图 4.1.3 所示。

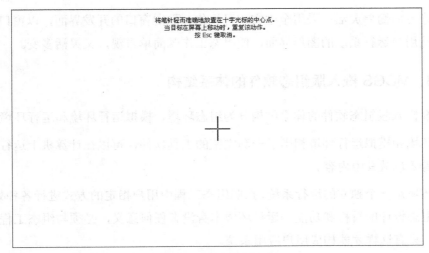

将笔针轻而准确地放置在十字光标的中心点。
当目标在屏幕上移动时，重复该动作。
按 Esc 键取消。

图 4.1.3 触摸屏校准

4.1.2 MCGS 嵌入版组态软件概述

MCGS 嵌入版是在 MCGS 通用版的基础上开发的，通过对现场数据进行采集处理，以动画显示、报警处理、流程控制和报表输出等多种方式向用户提供解决实际工程问题的方案。MCGS 嵌入版组态软件带有一个模拟运行环境，用于对组态后的工程进行模拟测试，方便组态程序调试。

MCGS 嵌入版组态软件的主要特点如下。

- 容量小：整个系统的最低配置只需极小的存储空间，方便选择存储设备。

- 速度快：系统的时间控制精度高，能满足实时控制系统的要求。

- 成本低：使用嵌入式计算机，大大降低了设备成本。

- 真正嵌入：运行于嵌入式实时多任务操作系统。

- 稳定性高：无风扇，内置看门狗，上电重启时间短，可在各种恶劣环境下稳定长时间运行。

- 功能强大：提供中断处理功能，定时扫描精度可达到毫秒级，提供对计算机串口、内存、端口的访问，并且可以根据需要灵活组态。

- 通信方便：内置串行通信、以太网通信、GPRS 通信、Web 浏览和 Modem 远程诊断功能，可以方便地与各种设备进行数据交换、远程采集和 Web 浏览。

- 操作简便：MCGS 嵌入版组态软件采用的组态环境继承了 MCGS 通用版与网络版简单易学的优点，组态操作既简单直观，又灵活多变。

- 支持多种设备：提供了所有常用硬件设备的驱动。

- 操作界面简单灵活：采用全中文、可视化、面向窗口的开发界面，以窗口为单位，构造用户运行系统的图形界面，使组态工作既简单直观，又灵活多变。

4.1.3　MCGS 嵌入版组态软件的体系结构

MCGS 嵌入版组态软件的体系结构分为组态环境、模拟运行环境和运行环境。

组态环境和模拟运行环境相当于一套完整的工具软件，可以在计算机上运行。用户可根据实际需要裁减其中内容。

运行环境是一个独立的运行系统，按照组态工程中用户指定的方式进行各种处理操作，完成用户组态设计的目标和功能。运行环境本身没有任何意义，必须与组态工程一起作为一个整体，只有这样才能构成用户应用系统。

MCGS 嵌入版组态软件的体系结构由主控窗口、设备窗口、用户窗口、实时数据库和运行策略 5 部分构成，如图 4.1.4 所示。

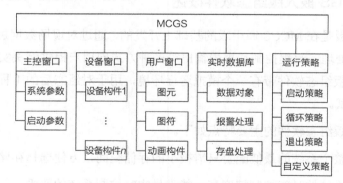

图 4.1.4　MCGS 嵌入版组态软件的体系结构

1. 主控窗口

主控窗口构造了应用系统的主框架，确定了工业控制中工程作业的总体轮廓、运行流程、特性参数和启动特性等。

2. 设备窗口

设备窗口是 MCGS 嵌入版组态软件系统与外部设备联系的媒介，专门用来放置不同类型和功能的设备构件，实现对外部设备的操作和控制。设备窗口通过设备构件采集外部设备的数据并送入实时数据库或把实时数据库中的数据输出到外部设备。一个应用系统只有一个设备窗口，系统在运行时，设备窗口自动打开，管理和调度所有设备构件，使其正常工作，数据交换在后台独立运行。注意：对用户来说，设备窗口在运行时是不可见的。

3．用户窗口

用户窗口实现了数据和流程的可视化。在用户窗口中可以放置图元对象、图符对象和动画构件 3 种图形对象。图元对象和图符对象为用户提供了一套完善的设计制作图形画面与定义动画的方法。动画构件对应于不同的动画功能，是从工程实践经验中总结出的常用的动画显示与操作模块，用户可以直接使用。通过在用户窗口内放置不同的图形对象来搭建多个用户窗口。用户可以构造各种复杂的图形界面，用不同的方式实现数据和流程的可视化。

组态工程中的用户窗口最多可以定义 512 个。所有的用户窗口均位于主控窗口内，在其打开时可见，在其关闭时不可见。

4．实时数据库

实时数据库是 MCGS 嵌入版组态软件系统的核心。实时数据库相当于一个数据处理中心，同时起到公用数据交换区的作用。MCGS 嵌入版组态软件使用自建文件系统中的实时数据库来管理所有的实时数据。从外部设备采集的实时数据被送入实时数据库，系统其他部分操作的数据也来自实时数据库。实时数据库自动完成对实时数据的报警处理和存盘处理，同时根据需要把有关信息以事件的方式发送给系统的其他部分，以便触发相关事件，进行实时处理。因此，实时数据库所存储的单元不仅是变量的数值，还包括变量的特征参数（属性）及对该变量的操作方法（报警属性、报警处理和存盘处理等），这种将变量的数值、特征参数、操作方法封装在一起的数据称为数据对象。实时数据库采用面向对象的技术为其他部分提供服务，即使系统各个功能部件的数据共享。

【小提示】

实时数据库是指数据和事务都具备显式定时限制的数据库系统，逻辑结果及其产生时间共同决定实时数据库系统的正确性。实时数据库能够处理在生产过程中产生的快速变化、不断更新的数据和具有时间限制的事务，为上层监控软件提供服务。

5．运行策略

运行策略是有效控制系统运行流程的手段，其本身是系统提供的一个框架，里面放置有策略条件构件和策略构件组成的"策略行"，通过对运行策略的定义，系统能够按照设定的顺序和条件操作实时数据库，控制用户窗口的打开、关闭并确定设备构件的工作状态等，从而实现对外部设备工作过程的精确控制。

一个应用系统有 3 种固定的运行策略，即启动策略、循环策略和退出策略，同时允许用户创建或定义最多 512 个用户策略。启动策略在应用系统开始运行时被调用，退出策略在应用系统退出运行时被调用，循环策略由系统在运行过程中定时循环调用，用户策略供系统中的其他部件调用。

扫一扫，
看微课

4.1.4　MCGS 嵌入版组态软件的安装程序

本项目中的 MCGS 嵌入版组态软件选用 MCGS 嵌入版 7.7（1.7）。组态软件向下兼容，支持全系列产品，兼容 Windows 10 64 位操作系统。

MCGS 嵌入版组态软件的具体安装步骤如下。

（1）解压之后，运行 Setup.exe 文件，MCGS 嵌入版组态软件的安装程序窗口如图 4.1.5 所示。

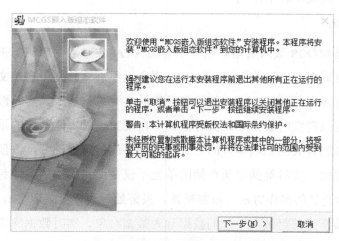

图 4.1.5　MCGS 嵌入版组态软件的安装程序窗口

（2）在如图 4.1.5 窗口中单击"下一步"按钮，按提示步骤操作，安装程序将提示指定安装目录，当用户不指定时，系统默认安装到 D:\MCGSE 目录下，建议使用默认目录。系统安装大约需要几分钟的时间。

（3）在 MCGS 嵌入版组态软件主程序的安装过程中，弹出"MCGS 嵌入版驱动安装"窗口，单击"下一步"按钮，默认已勾选所有驱动，单击"下一步"按钮进行安装即可。

（4）在安装过程完成后，系统将弹出如图 4.1.6 所示的窗口，提示 MCGS 驱动安装成功，单击"完成"按钮，完成安装。

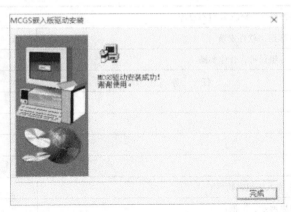

图 4.1.6　MCGS 嵌入版驱动安装窗口

【小思考】

查阅相关资料，请思考工业组态软件的主要作用是什么？

🔍 拓展阅读

台达集团推出 VTScada 工业组态软件　协助推动实现数字化智造

2020 年 11 月，台达集团收购加拿大 SCADA 组态与工业物联网软件公司 Trihedral Engineering Limited（以下简称 Trihedral），整合双方的软/硬件优势，深入布局快速成长的自动化、人工智能及大数据分析等领域。

随着数字化趋势的深入增长，在企业的运营中，数据的采集、监控、分析与管理越来越重要。VTScada 是一款实时直观、快速灵活的上位机监控软件，能够在单个服务器上监视数百至数百万个 I/O，支持连接 100 多种驱动，提供了可靠、灵活且功能丰富的界面用于创建高度定制的工业监控和控制应用程序，可应用于任何规模的系统。

VTScada 拥有完整的组态功能，包括企业历史记录资料库、Redundancy 同步冗余、实时警报、趋势分析等。VTScada 可满足跨厂区、跨国界的实时联网监控，为客户提供完整的实时监控与可视化管理方案。

【任务计划】

根据任务资讯及收集、整理的资料填写如表 4.1.2 所示的任务计划单。

表 4.1.2　任务计划单

项　目	智能装配生产线——MCGS 组态设计		
任　务	MCGS 嵌入版组态软件安装	学　时	2
计划方式	资料收集、分组讨论、合作实操		
序　号	任　务	时　间	负责人
1			
2			
3			
4			
5	安装 MCGS 嵌入版组态软件		
6	进行任务成果展示、汇报		
小组分工			
计划评价			

【任务实施】

根据任务计划编制任务实施方案，并完成任务实施，填写如表 4.1.3 所示的任务实施工单。

表 4.1.3　任务实施工单

项　目	智能装配生产线——MCGS 组态设计	
任　务	MCGS 嵌入版组态软件安装	学　时
计划方式	项目实施	
序　号	实施情况	
1		
2		
3		
4		
5		
6	完成 MCGS 嵌入版组态软件的安装	

【任务检查与评价】

完成任务实施后，进行任务检查与评价，可采用小组互评等方式。任务评价单如表 4.1.4 所示。

表 4.1.4　任务评价单

项　　目	智能装配生产线——MCGS 组态设计			
任　　务	MCGS 嵌入版组态软件的安装			
考核方式	过程评价+结果考核			
说　　明	主要评价学生在项目学习过程中的操作方式、理论知识、学习态度、课堂表现、学习能力、动手能力等			
评价内容与评价标准				
序号	内　容	评价标准		成绩比例/%
		优	良	合　格	
1	基本理论掌握	掌握 MCGS 嵌入版组态软件的组成、功能和特点	熟悉 MCGS 嵌入版组态软件的组成、功能和特点	了解 MCGS 嵌入版组态软件的组成、功能和特点	30
2	实践操作技能	熟练使用各种查询工具搜集和查阅 MCGS 嵌入版组态软件资料，完成 MCGS 嵌入版组态软件的安装	较熟练使用各种查询工具搜集和查阅 MCGS 嵌入版组态软件资料，完成 MCGS 嵌入版组态软件的安装	会使用查询工具搜集和查阅 MCGS 嵌入版组态软件资料，经协助完成 MCGS 嵌入版组态软件的安装	30
3	职业核心能力	具有良好的自主学习能力和分析、解决问题的能力，能解答任务小思考	具有较好的学习能力和分析、解决问题的能力，能部分解答任务小思考	具有分析、解决部分问题的能力	10
4	工作作风与职业道德	具有严谨的科学态度和工匠精神，能够严格遵守"6S"管理制度	具有良好的科学态度和工匠精神，能够自觉遵守"6S"管理制度	具有较好的科学态度和工匠精神，能够遵守"6S"管理制度	10
5	小组评价	具有良好的团队合作精神和沟通交流能力，热心帮助小组其他成员	具有较好的团队合作精神和沟通交流能力，能帮助小组其他成员	具有一定团队合作能力，能配合小组完成项目任务	10
6	教师评价	包括以上所有内容	包括以上所有内容	包括以上所有内容	10
合计				100

【任务练习】

1．MCGS 组态软件包括 3 个版本，分别是网络版、通用版、嵌入版，查阅资料并列表比较它们的异同。

2．MCGS 嵌入版组态软件体系结构由哪几部分构成？各部分的作用是什么？

任务 4.2　智能装配生产线监控画面设计

扫一扫，
看微课

 【任务描述】

为了形象而准确地展示智能装配生产线 6 个工位的运行状态，请查阅 MCGS 嵌入版组态软件操作手册，设计智能装配生产线监控画面。监控画面要求设计两个窗口（登录界面窗口、运行状态窗口），其中，登录界面窗口用于工位整体运行状态（RUN、STOP、Warning）的显示，RUN 状态用绿色表示、STOP 状态用红色表示、Warning 状态用黄色表示，同时实现智能装配生产线的启动、停止、故障复位的控制；运行状态窗口用于显示 6 个工位设备运行的详细状态，以及生产材料信息状态的显示。

 【任务单】

根据任务描述，设计智能装配生产线监控画面。具体任务要求请参照如表 4.2.1 所示的任务单。

表 4.2.1　任务单

项　　目	智能装配生产线——MCGS 组态设计	
任　　务	智能装配生产线监控画面设计	
任务要求	**任务准备**	
（1）查阅 MCGS 嵌入版组态软件操作手册 （2）熟悉动画组态窗口的工具箱内的每个工具的作用 （3）完成 MCGS 设计方法步骤等资料的收集与整理 （4）完成智能装配生产线监控画面设计	（1）自主学习 ① 新建工程 ② 构造实时数据库 ③ 用户窗口组态概述 ④ 工程画面设计 ⑤ 定义动画连接 （2）设备工具 ① 硬件：计算机 ② 软件：MCGS 嵌入版 7.7	
自我总结	**拓展提高**	
	通过工作过程总结，提高团队分工协作能力、收集资料能力和技术迁移能力	

【任务资讯】

4.2.1 新建工程

在 MCGS 嵌入版组态软件中,用工程表示组态生成的应用系统,即创建一个新工程就是创建一个新的应用系统,打开工程就是打开一个已经存在的应用系统。工程文件的命名规则与 Windows 系统相同,MCGS 嵌入版组态软件自动给工程文件名加上后缀 ".MCE"。每个工程都对应一个组态结果数据库文件。

在 Windows 桌面上,通过以下 3 种方式中的任何一种,都可以进入 MCGS 嵌入版组态环境。

- 双击 Windows 桌面上的"MCGSE 组态环境"图标。

- 选择"开始"→"程序"→"MCGS 嵌入版组态软件"→"MCGSE 组态环境"选项。

- 使用 Ctrl+Alt+E 快捷键。

进入 MCGS 嵌入版组态环境后,单击工具条上的"新建"按钮,或者执行"文件"菜单中的"新建工程"命令,系统将自动创建一个名为"新建工程 X.MCE"的新工程(X 为数字,表示建立新工程的顺序,如 1、2、3 等)。由于尚未进行组态操作,所以新工程只是一个"空壳",一个包含 5 个基本组成部分的结构框架,接下来要逐步在框架中配置不同的功能部件,构造可以完成特定任务的应用系统。

如图 4.2.1 所示,MCGS 嵌入版组态环境用"工作台"窗口来管理构成用户应用系统的 5 部分,分别为主控窗口、设备窗口、用户窗口、实时数据库和运行策略。单击不同的选项卡可选取不同的窗口页面,用系统的相应部分进行组态操作。

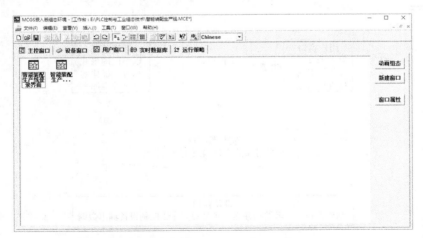

图 4.2.1 MCGS 嵌入版组态环境"工作台"窗口

在保存新工程时，可以随意更改工程文件的名称。在默认情况下，所有的工程文件都存放在 MCGS 嵌入版组态软件安装目录下的"Work"子目录里，用户也可以根据自身需要指定存放工程文件的目录，如"E:\PLC 控制与工业组态技术\智能装配生产线.MCE"。

4.2.2　构造实时数据库

1. 数据对象的概念

在 MCGS 嵌入版组态环境中，数据不同于传统意义上的数据或变量，它以数据对象的形式进行操作与处理。数据对象不仅包含了数据变量的数值特征，还与数据相关的其他属性（如数据的状态、报警限值等），以及对数据的操作方法（如存盘处理、报警处理等）封装在一起，作为一个整体以对象的形式提供服务。这种把数特征、属性和操作方法定义成一个整体的数据称为数据对象。

用数据对象表示数据，可以把数据对象看作比传统变量具有更多功能的对象变量，像使用变量一样使用数据对象，在大多数情况下，只需使用数据对象的名称来直接操作数据对象即可。

2. 实时数据库的概念

在 MCGS 嵌入版组态环境中，用数据对象描述系统中的实时数据，用对象变量代替传统意义上的值变量，利用数据库技术管理的所有数据对象的集合称为实时数据库。系统各部分均以实时数据库为数据公用区，在此处进行数据交换、数据处理和实现数据的可视化。

设备窗口通过设备构件驱动外部设备，将采集的数据送入实时数据库；将由用户窗口组成的图形对象与实时数据库中的数据对象建立连接关系，以动画形式实现数据的可视化；运行策略通过策略构件对数据进行操作和处理。MCGS 实时数据库与各部分的关系如图 4.2.2 所示。

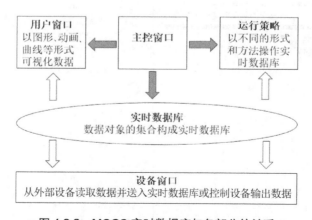

图 4.2.2　MCGS 实时数据库与各部分的关系

3．定义数据对象

数据对象是实时数据库的基本单元。在 MCGS 嵌入版组态软件中生成应用系统时，应对实际工程问题进行简化和抽象化处理，数据对象将代表工程特征的所有物理量，作为系统参数加以定义。构造实时数据库的过程就是定义数据对象的过程。在实际组态过程中，一般无法一次全部定义所需的数据对象，而要根据情况逐步增加。

MCGS 嵌入版组态软件定义的数据对象的作用域是全局的，数据对象的各个属性在整个运行过程中都保持有效状态，系统中的其他部分都能对实时数据库中的数据对象进行操作处理。

数据对象有开关型、数值型、字符型、事件型和组对象 5 种。不同类型的数据对象的属性不同，用途也不同。

1）开关型数据对象

记录开关信号（0 或非 0）的数据对象称为开关型数据对象，通常与外部设备的数字量输入/输出通道连接，用来表示某一设备当前所处的状态。开关型数据对象也用于表示 MCGS 嵌入版组态软件中某一对象的状态，如一个图形对象的可见度状态。

开关型数据对象没有工程单位和最大/最小值属性，没有限值报警属性，只有状态报警属性。

2）数值型数据对象

数值型数据对象的数值范围：负数从 $-3.402823E38$ 到 $-1.401298E-45$，正数从 $1.401298E-45$ 到 $3.402823E38$。数值型数据对象除存放数值及参与数值运算外，还提供报警信息，并能够与外部设备的模拟量输入/输出通道连接。

数值型数据对象有最大/最小值属性，其值不会超出设定的数值范围。当对象的值小于最小值或大于最大值时，分别取最小值或最大值。

对于数值型数据对象有限值报警属性，可同时设置下下限、下限、上限、上上限、上偏差、下偏差 6 种报警限值。当对象的值超出设定的限值时，产生报警；当对象的值回到所有的限值之内时，报警结束。

3）字符型数据对象

字符型数据对象是存放文字信息的单元，用于描述外部对象的状态特征，其值为多个字符组成的字符串，字符串长度最长可达 64KB。字符型数据对象没有工程单位和最大/最小值属性，也没有限值报警属性。

4）事件型数据对象

事件型数据对象表示某种特定事件产生的相应数据，如报警事件、开关量状态跳变事件。

5）组对象

组对象是MCGS嵌入版组态软件引入的一种特殊类型的数据对象，类似于一般编程语言中的数组和结构体，用于把相关的多个数据对象集合在一起，作为一个整体来定义和处理。例如，在实际工程中，描述一个锅炉的工作状态有温度、压力、流量、液面高度等多个物理量，为便于处理，定义"锅炉"为一个组对象，用来表示"锅炉"这个实际的物理对象，而其内部成员则由上述物理量对应的数据对象组成。在对"锅炉"中的物理量对象（如压力、温度等）进行处理（如进行组态存盘、曲线显示、报警显示）时，只需指定组对象的名称"锅炉"，就包括了对其所有成员的处理。

组对象只是在组态时对某一类对象的整体表示方法，而实际的操作则是针对每个成员进行的。例如，在报警显示动画构件中，若指定要显示报警信息的数据对象为组对象"锅炉"，则该构件显示组对象包含的各个数据对象在运行时产生的所有报警信息。

智能装配生产线数据对象如表4.2.2所示。

表4.2.2　智能装配生产线数据对象

名　　称	类　　型	注　　释
RUN	开关型	S型生产线运行状态显示
STOP_1	开关型	S型生产线停止状态显示
站1RUN	开关型	S型生产线站1运行状态显示
站1W	开关型	S型生产线站1报警状态显示
总站启动	开关型	S型生产线总站启动指令
总站停止	开关型	S型生产线总站停止指令
关节轴复位	开关型	S型生产线复位指令
输送线运转1	开关型	S型生产线运转状态1
输送线运转2	开关型	S型生产线运转状态2
输送线运转3	开关型	S型生产线运转状态3
物料可见度_1	开关型	物料位置1可见
物料可见度_2	开关型	物料位置2可见
物料可见度_3	开关型	物料位置3可见
data	数值型	加工站状态数值
data1	数值型	加工站状态数值1
水平移动1	数值型	物料水平移动值1
水平移动2	数值型	物料水平移动值2
垂直移动1	数值型	物料垂直移动值1

4.2.3　用户窗口组态概述

用户窗口是由用户定义的用来构成 MCGS 嵌入版组态软件图形界面的窗口。用户窗口是组成 MCGS 嵌入版组态软件图形界面的基本单位，所有的图形界面都是由一个或多个用户窗口组合而成的，其显示和关闭由各种功能构件（包括动画构件和策略构件）控制。

用户窗口相当于一个"容器"，用来放置图元对象、图符对象和动画构件等各种图形对象，通过对图形对象进行组态设置，建立与实时数据库的连接，完成图形界面的设计工作。

1. 图形对象

图形对象放置在用户窗口中，是组成用户应用系统图形界面的最小单元。MCGS 嵌入版组态软件系统中的图形对象包括图元对象、图符对象和动画构件 3 种类型，不同类型的图形对象有不同的属性，能提供的功能也各不相同。图形对象可以从 MCGS 嵌入版组态软件提供的绘图工具箱和常用图符工具箱中选取，如图 4.2.3 所示。在绘图工具箱中提供了常用的图元对象和动画构件，在常用图符工具箱中提供了常用的图形。

图 4.2.3　绘图工具箱和常用图符工具箱

2. 图元对象

图元对象是构成图形对象的最小单元。多种图元对象的组合可以构成新的、复杂的图形对象。MCGS 嵌入版组态软件为用户提供了 8 种图元对象，如表 4.2.3 所示。

表 4.2.3　图元对象

序　号	图　标	名　　称	序　号	图　标	名　　称
1		直线	5		椭圆
2		弧线	6		折线或多边形
3		矩形	7	A	标签
4		圆角矩形	8		位图

3. 图符对象

多个图元对象按照一定规则组合在一起所形成的图形对象称为图符对象。图符对象是作为一个整体存在的，可以随意移动和改变大小。多个图元对象可构成图符对象，图元对象和图符对象又可构成新的图符对象；新的图符对象可以分解，还原成组成该图符对象的图元对象和图符对象。

MCGS 嵌入版组态软件系统内部提供了 27 种常用的图符对象，如表 4.2.4 所示。系统图符对象放在常用图符工具箱中，为快速构图和组态提供方便。系统图符对象是专用的以一个整体参与图形的制作，不能分解。系统图符对象可以和其他图元对象、图符对象一起构成新的图符对象。

表 4.2.4　图符对象

序　号	图　标	名　　称	序　号	图　标	名　　称	序　号	图　标	名　　称
1		平行四边形	10		等腰三角形	19		凹槽平面
2		等腰梯形	11		直角三角形	20		凹平面
3		菱形	12		五角星形	21		凸平面
4		八边形	13		星形	22		横管道
5		注释框	14		弯曲管道	23		竖管道
6		十字形	15		罐形	24		管道接头
7		立方体	16		粗箭头	25		三维锥体
8		楔形	17		细箭头	26		三维球体
9		六边形	18		三角箭头	27		三维圆环

4．动画构件

动画构件就是将工程监控作业中经常操作或观测用的一些功能性器件软件化，做成外观相似、功能相同的构件，存入 MCGS 嵌入版组态软件系统的工具箱中，供用户在图形对象组态配置时选用，完成一个特定的动画功能。

动画构件本身是一个独立的实体，比图元对象和图符对象包含有更多的特性与功能，但不能和其他图形对象一起构成新的图符对象。

MCGS 嵌入版组态软件目前提供的动画构件如表 4.2.5 所示。

表 4.2.5　MCGS 嵌入版组态软件目前提供的动画构件

序　号	图　标	名　　称	用　　途
1	ab|	输入框构件	用于输入和显示数据
2		流动块构件	实现模拟流动效果的动画显示
3		百分比填充构件	实现按百分比控制颜色填充的动画效果
4		标准按钮构件	接收用户的按键动作，执行不同的功能
5		动画按钮构件	显示内容随按钮的动作变化
6		旋钮输入构件	以旋钮的形式输入数据对象的值
7		滑动输入器构件	以滑动块的形式输入数据对象的值
8		旋转仪表构件	以旋转仪表的形式显示数据对象的值

续表

序　号	图　标	名　称	用　途
9		动画显示构件	以动画的方式切换显示所选择的多幅画面
10		实时曲线构件	显示数据对象的实时数据变化曲线
11		历史曲线构件	显示历史数据的变化趋势曲线
12		报警显示构件	显示数据对象实时产生的报警信息
13		自由表格构件	以表格的形式显示数据对象的值
14		历史表格构件	以表格的形式显示历史数据，可以用来制作历史数据报表
15		存盘数据浏览构件	以表格的形式浏览存盘数据
16		组合框构件	以下拉列表的方式完成对大量数据的选择

4.2.4　工程画面设计

1. 新建用户窗口

（1）单击"用户窗口"→"新建窗口"按钮，建立"窗口 0"。

（2）单击"窗口 0"→"窗口属性"按钮，进入"用户窗口属性设置"界面。

（3）将窗口名称改为"智能装配生产线登录界面"；窗口标题改为"智能装配生产线登录界面"，其他不变，单击"确认"按钮。

（4）按照以上步骤，完成智能装配生产线运行状态界面的建立。

（5）在"用户窗口"选项卡中，选中"智能装配生产线登录界面"图标，单击鼠标右键，在弹出的快捷菜单中选择"设置为启动窗口"选项，将该窗口设置为在运行时自动加载的窗口，如图 4.2.4 所示。

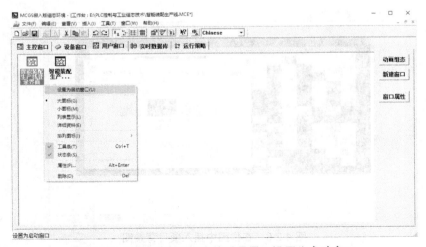

图 4.2.4　将智能装配生产线登录界面设置为启动窗口

2．编辑画面

单击"智能装配生产线登录界面"→"动画组态"按钮，进入动画组态窗口，开始编辑画面。

1）插入项目背景图

（1）单击工具栏中的"工具箱"按钮 ，打开绘图工具箱。

（2）单击工具箱内的"位图"按钮 ，进入"智能装配生产线登录界面"窗口，按住鼠标左键拖曳，以获取所需大小的图片，这里将图片调成与画面一样大，如图 4.2.5 所示。

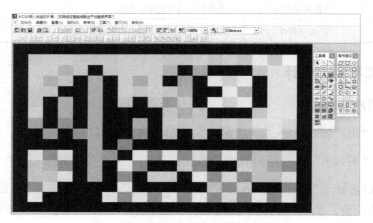

图 4.2.5　添加位图

（3）选择"智能装配生产线登录界面"窗口内的"位图"选项，右击"装载位图"选项，选择准备好的项目背景图（只能是.bmp 和.jpg 格式），如图 4.2.6 所示。插入项目背景图后的效果如图 4.2.7 所示。

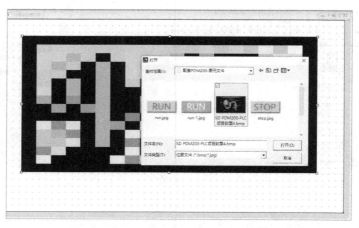

图 4.2.6　在位图中插入项目背景图

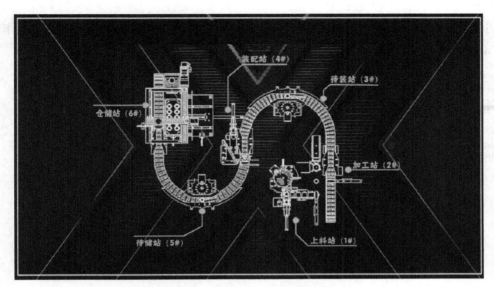

图 4.2.7　插入项目背景图后的效果

2）插入工位状态显示

当工位处于运行状态时用 RUN 显示，当工位处于停止状态时用 STOP 显示，当工位处于故障状态时用 Warning 显示。

工位运行状态显示设置的步骤如下。

（1）单击工具箱内的"动画显示"按钮 ，光标呈十字形，在"智能装配生产线登录界面"窗口内的对应工位运行状态显示位置处长按并拖曳，根据需要绘制出一个一定大小的矩形。

（2）双击"智能装配生产线登录界面"窗口内的"动画显示"按钮 ，打开"动画显示构件属性设置"对话框，选择"基本属性"→"分段点"→"0"选项，在"文字"选项卡的"文本列表"列表框中选择需要删除的内容，单击"删除"按钮。选择"基本属性"→"分段点"→"1"选项，在"文字"选项卡和"文本列表"列表框中选择需要删除的内容，单击"删除"按钮。将"文本列表"列表框中的内容删除的具体操作步骤如图 4.2.8 所示。

（3）选择"基本属性"→"分段点"→"0"选项，在"外形"选项卡中单击"增加"按钮，增加"图像 0"，选择位图，单击"装入"按钮，选择提前准备好的图片 RUN ，在"图像大小"选区中选择"充满按钮"单选按钮。分段点 0 图像列表内容增的具体操作步骤如图 4.2.9 所示。

（4）选择"基本属性"→"分段点"→"1"选项，在"外形"选项卡中单击"增加"按钮，增加"图像 0"，选择位图，单击"装入"按钮，选择提前准备好的图片 RUN ，在"图

像大小"选区中选择"充满按钮"单选按钮。分段点 1 图像列表内容增加的具体操作步骤
如图 4.2.10 所示。

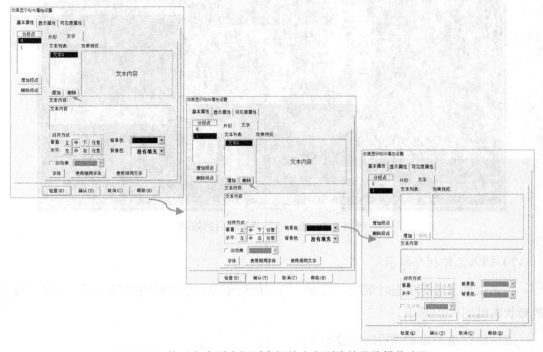

图 4.2.8　将"文本列表"列表框的内容删除的具体操作步骤

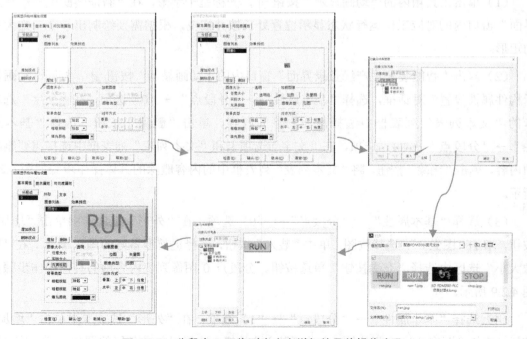

图 4.2.9　分段点 0 图像列表内容增加的具体操作步骤

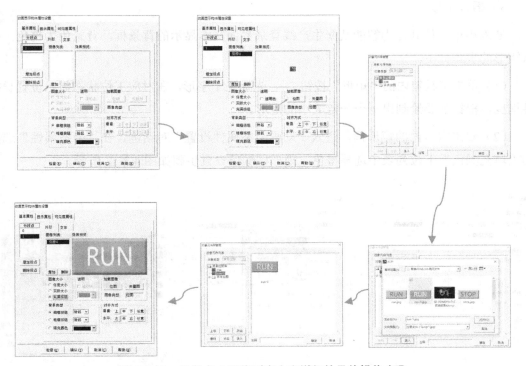

图 4.2.10　分段点 1 图像列表内容增加的具体操作步骤

　　工位处于停止状态和工位处于故障状态的显示设置参考以上步骤，采用相同的方法进行设置，得到各工位的状态显示效果如图 4.2.11 所示。

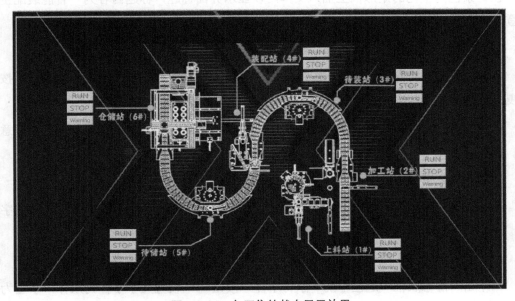

图 4.2.11　各工位的状态显示效果

3）插入矩形

插入矩形，使其作为智能装配生产线登录界面文本显示的背景框，背景色为橙色。插入矩形的步骤如下。

（1）单击工具箱内的"矩形"按钮 ▢，光标呈十字形，在对应工位状态显示位置长按并拖曳，根据需要绘制出一个一定大小的矩形。

（2）双击窗口内的矩形框，进入"动画组态属性设置"对话框，在"静态属性"选区的"填充颜色"下拉列表中选择橙色。矩形框颜色设置步骤如图 4.2.12 所示。

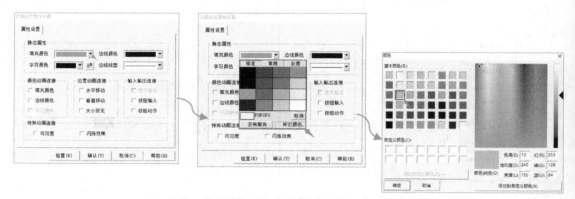

图 4.2.12　矩形框颜色设置步骤

4）插入文本

在背景色为橙色的矩形框上插入文本用以显示界面标题，标题内容为"智能装配生产线登录界面"。具体步骤如下。

（1）单击工具栏中的"工具箱"按钮 ⚒，打开绘图工具箱。

（2）单击工具箱内的"标签"按钮 Ａ，光标呈十字形，在窗口顶端中心位置处长按并拖曳，根据需要绘制出一个一定大小的矩形。

（3）在光标闪烁位置输入"智能装配生产线登录界面"，按 Enter 键或单击窗口任意位置，文字输入完毕。

（4）双击文字框做如下设置。

- 在"静态属性"选区的"填充颜色"下拉列表中选择"没有填充"选项，即文字框无背景色。
- 在"静态属性"选区的"边线颜色"下拉列表中选择"没有边线"选项。
- 单击"静态属性"选区中的"字符字体"按钮 Aᵃ，设置文字字体为宋体，字型为粗偏斜体，大小为四号。

- 在"静态属性"选区的"边线颜色"下拉列表中选择白色,即设置文字颜色为白色。界面标题效果如图 4.2.13 所示。

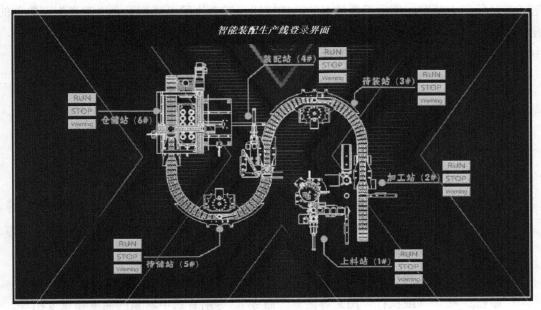

图 4.2.13　界面标题效果

5)设置 S 型流水线运行方向箭头

在登录界面中添加三角箭头,用于指示 S 型流水线履带的前进运行状态,其中,三角箭头 3 个为 1 组,并设置背景色为橙色。具体步骤如下。

(1)单击工具栏中的"工具箱"按钮,打开绘图工具箱。

(2)单击工具箱内的"常用符号"按钮,在弹出的"常用符号"对话框内单击"三角箭头"按钮,光标呈十字形,在窗口顶端中心位置处长按并拖曳,根据需要绘制出一个大小合适的三角箭头。

(3)对三角箭头进行方位调整。

单击工具栏中的"功能"按钮或执行"排列"→"旋转"菜单项的各项命令,可以将选中的图形对象旋转 90° 或沿某个方向翻转。

- 单击按钮(或执行"左旋 90 度"命令),令选中的图形对象左旋 90°。
- 单击按钮(或执行"右旋 90 度"命令),令选中的图形对象右旋 90°。
- 单击按钮(或执行"左右镜像"命令),令选中的图形对象沿 X 轴方向翻转。
- 单击按钮(或执行"上下镜像"命令),令选中的图形对象沿 Y 轴方向翻转。

（4）双击三角箭头，在"静态属性"选区的"填充颜色"下拉列表中选择橙色。

（5）需要对多个三角箭头的相对位置和大小进行调整。当选中多个三角箭头对象时，把当前对象作为基准，使用工具栏上的功能按钮，或者执行"排列"→"对齐"菜单项的有关命令，可以对选中的多个图形对象进行相对位置和大小关系的调整，包括排列对齐、中心点对齐及等高、等宽等一系列操作。

- 单击 按钮（或执行"左对齐"命令），令所有选中对象的左边界对齐。
- 单击 按钮（或执行"右对齐"命令），令所有选中对象的右边界对齐。
- 单击 按钮（或执行"上对齐"命令），令所有选中对象的顶边界对齐。
- 单击 按钮（或执行"下对齐"命令），令所有选中对象的底边界对齐。
- 单击 按钮（或执行"中心对中"命令），令所有选中对象的中心点重合。
- 单击 按钮（或执行"横向对中"命令），令所有选中对象的中心点 X 轴坐标相等。
- 单击 按钮（或执行"纵向对中"命令），令所有选中对象的中心点 Y 轴坐标相等。
- 单击 按钮（或执行"图元等高"命令），令所有选中对象的高度相等。
- 单击 按钮（或执行"图元等宽"命令），令所有选中对象的宽度相等。
- 单击 按钮（或执行"图元等高宽"命令），令所有选中对象的高度和宽度相等。

调整后的 S 型流水线运行方向箭头效果如图 4.2.14 所示。

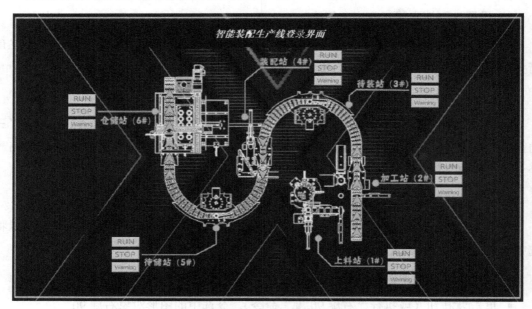

图 4.2.14　调整后 S 型流水线运行方向箭头效果

6）添加动画组态属性设置

在登录界面中单击空白处即可切换到"智能装配生产线运行状态窗口"界面。

（1）双击登录界面背景图片，弹出"动画组态属性设置"对话框，在"属性设置"选项卡的"输入输出连接"选区中勾选"按钮动作"复选框，如图 4.2.15 所示。

图 4.2.15　背景图片关联按钮动作

（2）在"按钮动作"选项卡中，勾选"打开用户窗口"复选框，在右侧的下拉列表中选择"智能装配生产线运行状态界面"选项，如图 4.2.16 所示。

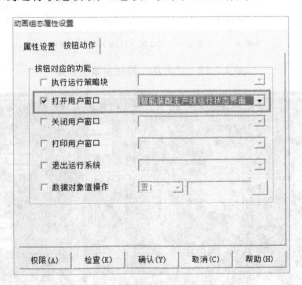

图 4.2.16　背景图片打开用户窗口

7）添加系统"启动""停止""复位"操作按钮

在登录界面中，设置"启动""停止""复位"3 个操作按钮，其中，设置"启动"按钮的背景色为橙色、"停止"按钮的背景色为红色、"复位"按钮的背景色为蓝色，添加按钮的具体步骤如下。

（1）单击工具栏中的"工具箱"按钮 ，打开绘图工具箱。

（2）单击工具箱内的"标准按钮" ，进入登录界面，长按鼠标左键并拖曳，绘制出想添加的按钮大小，按照此方法拖入 3 个按钮。

（3）双击其中一个按钮，在"文本"选区的文本框中输入文字"启动"，背景色选择橙色，采用同样的操作方式设置"停止"按钮和"复位"按钮的背景色。"启动"按钮背景色设置如图 4.2.17 所示。添加按钮后，智能装配生产线登录界面的整体效果如图 4.2.18 所示。

图 4.2.17　"启动"按钮背景色设置

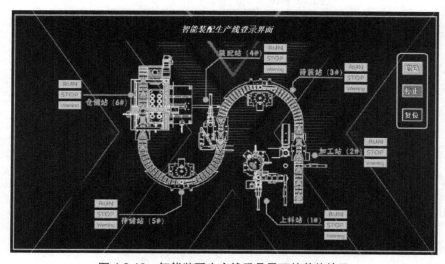

图 4.2.18　智能装配生产线登录界面的整体效果

【小提示】

在 MCGS 嵌入版组态软件中，根据打开窗口的不同方法可将用户窗口分为标准窗口和子窗口。

（1）标准窗口。

标准窗口是最常用的窗口，作为主要的显示画面，用来显示流程图、系统总貌及各个操作画面等。可以使用动画构件打开和关闭标准窗口，也可以在策略构件中使用脚本程序 SetWindow 函数打开和关闭标准窗口。标准窗口有名字、位置、可见度等属性。

（2）子窗口。

在 MCGS 嵌入版组态环境中，子窗口和标准窗口一样组态。子窗口与标准窗口不同的是，在运行时，子窗口不是用普通的打开标准窗口的方法打开的，而是在某个已经打开的标准窗口中使用 OpenSubWnd()方法打开的，此时子窗口就显示在标准窗口内。也就是说，在某个标准窗口使用 OpenSubWnd()方法打开的标准窗口就是子窗口。

4.2.5 定义动画连接

为真实地描述外界对象的状态变化，下面对图形对象进行动画属性设置，使其"动"起来，达到生产线工作过程实时监控的目的。

1．动画连接

动画连接就是指将在用户窗口内创建的图形对象与在实时数据库中定义的数据对象建立起对应的关系，在不同的数值区间内设置不同的图形状态属性（如颜色、大小、位置移动、可见度、闪烁效果等），将物理对象的特征参数以动画方式进行描述。这样，在系统运行过程中就可以用数据对象的值来驱动图形对象的状态改变，进而产生逼真的动画效果。

图元对象和图符对象包含的动画连接方式有 4 类，共 11 种，如图 4.2.19 所示。

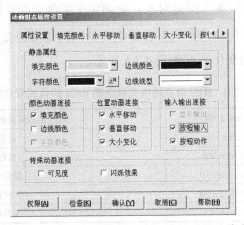

图 4.2.19 图元对象和图符对象包含的动画连接方式

　　一个图元对象或图符对象可以同时定义多种动画连接方式，由图元对象和图符对象组合而成的图形对象的最终动画效果是多种动画连接方式的组合效果。只要根据实际需要灵活地对图形对象定义动画连接方式，就可以呈现出各种逼真的动画效果。

　　建立动画连接的操作步骤如下。

　　（1）双击图元/图符对象，弹出"动画组态属性设置"对话框。

　　（2）对话框上方选区用于设置图形对象的静态属性，选区内4个下拉列表用于设置图元/图符对象的动画属性。上方3个选项卡分别定义了填充颜色、水平移动、垂直移动3种动画连接方式，在实际运行时，对应的图形对象在移动的过程中，其填充颜色也发生变化。

　　（3）每种动画连接方式都对应一个选项卡，当选择某种动画属性时，在对话框上方就会添加相应的选项卡，单击即可出现相应的属性设置界面。

　　（4）在"表达式"名称栏内输入需要连接的数据对象名称，也可以单击右侧带"？"图标的按钮，弹出"数据对象"列表框，双击所需的数据对象，即可自动将该对象名称输入"表达式"名称栏中。

　　（5）根据生产线需要设置静态属性。

　　（6）单击"检查"按钮，进行正确性检查。在检查通过后，单击"确认"按钮，完成动画连接的建立。

2．颜色动画连接

　　颜色动画连接是指将图形对象的颜色属性与数据对象的值建立相关性关系，使图元/图符对象的颜色属性随数据对象的值的变化而变化，用这种方式实现颜色不断变化的动画效果。

　　颜色属性包括填充颜色、边线颜色和字符颜色3种，只有"标签"图元对象才有字符颜色动画连接；而对于"位图"图元对象，无须定义颜色动画连接。

　　在图形对象的填充颜色和数据对象data之间的动画连接定义完成并运行后，图形对象的填充颜色随data的值的变化情况如表4.2.6所示。

表4.2.6　图形对象的填充颜色随data的值的变化情况

序　号	data的值	对应的图形对象的填充颜色
1	data>0	黑色
2	10>data≥0	蓝色
3	20>data≥10	粉红色
4	30>data≥20	大红色
5	data>30	深灰色

图形对象的填充颜色由 data 的值控制，或者说用图形对象的填充颜色表示对应 data 的值的范围。

与填充颜色连接的表达式可以是一个变量，用变量的值决定图形对象的填充颜色。当变量的值为数值型时，最多可以定义 32 个分段点，每个分段点对应一种颜色；当变量的值为开关型时，只能定义两个分段点，即 0 和非 0 两种不同的填充颜色。

在如图 4.2.20 所示的"动画组态属性设置"对话框中，还可以进行如下操作。

- 单击"增加"按钮，可以增加一个新的分段点。
- 单击"删除"按钮，可以删除指定的分段点。
- 双击分段点的值，可以设置分段点数值。
- 双击"对应颜色"选项，弹出"色标"对话框，可以设定图形对象的填充颜色。其中，边线颜色和字符颜色的动画连接与填充颜色的动画连接相同。

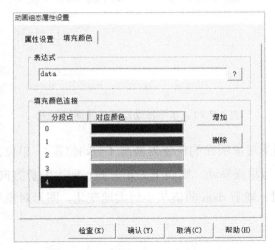

图 4.2.20　颜色动画连接属性设置

3. 位置动画连接

位置动画连接包括图形对象的水平移动、垂直移动和大小变化 3 种属性，通过设置这 3 种属性可以使图形对象的位置和大小随数据对象值的变化而变化。用户只要控制数据对象值的大小和变化速度，就能精确地控制对应图形对象的大小、位置及变化速度。

用户可以定义一种或多种动画连接方式，图形对象的最终动画效果是多种动画属性的合成效果。例如，同时定义水平移动和垂直移动两种动画连接方式，可以使图形对象沿着一条特定的曲线轨迹运动，如果继续定义大小变化的动画连接方式，就可以使图形对象在做曲线运动的同时改变大小。

1）水平移动

水平移动的方向包含水平方向和垂直方向，其动画连接的方法相同，如图 4.2.21 所示。首先确定对应连接对象的表达式，然后定义表达式的值所对应的位置偏移量。以图 4.2.21 所示的组态设置为例，当 data 的值为 0 时，图形对象的位置向右移动 0 像素点（保持不动）；当 data 的值为 10 时，图形对象的位置向右移动 10 像素点；当 data 的值为其他时，利用线性插值公式即可计算出相应的移动位置。

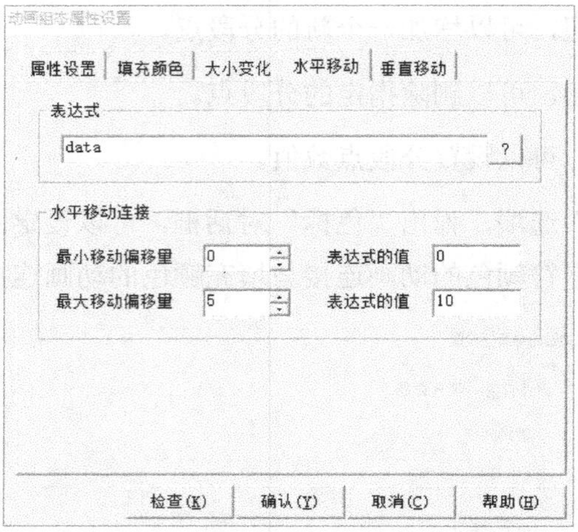

图 4.2.21　水平移动动画连接属性设置

偏移量以组态时图形对象所在的位置为基准（初始位置），单位为像素点，向左为负方向、向右为正方向（若为垂直移动，则向下为正方向、向上为负方向）。当把图 4.2.21 中表达式的值 10 改为-10 时，随着 data 的值从小到大地变化，图形对象从基准位置开始，向左移动 10 像素点。

2）大小变化

图形对象的大小变化以百分比的形式来衡量，以组态时图形对象的初始大小为基准（100%即图形对象的初始大小）。在 MCGS 嵌入版组态软件中，图形对象大小变化的方式有如下 7 种。

- 以中心点为基准，沿 X 轴方向和 Y 轴方向同时变化。
- 以中心点为基准，只沿 X 轴（左右）方向变化。
- 以中心点为基准，只沿 Y 轴（上下）方向变化。
- 以左边界为基准，沿着从左到右的方向变化。
- 以右边界为基准，沿着从右到左的方向变化。

- 以上边界为基准，沿着从上到下的方向变化。
- 以下边界为基准，沿着从下到上的方向变化。

改变图形对象大小的方式有两种，一是按比例整体缩小或放大，称为缩放方式；二是按比例整体剪切，显示图形对象的一部分，称为剪切方式。这两种方式都以图形对象的实际大小为基准。

如图 4.2.22 所示，当 data 的值小于或等于 0 时，将最小变化百分比设为 0，即图形对象的大小为初始大小的 0%，此时，图形对象实际上是不可见的；当 data 的值大于或等于 100 时，将最大变化百分比设为 100%，即图形对象的大小与初始大小相同。无论表达式的值如何变化，图形对象的大小都在最小变化百分比与最大变化百分比之间变化。

缩放方式是对图形对象的整体按比例缩小或放大来实现大小变化的。当图形对象的变化百分比大于 100% 时，图形对象的实际大小是初始大小放大的结果；当图形对象的变化百分比小于 100% 时，图形对象的实际大小是初始大小缩小的结果。

剪切方式不改变图形对象的实际大小，只按设定的比例对图形对象进行剪切处理，显示整体的一部分。若变化百分比大于或等于 100%，则把图形对象全部显示出来。采用剪切方式改变图形对象的大小，可以模拟容器填充物料的动态过程，具体步骤为：首先，制作两个相同的图形对象，两者完全重叠在一起，使其看起来像一个图形对象；然后，为前后两层的图形对象设置不同的背景色；最后，定义前一层图形对象的大小变化动画连接，将变化方式设置为剪切方式。在实际运行时，前一层图形对象的大小按剪切方式发生变化，只显示一部分，而另一部分显示的则是后一层图形对象的背景色，将前、后层图形对象视为一个整体，视觉上如同一个容器内的物料按百分比填充的动态过程，从而获得逼真的动画效果。

图 4.2.22　大小变化动画连接属性设置

4．输入/输出连接

为了使图形对象能够用于数据显示，并且使操作人员方便操作系统，更好地实现人机交互功能，系统增加了设置输入/输出属性的动画连接方式。

设置输入/输出连接方式从显示输出、按钮输入和按钮动作3方面着手，实现动画连接，体现友好的人机交互方式。

- 显示输出连接只用于"标签"图元对象，用来显示数据对象的数值。
- 按钮输入连接用于输入数据对象的数值。
- 按钮动作连接用于响应来自鼠标或键盘的操作，执行特定的功能。

在设置属性时，在"动画组态属性设置"对话框的"输入输出连接"选区中选择一种方式，打开相应的选项卡。

1）按钮输入

采用按钮输入方式使图形对象具有输入功能，在系统运行时，用户单击设定的图形对象，弹出输入窗口，输入与图形对象建立连接关系的数据对象的值。所有的图元/图符对象都可以建立按钮输入动画连接。在"动画组态属性设置"对话框的"输入输出连接"选区中，勾选"按钮输入"复选框，打开"按钮输入"属性设置选项卡。

如果图元/图符对象定义了按钮输入方式的动画连接，那么在运行过程中，当光标移动到该对象上面时，光标的形状将由"箭头"变成"手掌"，此时单击该对象，弹出输入对话框，其形式由数据对象的类型决定。

在如图 4.2.23 所示的对话框中，与图元/图符对象连接的是数值型数据对象 data2，其范围为 0～200。

图 4.2.23　按钮输入动画连接属性设置

在系统进入运行状态时，当单击对应图元/图符对象时，弹出如图 4.2.24 所示的输入对话框，单击 >> 按钮，弹出特殊字符和小写字母键盘。

图 4.2.24　输入对话框

2）按钮动作

按钮动作的操作方式不同于按钮输入，按钮输入是在光标到达图形对象上时，单击以进行信息输入，而按钮动作则响应用户的鼠标或键盘按键动作，完成预定的功能操作。按钮动作动画连接属性设置如图 4.2.25 所示。这些功能操作包括以下几种。

- 执行运行策略中指定的策略块。
- 打开指定的用户窗口，若该窗口已经打开，则激活该窗口并使其处于最前层。
- 关闭指定的用户窗口，若该窗口已经关闭，则不进行此项操作。
- 将指定的数据对象的值设置为 1，只对开关型和数值型数据对象有效。
- 将指定的数据对象的值设置为 0，只对开关型和数值型数据对象有效。
- 将指定的数据对象的值取反（非 0 变成 0，0 变成 1），只对开关型和数值型数据对象有效。
- 退出系统，停止 MCGS 嵌入版组态软件的运行，返回操作系统。

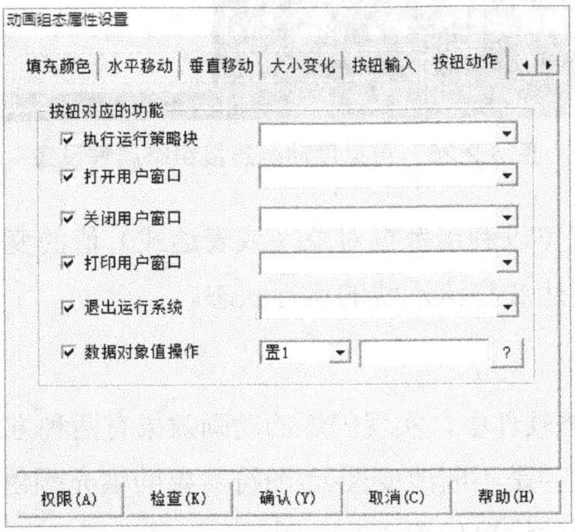

图 4.2.25　按钮动作动画连接属性设置

5. 特殊动画连接

在 MCGS 嵌入版组态软件中，特殊动画连接包括可见度和闪烁效果两种方式，用于实现图元/图符对象的可见和不可见交替变换与图形闪烁效果，图形对象的可见度变换也是图形闪烁效果的一种。每个图元/图符对象都可以定义特殊动画连接的方式。

1）可见度

可见度动画连接组态属性设置如图 4.2.26 所示，在"表达式"选区中，将图元/图符对象的可见度和数据对象（或由数据对象构成的表达式）建立连接；而在"当表达式非零时"选区中，根据表达式的结果选择图形对象的可见度方式。例如，要实现图 4.2.26 中三角箭头图形对象的显示，将三角箭头图形对象和数据对象"输送线运转 3"建立连接，当"输送线运转 3"的值为 1 时，三角箭头图形对象在用户窗口中显示；当"输送线运转 3"的值为 0 时，三角箭头图形对象在用户窗口中消失，处于不可见状态。

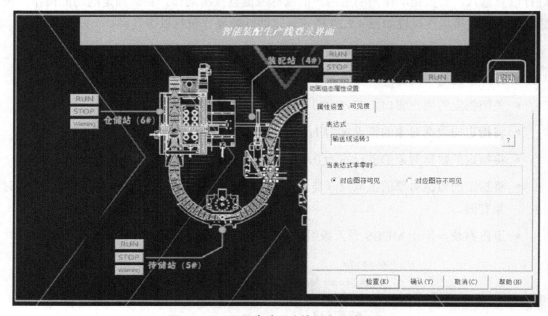

图 4.2.26　可见度动画连接组态属性设置

通过这样的设置，就可以利用数据对象（或表达式）值的变化实现三角箭头图形对象的可见状态控制，从而表达 S 型流水线的运行状态。

2）闪烁效果

在 MCGS 嵌入版组态软件中，实现闪烁的动画效果有两种方式，一种是不断改变图元/图符对象的可见度，另一种是不断改变图元/图符对象的填充颜色、边线颜色或字符颜色。闪烁效果动画连接组态属性设置如图 4.2.27 所示。

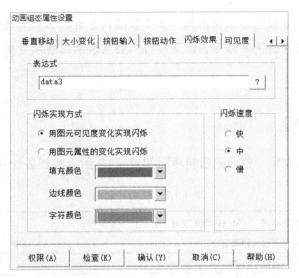

图 4.2.27　闪烁效果动画连接组态属性设置

图形对象的闪烁速度是可以调节的，有快、中和慢 3 挡。

闪烁效果动画连接属性设置完毕后，在系统运行状态下，当连接的数据对象（或由数据对象构成的表达式）的值非 0 时，图形对象以设定的闪烁速度开始闪烁；当其值为 0 时，图形对象停止闪烁。

【小思考】

如何利用图元属性实现一个圆形指示灯快速闪烁？

 拓展阅读

中华人民共和国人力资源和社会保障部举办全国新职业技术技能大赛

深入实施人才强国战略，推进"十四五"时期新职业领域技术技能人才队伍建设，增强新职业从业人员社会认同度，促进就业创业。充分发挥职业技能竞赛引领示范作用，提升全民数字技能水平，培养选拔更多高素质技术技能人才，进一步改善新职业人才供给质量结构，为加快发展现代产业体系，推动经济高质量发展提供有力人才保障。为实现上述目标，中华人民共和国人力资源和社会保障部举办全国新职业技术技能大赛，其中包括工业互联网工程技术人员赛项。

工业互联网工程技术人员赛项是指通过运用网络、平台、数据、标识、安全技术完成工业互联网工程项目实施的竞赛项目。该赛项选择具有制造业背景的典型生产单元作为考核场景，依据《工业互联网工程技术人员国家职业技术技能标准》命制试题，围绕工业互

联网体系架构，重点考核应用工业网络、工业互联网平台、工业大数据、工业控制系统安全、工业互联网标识解析技术体系，以及进行工业互联网工程项目实施、解决工业问题的能力。

【任务计划】

根据任务资讯及收集、整理的资料填写如表 4.2.7 所示的任务计划单。

表 4.2.7　任务计划单

项　　目	智能装配生产线——MCGS 组态设计		
任　　务	智能装配生产线监控画面设计	学　时	4
计划方式	资料收集、技能学习等		
序　　号	任　　务	时　间	负责人
1			
2			
3			
4			
5	完成智能装配生产线画面动画连接		
6	进行任务成果展示、汇报		
小组分工	讨论智能装配生产线监控画面设计涉及的环节及其主要任务，对其进行充分细化，并将任务落实到具体的同学，在规定的时间点进行检查		
计划评价			

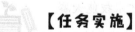

【任务实施】

根据任务计划编制任务实施方案，并完成任务实施，填写如表 4.2.8 所示的任务实施工单。

表 4.2.8　任务实施工单

项　　目	智能装配生产线——MCGS 组态设计	
任　　务	智能装配生产线监控画面设计	学　时
计划方式	项目实施	
序　　号	实施情况	
1		
2		
3		

序　号	实施情况
4	
5	
6	

![实训图标] 【任务检查与评价】

完成任务实施后，进行任务检查与评价，可采用小组互评等方式。任务评价单如表 4.2.9 所示。

表 4.2.9　任务评价单

项　　目	智能装配生产线——MCGS 组态设计			
任　　务	智能装配生产线监控画面设计			
考核方式	过程评价			
说　　明	主要评价学生在项目学习过程中的操作方式、理论知识、学习态度、课堂表现、学习能力、动手能力等			
评价内容与评价标准				
序号	内　容	评价标准		成绩比例/%
		优	良	合　格	
1	基本理论掌握	掌握数据对象的概念、实时数据库的概念、数据对象的类型、实时数据库的功能和作用	熟悉数据对象的概念、实时数据库的概念、数据对象的类型、实时数据库的功能和作用	了解数据对象的类型、实时数据库的功能和作用	30
2	实践操作技能	熟练使用各种查询工具搜集和查阅 MCGS 监控画面设计资料，根据任务要求，能准确分析组态工程内容，完成工程界面设计。能够设置用户窗口属性、创建图形对象、编辑图形对象、定义动画连接、进行图元/图符对象连接、掌握构建动画连接的方法	较熟练使用各种查询工具搜集和查阅相关资料，能够新建组态工程、创建用户窗口、设置用户窗口属性、掌握构建动画连接的方法	能够新建组态工程、创建用户窗口、设置用户窗口属性、创建图形对象	30
3	职业核心能力	具有良好的自主学习能力和分析、解决问题的能力，能解答任务小思考	具有较好的学习能力和分析、解决问题的能力，能部分解答任务小思考	具有分析、解决部分问题的能力	10
4	工作作风与职业道德	具有严谨的科学态度和工匠精神，能够严格遵守"6S"管理制度	具有良好的科学态度和工匠精神，能够自觉遵守"6S"管理制度	具有较好的科学态度和工匠精神，能够遵守"6S"管理制度	10

续表

序号	内　容	评价标准			成绩比例/%
		优	良	合　格	
5	小组评价	具有良好的团队合作精神和沟通交流能力，热心帮助小组其他成员	具有较好的团队合作精神和沟通交流能力，能帮助小组其他成员	具有一定团队合作能力，能配合小组完成项目任务	10
6	教师评价	包括以上所有内容	包括以上所有内容	包括以上所有内容	10
合计					100

【任务练习】

1．参考如图 4.2.28 所示的智能装配生产线运行状态界面，完成对应用户窗口界面组态。

2．利用动画连接，实现图 4.2.28 中的 S 型履带的运行线的动态显示。

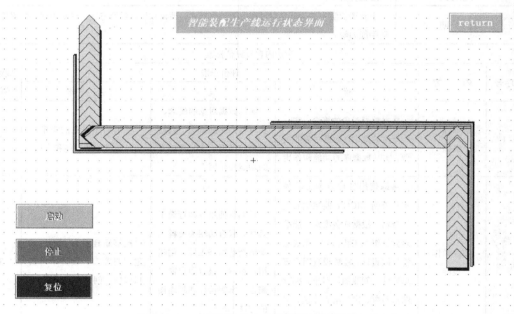

图 4.2.28　智能装配生产线运行状态界面

3．利用动画连接，在任务练习 2 的基础上实现如图 4.2.29 所示的转盘的运行动态显示。

4．根据任务 4.2 的内容完成智能装配生产线运行状态界面设计，参考界面如图 4.2.30 所示。

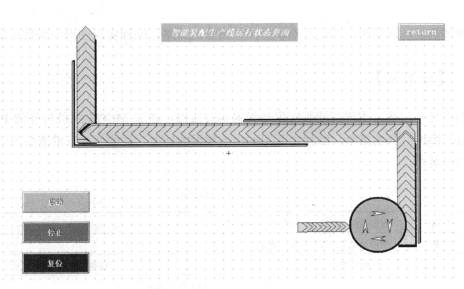

图 4.2.29　S 型履带+转盘的运行动态显示

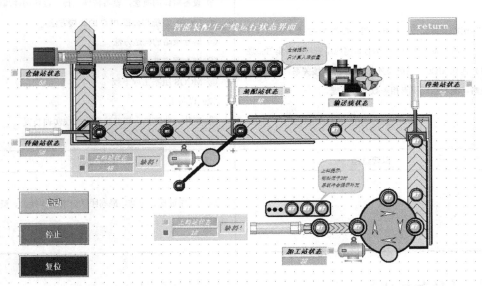

图 4.2.30　智能装配生产线运行状态参考界面

任务 4.3　智能装配生产线监控数据处理

【任务描述】

为实现智能装配生产线的实时监控，使 MCGS 嵌入版组态软件能够与 S7-1200 进行通信，读取数据并控制设备运行，请在设备窗口中建立 MCGS 系统与 S7-1200 的连接关系。

为达到理想的动画效果，在运行策略中添加适当的策略，编程实现图形相关数据的处理。

 【任务单】

根据任务描述，实现智能装配生产线的实时监控，建立 MCGS 系统与外部 PLC 的连接关系，添加适当的策略，编程实现图形相关数据的处理。具体任务要求请参照如表 4.3.1 所示的任务单。

表 4.3.1 任务单

项　　目	智能装配生产线——MCGS 组态设计	
任　　务	智能装配生产线监控数据处理	
任务要求		任务准备
（1）明确任务要求，组建分组，每组 3～5 人 （2）完成设备窗口应用和运行策略应用资料的收集与整理 （3）建立 MCGS 系统与外部 PLC 的连接关系，添加适当的策略，编程实现图形相关数据的处理		（1）自主学习 ① 设备窗口的概念，设备构件选择，设备构件属性设置 ② MCGS 系统与外部 PLC 的连接方法 ③ 运行策略的构造方法 ④ 脚本程序基本语句 ⑤ MCGS 组态工程下载 （2）设备工具 ① 硬件：计算机、智能装配生产线实训装置 ② 软件：MCGS 嵌入版 7.7（1.7）组态软件
自我总结		拓展提高
		通过工作过程和总结，提高团队分工协作能力、资料收集和整理能力

 【任务资讯】

4.3.1 设备窗口组态

1. 概述

在设备窗口中建立 MCGS 系统与外部设备的连接关系，使 MCGS 系统能够从外部设备中读取数据并控制外部设备的工作状态，实现对工业过程的实时监控。在设备管理窗口中，提供了常用的上百种设备驱动程序，方便用户快速找到适合自己的设备驱动程序。

如图 4.3.1 所示，在"设备管理"对话框中，左侧列出的是 MCGS 系统现在支持的所有设备，右侧列出的是所有已经登记的设备，用户只需在左侧的列表框中选中需要使用的设备，单击"增加"按钮即可完成 MCGS 嵌入版设备的登记工作；在右侧的列表框中选中需要删除的设备，单击"删除"按钮即可完成 MCGS 嵌入版设备的删除登记工作。

若需要增加新的设备，则单击"安装"按钮，系统弹出对话框，询问是否需要安装新增的驱动程序，单击"是"按钮，指明驱动程序所在的路径，进行安装。安装完毕后，新的设备将显示在"设备管理"对话框左侧"用户定制设备"目录下，此时可以进行新设备的登记工作。

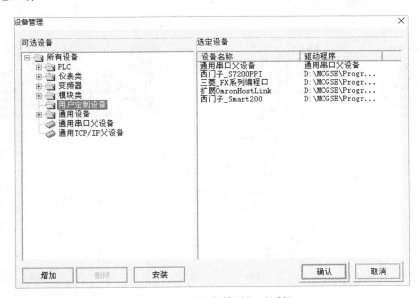

图 4.3.1　"设备管理"对话框

2. 设备构件选择和设备工具箱的使用方法

在 MCGS 嵌入版组态软件中有设备工具箱，其中提供了与常用硬件设备相匹配的设备构件。在设备窗口内配置设备构件的操作方法如下。

- 单击工作台窗口中的"设备窗口"标签或同时按下 Ctrl+2 快捷键，进入设备窗口页。
- 双击设备窗口图标或单击"设备组态"按钮，打开设备组态窗口。
- 单击工具栏中的"工具箱"按钮 ✗，打开设备工具箱，如图 4.3.2 所示。
- 观察所需的设备是否显示在设备工具箱内，如果所需设备没有显示，那么单击"设备管理"按钮，在弹出的"设备

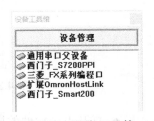

图 4.3.2　设备工具箱

管理"对话框中单击所需的设备。例如，智能装配生产线的控制器是 S7-1200 系列 PLC，双击"西门子"文件夹下的"Siemens_1200 以太网"子文件夹中的"Siemens_1200"选项，完成设备的登记工作，如图 4.3.3 所示。

- 双击设备工具箱内对应的设备构件，或者在选择设备构件后，单击设备窗口，将选中的设备构件添加到设备窗口内。例如，智能装配生产线 MCGS 组态项目通过双击设备工具箱内的"Siemens_1200"选项，将 S7-1200 系列 PLC 的设备驱动添加到设备窗口内，如图 4.3.4 所示。

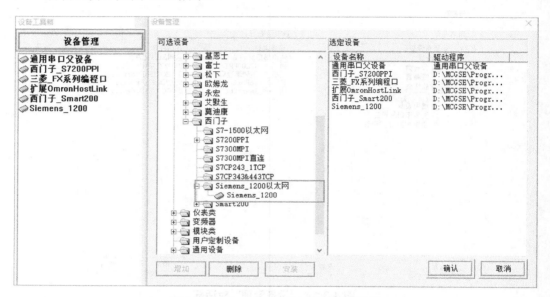

图 4.3.3　Siemens_1200 PLC 设备登记

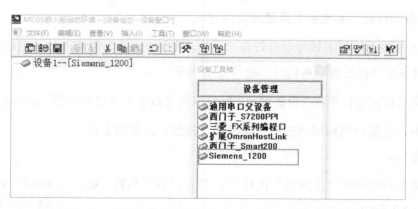

图 4.3.4　向设备窗口中添加 Siemens_1200 PLC 设备构件

- 打开设备构件的属性设置窗口。

双击"设备 1--[Siemens_1200]"选项，即可打开设备构件的属性设置窗口，如图 4.3.5 所示。

单击"增加设备通道"按钮可以添加 PLC 变量，如图 4.3.6 所示。在添加设备通道基本属性设置中，通道类型有 I 输入继电器、Q 输出继电器、M 内部继电器、V 数据寄存器 4 种；数据类型有通道的第 00 位、通道的第 01 位、通道的第 02 位、通道的第 03 位、通道的第 04 位、通道的第 05 位、通道的第 06 位、通道的第 07 位、8 位无符号二进制、8 位有符号二进制、8 位 2 位 BCD、16 位无符号二进制、16 位有符号二进制、16 位 4 位 BCD、32 位无符号二进制、32 位有符号二进制、32 位 8 位 BCD、32 位浮点数；通道地址用于表示变量的起始地址；通道个数用于设置变量个数；读写方式包括只读、只写、读写 3 种。

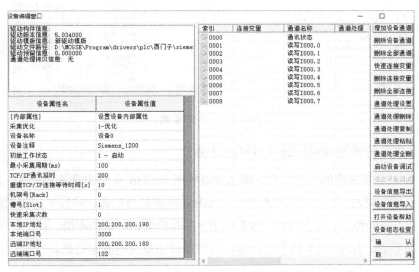

图 4.3.5　Siemens_1200 PLC 设备构件的属性设置窗口

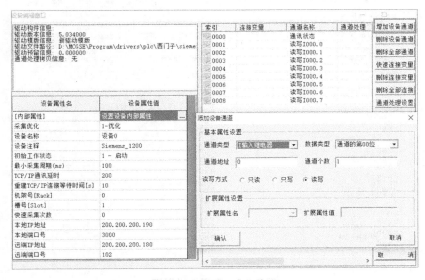

图 4.3.6　添加 PLC 变量

根据智能装配生产线 PLC 程序和画面监控要求添加变量，如图 4.3.7 所示。

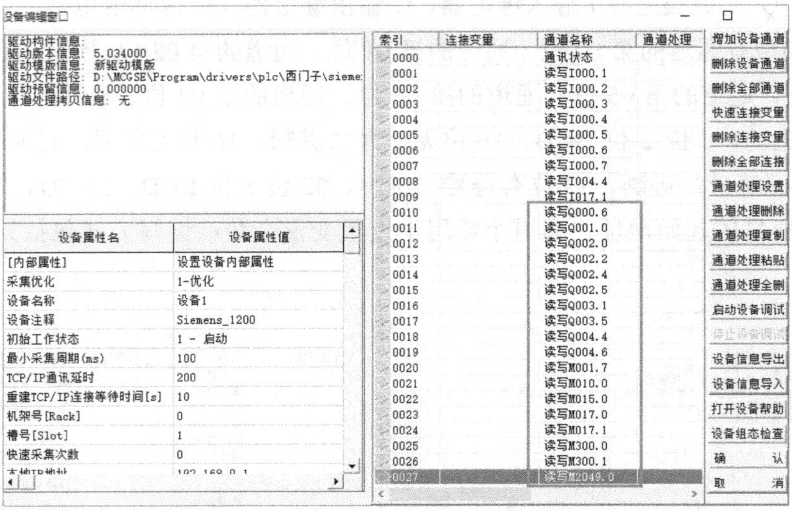

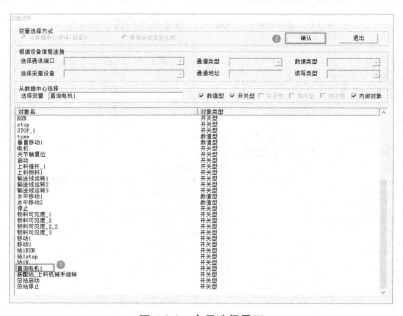

图 4.3.7　添加变量

3．设备构件的通道和对应数据对象的连接

如果不知道系统采用的硬件设备，那么可以利用 MCGS 系统的设备无关性，在实时数据库中定义所需的数据对象，组态完成整个应用系统，并在最后的调试阶段把所需的硬件设备接上，进行设备窗口的组态，建立变量（设备通道）和对应数据对象的连接。双击对应设备通道，进入变量选择界面，如图 4.3.8 所示，选择实时数据库中定义的数据对象。

图 4.3.8　变量选择界面

智能装配生产线最终通道连接变量如图 4.3.9 所示。设置智能装配生产线 MCGS 触摸屏 IP 地址（本地 IP 地址）为 192.168.0.1，智能装配生产线 PLC 的 IP 地址（远端 IP 地址）为 192.168.0.25。

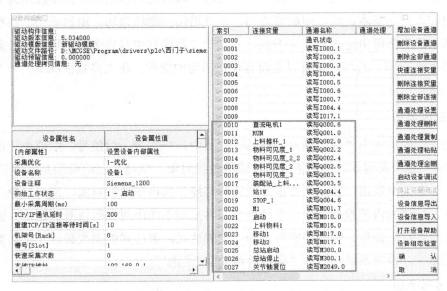

图 4.3.9　智能装配生产线最终通道连接变量

本地 IP 地址设置如图 4.3.10 所示。远端 IP 地址由项目实际连接的设备决定，但是本地 IP 地址和远端 IP 地址必须在同一网段，否则 MCGS 触摸屏与智能装配生产线 PLC 无法通信。

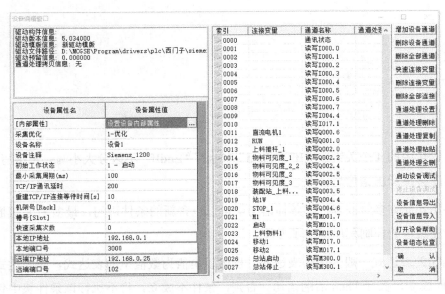

图 4.3.10　本地 IP 地址设置

4.3.2 脚本程序基本语句

前面通过设备窗口建立了 MCGS 系统与外部设备的连接关系，如果要完成一些动画显示，就需要对图形关联的变量进行处理，而大部分数据处理都是通过脚本程序来实现的。下面介绍脚本程序基本语句，即赋值语句、条件语句、循环语句、退出语句、注释语句。所有的脚本程序都可由这 5 种语句组成，当在一个程序行中包含多条语句时，各条语句之间需要用"："分开，程序行也可以是没有任何语句的空行。在大多数情况下，一个程序行只包含一条语句。

1．赋值语句

赋值语句的形式为"数据对象=表达式"。其中，"="表示赋值号。赋值语句的具体含义是把"="右边表达式的运算值赋给左边的数据对象。赋值号左边必须是能够读/写的数据对象，如开关型数据、数值型数据及能进行写操作的内部数据对象，而组对象、事件型数据对象、只读的内部数据对象、系统函数及常量均不能出现在赋值号的左边，因为不能对这些对象进行写操作。赋值号的右边为一个表达式，表达式的类型必须与左边数据对象值的类型相符，否则系统会提示"赋值语句类型不匹配"。

2．条件语句

条件语句有如下 3 种形式：

```
If 表达式 Then 赋值语句或退出语句

If 表达式 Then
    语句
EndIf

If 表达式Then
    语句
Else
    语句
EndIf
```

条件语句中的 4 个关键字"If""Then""Else""EndIf"不区分大小写。若拼写不正确，则检查程序会提示出错信息。

条件语句允许多级嵌套，即条件语句中可以包含新的条件语句，最多为 8 级嵌套，为编制多分支流程的控制程序提供了方便。

If 语句的表达式一般为逻辑表达式，也可以是值为数值型的表达式，当表达式的值非 0 时，条件成立，执行 Then 后的语句。否则，条件不成立，将不执行该条件块中包含的语句，开始执行该条件块后面的语句。值为字符型的表达式不能作为 If 语句的表达式。

3．循环语句

循环语句为"While"和"EndWhile"，其结构如下：

```
While 条件表达式
...
EndWhile
```

当条件表达式成立（非 0）时，循环执行 While 和 EndWhile 之间的语句，直到条件表达式不成立（为 0）时退出。

4．退出语句

退出语句为"Exit"，用于中断脚本程序的运行，停止执行其后面的语句。一般在条件语句中使用退出语句，以便在某种条件下停止并退出脚本程序的执行。

5．注释语句

以单引号"'"开头的语句称为注释语句，其在脚本程序中只起到注释说明的作用，在实际运行时，MCGS 系统不对注释语句做任何处理。

4.3.3　构造运行策略

根据运行策略的不同作用和功能，MCGS 嵌入版组态软件把运行策略分为启动策略、退出策略、循环策略、用户策略、报警策略、事件策略、热键策略 7 种。每种策略都由一系列功能模块组成。

MCGS 嵌入版组态软件运行策略窗口中的启动策略、退出策略、循环策略为系统固有的 3 个策略块，其余的由用户根据需要自行定义，每个策略都有自己的专用名称，MCGS 系统的各部分通过策略的名称来对其进行调用和处理。

【小提示】

运行策略是指对监控系统运行流程进行控制的方法和条件，能够对系统执行某项操作和实现某种功能进行有条件的约束。运行策略由多个复杂的功能模块组成，称为"策略块"，用来完成对监控系统运行流程的自由控制，使系统能按照设定的顺序和条件操作实时数据库，控制用户窗口的打开、关闭及设备构件的工作状态等一系列工作，从而实现对监控系统工作过程的精确控制及有序的调度管理。

每种策略都可实现一项特定的功能，而每项功能的实现又以满足指定的条件为前提（7 种类型的策略除启动方式不同之外，其功能没有本质的区别）。每个"条件-功能"实体构成策略中的一行，称为策略行，每种策略由多个策略行构成。运行策略的这种结构形式类似于 PLC 系统的梯形图编程语言，但其更加图形化，更加面向对象化，包含的功能比较复杂，但实现过程相当简单。

策略条件构件：在每个策略行内，只有当策略条件构件设定的条件成立时，系统才能对策略行中的策略构件进行操作。通过对策略条件构件进行组态，用户可以控制在什么时候、什么条件和什么状态下对实时数据库进行操作，对报警事件进行实时处理，打开或关闭指定的用户窗口，完成对监控系统运行流程的精确控制。

策略构件：MCGS 嵌入版组态软件中的策略构件以功能块的形式完成对实时数据库的操作、用户窗口的控制等。它充分利用面向对象技术，把大量的复杂操作和处理封装在构件的内部，而提供给用户的只是构件的属性和操作方法，用户只需在策略构件的属性页中正确设置属性值和选定构件的操作方法，就可以满足大多数工程项目的需要，而对于复杂的工程，只需定制所需的策略构件，并将它们添加到系统中即可。

如图 4.3.11 所示，在"运行策略"选项卡中，单击"新建策略"按钮，即可新建一个用户策略块（增加一个策略块图标），默认名称为"策略 X"（X 为区别各个策略块的数字代码）。在未做任何组态配置之前，运行策略选项卡包括 3 个系统固有的策略块，新建的策略块只是一个空的结构框架，具体内容需要由用户设置，如智能装配生产线新建了两个事件策略。

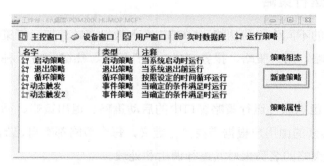

图 4.3.11　新建策略

1. 智能装配生产线 MCGS 系统启动策略

策略行的添加方法：单击工具条中的"新增策略行"按钮，或者执行"插入"→"策略行"命令，或者按快捷键 Ctrl+I，即可在当前行（蓝色光标所在行）之前增加一个空的策略行。智能装配生产线 MCGS 系统启动策略添加了一个策略行，如图 4.3.12 所示。

图 4.3.12　智能装配生产线 MCGS 系统启动策略

智能装配生产线 MCGS 系统启动策略行表达式条件设置如图 4.3.13 所示，在"表达式"选区中单击 ? 按钮，选择"移动 1"选项，在"条件设置"选区中选中"表达式的值非 0 时条件成立"单选按钮。

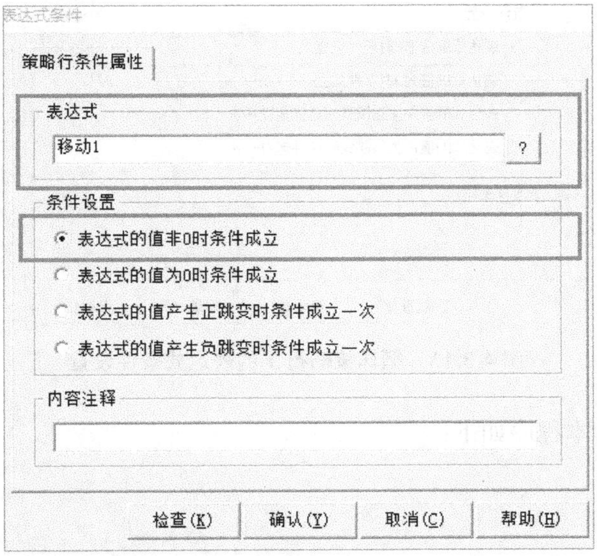

图 4.3.13　智能装配生产线 MCGS 系统启动策略行表达式条件设置

脚本程序如下：

```
水平移动1=81
水平移动2=81
```

2．智能装配生产线 MCGS 系统退出策略

智能装配生产线 MCGS 系统退出策略没有添加策略行。

3．智能装配生产线 MCGS 系统循环策略

智能装配生产线 MCGS 系统循环策略添加了两个策略行，如图 4.3.14 所示。

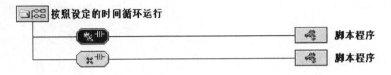

图 4.3.14　智能装配生产线 MCGS 系统循环策略

循环策略行 1 的表达式条件设置如图 4.3.15 所示。

223

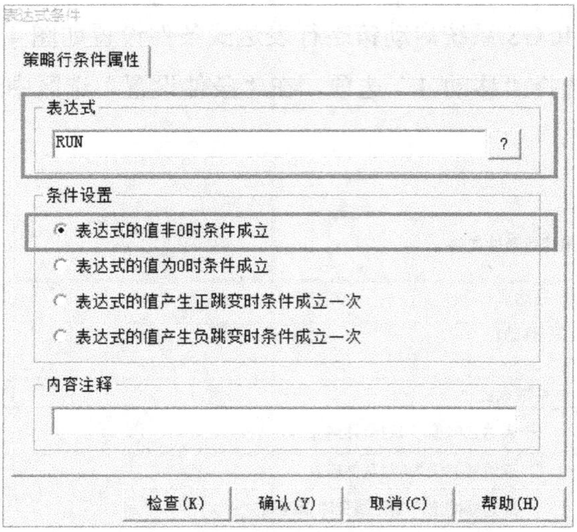

图 4.3.15　循环策略行 1 的表达式条件设置

循环策略行 1 脚本程序如下：

```
If time<6 Then
time=time+1
EndIf

If time=3 Then
time=0
EndIf

If time<1 Then
输送线运转1=1
Else 输送线运转1=0
EndIf

If time<2 and time>0 Then
输送线运转2=1
Else 输送线运转2=0
EndIf

If time<3 and time>1 Then
输送线运转3=1
Else 输送线运转3=0
EndIf
```

循环策略行 2 的表达式条件与循环策略行 1 的表达式条件相同。

循环策略行 2 脚本程序如下：

```
data=1-data
data1=not data
```

4. 智能装配生产线 MCGS 系统事件策 1

智能装配生产线 MCGS 系统事件策略 1 添加了两个策略行，如图 4.3.16 所示。

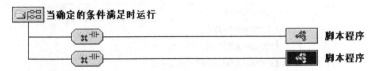

图 4.3.16　智能装配生产线 MCGS 系统事件策略 1

事件策略 1 策略行 1 表达式条件设置如图 4.3.17 所示。

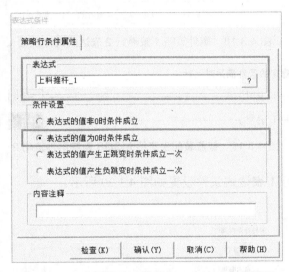

图 4.3.17　事件策略 1 策略行 1 表达式条件设置

事件策略 1 策略行 1 脚本程序如下：

```
水平移动1=0
水平移动2=0
```

事件策略 1 策略行 2 表达式条件设置如图 4.3.18 所示。

事件策略 1 策略行 2 脚本程序如下：

```
水平移动1=81
水平移动2=81
```

5. 智能装配生产线 MCGS 系统事件策略 2

智能装配生产线 MCGS 系统事件策略 2 添加了两个策略行，如图 4.3.19 所示。

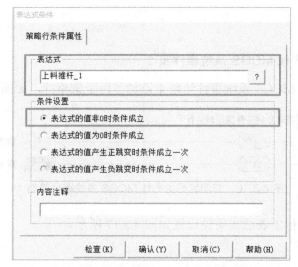

图 4.3.18　事件策略 1 策略行 2 表达式条件设置

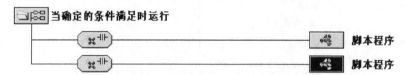

图 4.3.19　智能装配生产线 MCGS 系统事件策略 2

事件策略 2 策略行 1 表达式条件设置如图 4.3.20 所示。

图 4.3.20　事件策略 2 策略行 1 表达式条件设置

事件策略 2 策略行 1 脚本程序如下：

垂直移动1=-44

事件策略 2 策略行 2 表达式条件设置如图 4.3.21 所示。

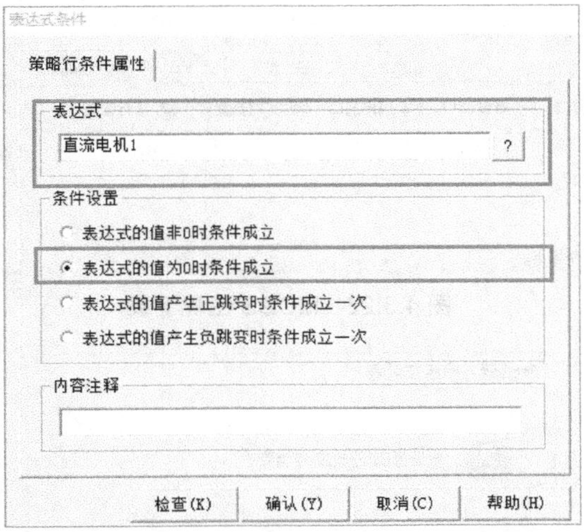

图 4.3.21　事件策略 2 策略行 2 表达式条件设置

事件策略 2 策略行 2 脚本程序如下：

垂直移动1=1

智能装配生产线 MCGS 系统经过上面 5 个运行策略的运行，完成了对应图形数据的处理，实现了监控画面的动态显示。

4.3.4　MCGS 工程下载

将创建好的 MCGS 工程下载到 mcgsTpc 嵌入式一体化触摸屏中，可以通过 TCP/IP 网络下载和 USB 通信下载两种方式实现。

1．TCP/IP 网络下载

首先设置 mcgsTpc 嵌入式一体化触摸屏（以下简称"触摸屏"）的 IP 地址。

断电重启触摸屏，开机后单击触摸屏，选择"启动属性"选项，进入系统设置界面；选择"进入系统维护"→"设置系统参数"→"设置 IP 地址"选项，开始设置 IP 地址，输入需要设置的 IP 地址，单击"OK"按钮退出；在设置完成后返回上一级菜单；单击"重新启动"按钮重启系统，重启完成后 IP 地址设置完成。本项目触摸屏的 IP 地址设置为 192.168.0.1。

然后使用网线连接计算机和触摸屏，更改计算机本身的 IP 地址，保证和触摸屏的 IP 地址在同一网段中，如用于下载智能装配生产线 MCGS 系统的计算机 IP 地址应该设置为 192.168.0.X（X 的数值不应该与本地 IP 地址的尾号 1 和远端 IP 地址的尾号 25 相同）。单击工具栏中的图按钮，如图 4.3.22 所示，或者按 Alt+R 快捷键，若工程未保存，则弹出如

图 4.3.23 所示的对话框。

图 4.3.22　MCGS 工程下载

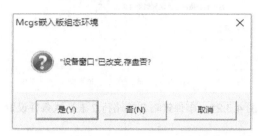

图 4.3.23　MCGS 工程下载存盘提示

　　单击"是"按钮，保存工程，连接方式选择"TCP/IP 网络"，目标机名为触摸屏设备 IP 地址，依次单击"连机运行"按钮和"工程下载"按钮，等待下载，如图 4.3.24 所示。若下载失败，则检查 IP 地址是否正确或计算机与触摸屏 IP 地址是否在同一网段中。

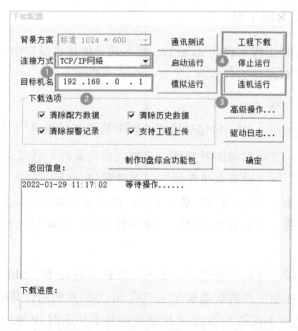

图 4.3.24　智能装配生产线 MCGS 系统工程 TCP/IP 网络下载配置

2. USB 通信下载

USB 通信下载就是利用 USB 下载线，将扁平接口一端插入计算机的 USB 接口，将梯形接口一端插入触摸屏的 USB2 接口，在"下载配置"对话框中，连接方式选择"USB 通迅"。智能装配生产线 MCGS 系统工程 USB 通信下载配置如图 4.3.25 所示。

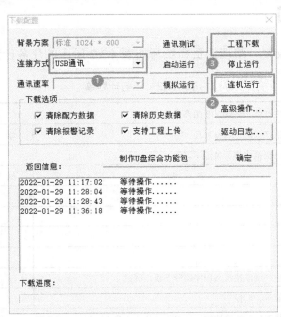

图 4.3.25 智能装配生产线 MCGS 系统工程 USB 通信下载配置[①]

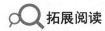

如何修改触摸屏的 IP 地址呢？

🔍 **拓展阅读**

比亚迪最强芯片量产

2021 年 12 月，比亚迪的半导体在先前研发成果的基础上成功自主研制并量产 1200V 功率器件驱动芯片 BF1181，实现向各大厂商批量供货。

BF1181 是一款磁隔离单通道栅极驱动芯片，用于驱动 1200V 功率器件，同时具有优异的动态性能和工作稳定性，并集成了多种功能，如故障报警、有源米勒钳位、主次级欠压保护等。值得一提的是，BF1181 还集成了模拟电平检测功能，可用于实现温度或电压的检测，并提高芯片的通用性，进一步简化系统设计，如芯片尺寸和制造成本等。

---

① 软件图中的"USB 通讯"的正确写法为"USB 通信"。

1200V 的 BF1181 应用范围更广,可以应用于 EV/HEV 电源模块、工业电机控制驱动、工业电源、太阳能逆变器等领域。事实上,我国车用功率器件驱动芯片目前主要依赖进口,比亚迪 BF1181 的出现在很大程度上打破了这种局面。

【任务计划】

根据任务资讯及收集、整理的资料填写如表 4.3.2 所示的任务计划单。

表 4.3.2 任务计划单

项　　目	智能装配生产线——MCGS 组态设计			
任　　务	智能装配生产线监控数据处理		学　　时	4
计划方式	分组讨论、资料收集、技能学习等			
序　　号	任　　务		时　　间	负责人
1				
2				
3				
4				
5	智能装配生产线监控组态程序编译下载、调试			
6	任务成果展示、汇报			
小组分工	讨论智能装配生产线监控数据处理所涉及的环节主要任务,充分细化,将分工落实到具体的同学,在规定的时间点进行检查			
计划评价				

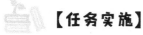

【任务实施】

根据任务计划编制任务实施方案,并完成任务实施,填写如表 4.3.3 所示的任务实施工单。

表 4.3.3 任务实施工单

项　　目	智能装配生产线——MCGS 组态设计		
任　　务	智能装配生产线监控数据处理	学　　时	
计划方式	项目实施		
序　　号	实施情况		
1			
2			

续表

序　号	实施情况
3	
4	
5	
6	

【任务检查与评价】

完成任务实施后,进行任务检查与评价,可采用小组互评等方式。任务评价单如表 4.3.4
所示。

表 4.3.4　任务评价单

项　　目	智能装配生产线——MCGS 组态设计			
任　　务	智能装配生产线监控数据处理			
考核方式	过程评价			
说　　明	主要评价学生在项目学习过程中的操作方法、理论知识、学习态度、课堂表现、学习能力、动手能力等			
评价内容与评价标准				
序号	内　容	评价标准		成绩比例/%
		优	良	合　格	
1	基本理论掌握	掌握设备窗口的功能;掌握赋值语句、条件语句、退出语句、注释语句、循环语句的作用和书写格式;掌握运行策略分类和每种策略的功能;掌握策略条件构件和策略构件的作用	熟悉设备窗口的功能;熟悉赋值语句、条件语句、退出语句、注释语句、循环语句的作用和书写格式;熟悉策略条件构件和策略构件的作用	了解备窗口的功能;了解赋值语句、条件语句、退出语句、注释语句、循环语句的作用和书写格式;了解策略条件构件和策略构件的作用	30
2	实践操作技能	熟练掌握设备构件选择和设备工具箱的使用方法;熟练操作设备构件的通道连接;熟练构造运行策略;熟练进行 MCGS 工程下载	较熟练使用设备构件选择和设备工具箱;较熟练操作设备构件的通道连接;较熟练构造运行策略;熟练进行 MCGS 工程下载	经协助使用设备构件选择和设备工具箱、操作设备构件的通道连接、构造常用的运行策略、完成 MCGS 工程下载	30
3	职业核心能力	具有良好的自主学习能力和分析、解决问题的能力,能解答任务小思考	具有较好的学习能力和分析、解决问题的能力,能部分解答任务小思考	具有分析、解决部分问题的能力	10
4	工作作风与职业道德	具有严谨的科学态度和工匠精神,能够严格遵守"6S"管理制度	具有良好的科学态度和工匠精神,能够自觉遵守"6S"管理制度	具有较好的科学态度和工匠精神,能够遵守"6S"管理制度	10

续表

序号	内 容	评价标准			成绩比例/%
		优	良	合 格	
5	小组评价	具有良好的团队合作精神和沟通交流能力，热心帮助小组其他成员	具有较好的团队合作精神和沟通交流能力，能帮助小组其他成员	具有一定团队合作能力，能配合小组完成项目任务	10
6	教师评价	包括以上所有内容	包括以上所有内容	包括以上所有内容	10
合计					100

【任务练习】

电动机正/反转监控系统如图 4.3.26 所示，电动机风扇旋转的动画效果是靠连续不断地改变电动机旋转变量 ROTATE 的数值来实现的。电动机风扇旋转动画数据对象和变量名称如表 4.3.5 所示。请在 MCGS 系统运行策略中通过编写脚本程序来实现当电动机正转时 ROTATE 值变大、电动机反转时 ROTATE 值变小。

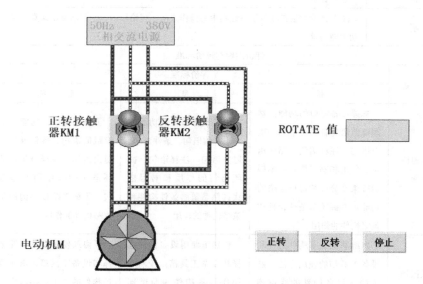

图 4.3.26 电动机正/反转监控系统

表 4.3.5 电动机风扇旋转动画的数据对象和变量名称

序 号	变量名称	数据类型	说 明
1	KM1	开关型	用来检测正转接触器通断状态的变量
2	KM2	开关型	用来检测反转接触器通断状态的变量
3	ROTATE	数值型	电动机旋转动画变量

【思维导图】

请完成如图 4.3.27 所示的项目 4 思维导图。

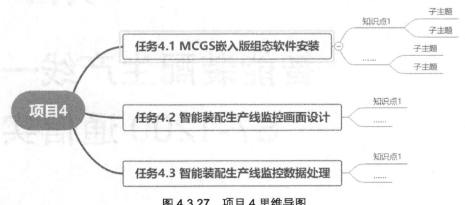

图 4.3.27　项目 4 思维导图

【创新思考】

在智能装配生产线 MCGS 系统状态监控界面中，需要采集 S 型履带驱动电机的振动参数。请查阅资料并实现 MCGS 系统直接采集 PLC 中振动传感器对应 PIW 地址内的值，并在状态监控界面上显示 S 型履带驱动电机的振动实际工程值。

智能装配生产线——S7-1200 通信实现

职业能力

- 能阐述 S7-1200 通信的接口方式。
- 能阐述 S7-1200 不同通信的特点。
- 会根据项目需求选择合适的通信方式。
- 能使用博途 V16 进行 S7-1200 通信的组态、编程、连接、下载、仿真/真实 PLC 调试。
- 提升信息处理、与人交流、解决问题的能力。

引导案例

互联互通是工业互联网的核心任务之一，要求通信涵盖所有网络，实现无缝集成。这些网络包括就地控制网络、工厂内部的运行操作管理网络、企业生产的计划调度网络、连接全球的跨企业的通信，以及基于网络通信的自组态和各类网络管理的集成。S7-1200作为当前工业控制的主流产品，具有强大的通信功能。对于控制点数比较多的应用领域，还可以对 S7-1200 进行扩展来满足控制需求。本项目旨在了解和实现 S7-1200 常见的通信方式。

任务 5.1　S7-1200 之间的 S7 通信

扫一扫，
看微课

【任务描述】

S7 通信是西门子 S7 系列 PLC 内部集成的一种通信协议，是 S7 系列 PLC 的精髓。它是一种运行在传输层之上（会话层/表示层/应用层）的经过特殊优化的通信协议，其信息传输可以基于 MPI 网络、PROFIBUS 网络或以太网。下面介绍 S7 通信是如何实现的。

【任务单】

本任务要求完成两台 S7-1200 之间基于以太网的 S7 通信。具体任务要求可参照如表 5.1.1 所示的任务单。

表 5.1.1　任务单

项　　目	智能装配生产线——S7-1200 通信实现	
任　　务	S7-1200 之间的 S7 通信	
任务要求		任务准备
（1）明确任务要求，组建分组，每组 3～5 人		（1）自主学习
（2）收集 S7-1200 的通信资料		① S7-1200 之间 S7 通信原理
（3）完成 S7-1200 之间的 S7 通信的硬件组态、程序设计、HMI 设计		② S7-1200 之间 S7 通信指令
		（2）设备工具
（4）在仿真或真实 PLC 上调试程序		① 硬件：计算机
		② 软件：办公软件、博途 V16
自我总结		拓展提高
		通过工作过程和总结，提高团队协作能力、程序设计和调试能力

【任务资讯】

5.1.1　S7-1200 支持的通信

S7-1200 可实现 CPU 与编程设备、HMI 和其他 CPU 之间的多种通信。S7-1200 通信连接如图 5.1.1 所示。

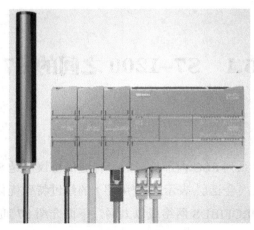

图 5.1.1 S7-1200 通信连接

1. 以太网通信

在 S7-1200 CPU 本体上集成了一个 PROFINET 通信接口（CPU 1211C～CPU 1214FC）或两个 PROFINET 通信接口（CPU 1215C～CPU 1217C），支持以太网及基于 TCP/IP 和 UDP 的通信标准。PROFINET 通信接口带有一个具有自动交叉网线（Auto-Crossover）功能的 RJ45 连接器，支持 10Mbit/s 或 100Mbit/s 的数据传输速率。

使用 PROFINET 通信接口可以实现 S7-1200 CPU 与编程设备的通信、与 HMI 触摸屏的通信，以及与其他 CPU 的通信。

2. PROFIBUS 通信

S7-1200 通过 CM1243-5 DP 主站模块和 CM1242-5 DP 从站模块连接 I/O、HMI、驱动和其他 PROFIBUS 站，实现 PROFIBUS 通信。S7-1200 以太网和 PROFIBUS 通信服务如表 5.1.2 所示。

表 5.1.2 S7-1200 以太网和 PROFIBUS 通信服务

通信服务	功　能	PROFIBUS DP		以太网
		CM1243-5 DP 主站模块	CM1242-5 DP 从站模块	
PROFINET IO	在 I/O 控制器、智能设备和共享设备之间进行数据交换	×	×	√
PG 通信	调试、测试、诊断	√	×	√
HMI 通信	操作员控制和监视	√	×	√
S7 通信	使用已组态的连接交换数据	√	×	√
S7 路由	通过路由表，即使设备位于不同的 S7 子网中，通信伙伴也可以和每个设备进行通信	×	×	√

续表

通信服务	功　能	PROFIBUS DP		以太网
		CM1243-5 DP 主站模块	CM1242-5 DP 从站模块	
开放式用户通信	TCP、ISO on TCP、 UDP、Modbus TCP、Email（SMTP）、安全开放式用户通信	×	×	√
Web 服务器	访问系统过程状态、诊断及标识数据；用户定义网页；固件升级	×	×	√
PROFIBUS DP	在主站与从站之间交换数据	√	√	×

3．点对点通信

S7-1200 支持基于字符的串行协议的点对点（PtP，Point to Point）通信。

（1）自由口通信：S7-1200 允许通信模块与采用自由口协议的 PtP 设备通信，如打印机、RFID 阅读器。

（2）3964(R)通信：S7-1200 允许通信模块与采用 3964(R) 协议的通信伙伴通信。

（3）Modbus 通信：S7-1200 可作为 Modbus 主站或从站与其他符合 Modbus RTU 协议的设备通信。

（4）USS 通信：S7-1200 可与支持 USS（Universal Serial Interface，通用串行接口）协议的驱动产品通信。

S7-1200 的通信模块如表 5.1.3 所示。

表 5.1.3　S7-1200 的通信模块

名　　称	CM 1241 RS232	CM 1241 RS422/485	CB 1241 RS485
串行通信接口类型	RS232	RS422/RS485	RS485
波特率/（bit/s）	300、600、1.2k、2.4k、4.8k、9.6k、19.2k、38.4k、57.6k、76.8k、115.2k		
校验方式	None（无校验）、Even（偶校验）、Odd（奇校验）、Mark（校验位始终为 1）、Space（校验位始终为 0）		
通信距离（屏蔽电缆）/m	10	1000	1000

4．其他通信

S7-1200 支持 AS-i 通信、CANopen 通信、RFID 通信、IO-Link 通信。

（1）S7-1200 通过 CM1243-2 连接 AS-i 网络，支持 AS-i 3.0 规范，可以配置 31 个标准开关量/模拟量从站，或者 62 个 A 类或 B 类开关量/模拟量从站，可以直接在博途 V16 中组态 AS-i-Master。

（2）S7-1200 使用 CM CANopen 模块支持与其他设备之间的 CANopen 通信，通过

PROFINET 与 CAN 总线 2.0A/B 或 CANopen 管理器/从站之间进行数据交换。

（3）S7-1200 使用 RF120C 通信模块实现与西门子工业识别系统的通信。

（4）IO-Link 是一种创新型点对点通信接口，适用于符合 IEC 61131-9 标准的传感器/执行器应用领域。S7-1200 通过扩展模块 SM1278（4 通道 IO-Link 主站）可实现与 IO-Link 设备（如传感器/执行器、RFID 阅读器、I/O 模块、阀）的通信。

【小思考】

什么是 AS-i 通信？

5.1.2　S7 通信指令

S7-1200 只支持 S7 单边通信，只需在客户端单边组态连接和编程，在服务器端准备好通信的数据。博途 V16 用 PUT（将数据写入远程 CPU 中）和 GET（从远程 CPU 中读取数据）指令块来实现 S7 通信。

1. PUT

可使用 PUT 指令块将数据写入一个远程 CPU 中。需要在伙伴 CPU 下选择"属性"→"常规"→"防护与安全"→"连接机制"选项，勾选"允许来自远程对象的 PUT/GET 通信访问"复选框，如图 5.1.2 所示。

图 5.1.2　PUT 指令设置

当 PUT 指令块的输入参数 REQ 有上升沿时，启动数据写入功能。

（1）本地 CPU 将写入区域的指针和数据发送给伙伴 CPU。伙伴 CPU 可处于 RUN 模式或 STOP 模式。

（2）本地 CPU 从已组态的发送区域中复制待发送的数据。伙伴 CPU 将发送的数据保存在该数据提供的地址之中，并返回一个执行应答。

（3）如果没有出现错误，那么在下一次指令调用时会使用状态参数 DONE="1"进行标识。只有当上一个写入过程结束之后，才可以再次激活写入功能。

（4）若在写入数据时访问出错或未通过执行检查，则会通过 ERROR 和 STATUS 输出错误与警告。

2．GET

可以使用 GET 指令块从远程 CPU 中读取数据。

当 GET 指令块的输入参数 REQ 有上升沿时，启动数据读取功能。

（1）本地 CPU 将待读出区域的指针发送给伙伴 CPU。伙伴 CPU 可以处于 RUN 模式或 STOP 模式。

（2）伙伴 CPU 返回数据：如果回复超出最大用户数据长度，那么将在 STATUS 参数处显示错误代码"2"。在下次调用时，伙伴 CPU 会将接收的数据复制到已组态的接收区域中。

（3）若状态参数 NDR 的值变为"1"，则表示该动作已经完成。

（4）只有在前一个读取过程结束之后，才可以再次激活读取功能。若读取数据时访问出错或未通过数据类型检查，则会通过 ERROR 和 STATUS 输出错误与警告。

（5）GET 指令块不会记录在伙伴 CPU 上寻址到的数据区域中的变化。

5.1.3　程序设计

1．硬件组态

在博途 V16 中创建新项目，输入项目名称"S7-1200 之间的 S7 通信"。CPU 选择"CPU 1214C DC/DC/DC"，订货号选择"6ES7 214-1AG40-0XB0"。为了编程方便，在设备视图中使用 CPU 属性中定义的时钟位，选中 PLC_S7_Client，右击"属性"选项，选择"属性"→"常规"→"脉冲发生器"→"系统和时钟存储器"选项，勾选"启用时钟存储器字节"复选框，如图 5.1-3 所示。

图 5.1.3　启用时钟存储器字节

在设备视图中，单击 CPU 接口，将 IP 地址改为 192.168.0.2。

按照此操作，添加第二个 S7-1200，将 PLC_S7_Server 作为服务器端，IP 地址为

192.168.0.1。

单击"网络视图"选项卡，选择建立 PLC_S7_Server 与 PLC_S7_Client 之间的连接，名称为 PN/IE_1。单击"PLC_S7_Client"，新建 S7 连接，如图 5.1.4 所示。

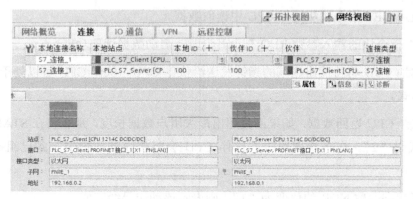

图 5.1.4　新建 S7 连接

【小提示】

在组态或修改了系统存储器后，要确保将配置重新下载到 CPU 中，否则组态不生效。

2．编写 PLC 程序

1）服务器端设计

服务器端无须编程，只需配置通信数据，添加服务器发送通信块 Server_send 和接收通信块 Server_rec，数据类型是 Array[0..99]of Byte。

2）客户端设计

在 PLC_S7_Client 的 Main 程序块中添加 PUT 指令块，右击 PUT 指令块，在弹出的快捷菜单中选择"属性"选项，切换到"组态"页面，进行组态，如图 5.1.5 所示。

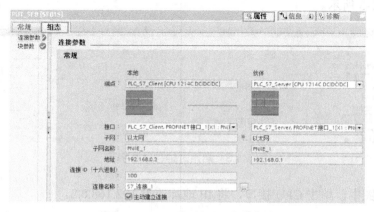

图 5.1.5　PUT 组态——连接参数

添加 GET 指令块，右击“属性”→“组态”选项卡对 GET 指令块进行配置，如图 5.1.6 所示。

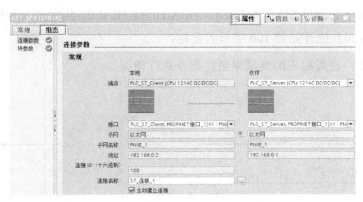

图 5.1.6　GET 组态——连接参数

在 PLC 变量中新建 S7 变量表，添加 PUT 和 GET 状态变量，如图 5.1.7 所示。

S7变量表

	名称	数据类型	地址	保持	从 H...	从 H...	在 H...
1	PUT_Done	Bool	%M20.0	☐	☑	☑	☑
2	PUT_Error	Bool	%M20.1	☐	☑	☑	☑
3	PUT_Status	Word	%MW21	☐	☑	☑	☑
4	GET_NDR	Bool	%M30.0	☐	☑	☑	☑
5	GET_Error	Bool	%M30.1	☐	☑	☑	☑
6	GET_Status	Word	%MW31	☐	☑	☑	☑

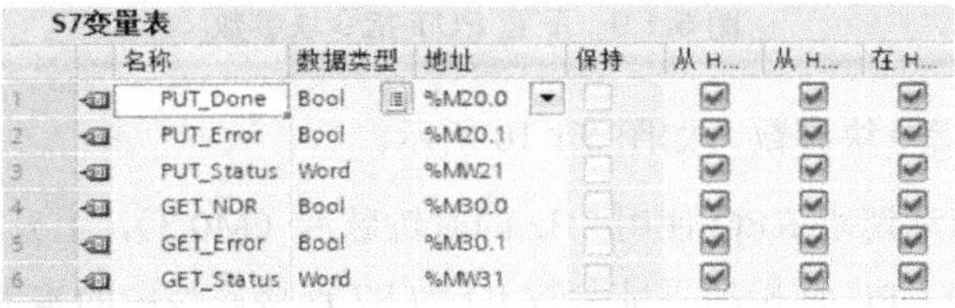

图 5.1.7　S7 变量表

在程序块中添加接收数据块 Client_rec，如图 5.1.8 所示。发送数据块 Client_send 的添加步骤与之类似。创建好数据块后，右击数据块 Client_rec，在弹出的快捷菜单中选择“属性”选项，切换到“常规”页面，进入“属性”子页面，取消选中“优化块的访问”复选框。

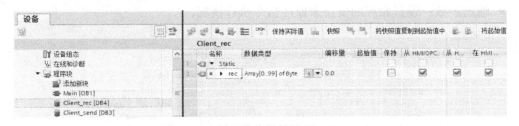

图 5.1.8　添加接收数据块 Client_rec

（1）配置 PUT 指令块参数，如图 5.1.9 所示。

- 编译创建的数据块和数据表。
- 输入参数：启动请求 REQ 使用 2Hz 的时钟脉冲（M0.3），上升沿激活发送任务；用于指定与伙伴 CPU 连接的寻址参数 ID 为 S7 连接属性中的本地 ID；指向伙伴 CPU

上用于写入数据区域的指针 ADDR_1 为 P#DB2.DBX0.0 BYTE 100，其含义为服务端接收数据块 DB2 中从 0.0 位开始的 100 字节的数据；指向本地 CPU 上包含要发送数据区域的指针 SD_1 为 P#DB3.DBX0.0 BYTE 100，其含义为客户端发送数据块 DB3 中从 0.0 位开始的 100 字节的数据。

- 输出参数：设置相应的变量来监控指令执行情况。

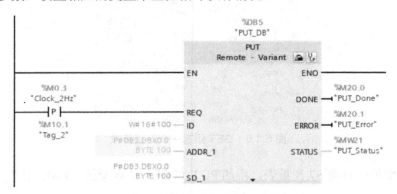

图 5.1.9　配置 PUT 指令块参数

（2）配置 GET 指令块参数，如图 5.1.10 所示。

- 输入参数：启动请求 REQ 使用 2Hz 的时钟脉冲（M0.3），上升沿激活接收任务；用于指定与伙伴 CPU 连接的寻址参数 ID 为 S7 连接属性中的本地 ID；指向伙伴 CPU 上待读取区域的指针 ADDR_1 为 P#DB1.DBX0.0 BYTE 100，其含义为服务端发送数据块 DB1 中从 0.0 位开始的 100 字节的数据；指向本地 CPU 上用于输入已读数据区域的指针 RD_1 为 P#DB4.DBX0.0 BYTE 100，其含义为客户端接收数据块 DB4 中从 0.0 位开始的 100 字节的数据。

- 输出参数：设置相应的变量来监控指令执行情况。

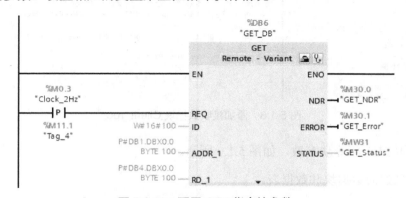

图 5.1.10　配置 GET 指令块参数

（3）建立监控表。

在 PLC_S7_Server 中创建名为"服务器端监控表"的监控表，添加 10 个监控变量，如图 5.1.11 所示。

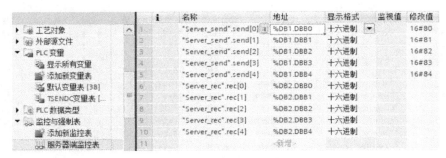

图 5.1.11 服务器端监控表

在 PLC_S7_Client 中创建名为"客户端监控表"的监控表，添加 10 个监控变量，如图 5.1.12 所示。

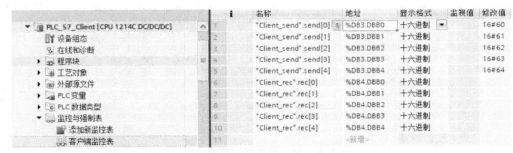

图 5.1.12 客户端监控表

3．程序调试

编译 PLC_S7_Server 和 PLC_S7_Client 的软件与硬件。选中 PLC_S7_Server，启动 PLCSIM 仿真 1，下载程序，并单击 PLCSIM 仿真 1 中的"RUN"按钮运行仿真 PLC。

注意：在下载程序时，可能需要搜索 PLC，接口/子网的连接选择插槽"1×1"处的方向，搜索到 PLCSIM 仿真器 1。

单击工具栏中的"转至在线"按钮，并打开客户端监控表，单击"全部监视"按钮。对 PLC_S7_Client 进行同样的操作，启动 PLCSIM 仿真器 2，下载程序，转至在线，监视服务器端监控表。

在 PLC_S7_Server 的服务器端监控表中，输入变量修改值，并右击它，在弹出的快捷菜单中选择"修改"→"立即修改"选项，强制给发送变量赋值。PLC_S7_Client 的客户端监控表显示接收的数据，如图 5.1.13 所示。反之亦然，强制给客户端监控表中的变量赋值，服务器端监控表显示接收的数据，如图 5.1.14 所示。

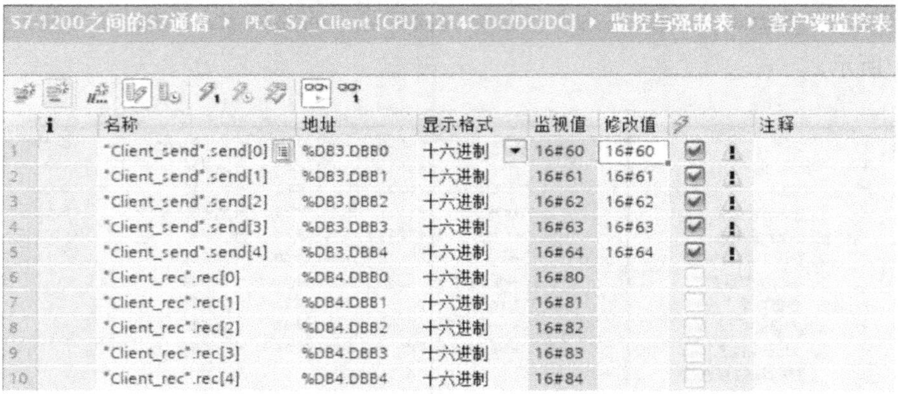

S7-1200之间的S7通信 › PLC_S7_Client [CPU 1214C DC/DC/DC] › 监控与强制表 › 客户端监控表

	i	名称	地址	显示格式	监视值	修改值	⚡		注释
1		"Client_send".send[0]	%DB3.DBB0	十六进制	16#60	16#60	☑	!	
2		"Client_send".send[1]	%DB3.DBB1	十六进制	16#61	16#61	☑	!	
3		"Client_send".send[2]	%DB3.DBB2	十六进制	16#62	16#62	☑	!	
4		"Client_send".send[3]	%DB3.DBB3	十六进制	16#63	16#63	☑	!	
5		"Client_send".send[4]	%DB3.DBB4	十六进制	16#64	16#64	☑	!	
6		"Client_rec".rec[0]	%DB4.DBB0	十六进制	16#80		☐		
7		"Client_rec".rec[1]	%DB4.DBB1	十六进制	16#81		☐		
8		"Client_rec".rec[2]	%DB4.DBB2	十六进制	16#82		☐		
9		"Client_rec".rec[3]	%DB4.DBB3	十六进制	16#83		☐		
10		"Client_rec".rec[4]	%DB4.DBB4	十六进制	16#84		☐		

图 5.1.13 客户端监控情况

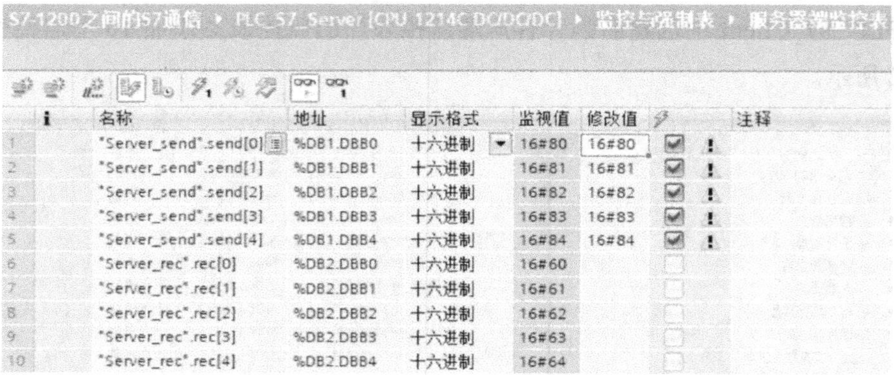

S7-1200之间的S7通信 › PLC_S7_Server [CPU 1214C DC/DC/DC] › 监控与强制表 › 服务器端监控表

	i	名称	地址	显示格式	监视值	修改值	⚡		注释
1		"Server_send".send[0]	%DB1.DBB0	十六进制	16#80	16#80	☑	!	
2		"Server_send".send[1]	%DB1.DBB1	十六进制	16#81	16#81	☑	!	
3		"Server_send".send[2]	%DB1.DBB2	十六进制	16#82	16#82	☑	!	
4		"Server_send".send[3]	%DB1.DBB3	十六进制	16#83	16#83	☑	!	
5		"Server_send".send[4]	%DB1.DBB4	十六进制	16#84	16#84	☑	!	
6		"Server_rec".rec[0]	%DB2.DBB0	十六进制	16#60		☐		
7		"Server_rec".rec[1]	%DB2.DBB1	十六进制	16#61		☐		
8		"Server_rec".rec[2]	%DB2.DBB2	十六进制	16#62		☐		
9		"Server_rec".rec[3]	%DB2.DBB3	十六进制	16#63		☐		
10		"Server_rec".rec[4]	%DB2.DBB4	十六进制	16#64		☐		

图 5.1.14 服务器端监控情况

拓展阅读

武钢（武钢钢铁股份有限公司）5G+MEC（边缘计算）智慧工厂
入选 2020 年中国 5G+工业互联网典型应用

用鼠标点一下，运送铁水的机车自动驶向出铁口，铁水罐自动对位、自动受铁、受铁完毕后自动前往炼钢厂、沿线铁路自动扳岔、拦木机自动开/闭，整个过程快速而高效。采用 5G+工业互联网技术进行铁水运输可以大大降低在铁水运输过程中因为降温带来的成本损耗，仅这一项就相当于每年为企业增加了数千万元的收入。

截至 2021 年 11 月，武钢核心网配套宏基站已建成开通 49 个。武钢 5G 专网是国内已建成的最大规模的 5G 企业内网之一，各类安全策略权限均由武钢设置，武钢 5G 专网除具有 5G 网络低延时、大带宽、广连接等显著优点外，还具备数据不出园区、安全高度受控的特点。借助 5G+工业互联网，武钢可以做的已不仅局限于炼钢。遍布厂区的监控装置可以实时传回环境指数。以前对高压电力设施的巡检，出于安全考虑，工作人员不能靠得太近，只能用望远镜，而现在有了无人机和摄像头，不仅安全，还能实现实时长期监控。

【任务计划】

根据任务资讯及收集、整理的资料填写如表 5.1.4 所示的任务计划单。

表 5.1.4　任务计划单

项　　目	智能装配生产线——S7-1200 通信实现		
任　　务	S7-1200 之间的 S7 通信	学　时	2
计划方式	分组讨论、合作实操		
序　号	任　　务	时　间	负责人
1			
2			
3			
4			
5	完成两台 S7-1200 之间的 S7 通信程序编程		
6	完成程序调试，进行任务成果展示、汇报		
小组分工			
计划评价			

【任务实施】

首先需要认识 S7-1200 的 S7 通信方式，然后准备好博途 V16 和 PLCSIM 仿真软件，按照步骤进行硬件组态、程序设计和程序调试。在进行具体任务实施前，请先按照要求填写如表 5.1.5 所示的任务实施工单。

表 5.1.5　任务实施工单

项　　目	智能装配生产线——S7-1200 通信实现	
任　　务	S7-1200 之间的 S7 通信	学　　时
计划方式	分组讨论、合作实操	
序　号	实施情况	
1		
2		
3		
4		

续表

序　号	实施情况
5	
6	

 【任务检查与评价】

　　完成任务实施后，进行任务检查与评价，可采用小组互评等方式。任务评价单如表 5.1.6 所示。

表 5.1.6　任务评价单

项　　　目	智能装配生产线——S7-1200 通信实现			
任　　　务	S7-1200 之间的 S7 通信			
考核方式	过程评价+结果考核			
说　　　明	主要评价学生在项目学习过程中的操作方式、理论知识、学习态度、课堂表现、学习能力、动手能力等			
评价内容与评价标准				
序号	内　　容	评价标准		成绩比例/%
		优	良	合　　格	
1	基本理论掌握	掌握S7-1200 的通信接口，理解 S7 通信	熟悉 S7-1200 的通信接口，理解 S7 通信	了解 S7-1200 的通信接口，基本理解 S7 通信	30
2	实践操作技能	熟练使用各种查询工具收集和查阅S7-1200通信资料，分工科学合理，按规范步骤完成S7-1200 之间的 S7 通信	较熟练使用各种查询工具收集和查阅 S7-1200 通信资料，分工较合理，能完成 S7-1200 之间的 S7 通信	会使用各种查询工具收集和查阅 S7-1200 通信资料，经协助能完成 S7-1200 之间的 S7 通信	30
3	职业核心能力	具有良好的自主学习能力和分析、解决问题的能力，能解答任务小思考	具有较好的学习能力和分析、解决问题的能力，能部分解答任务小思考	具有分析、解决部分问题的能力	10
4	工作作风与职业道德	具有严谨的科学态度和工匠精神，能够严格遵守"6S"管理制度	具有良好的科学态度和工匠精神，能够自觉遵守"6S"管理制度	具有较好的科学态度和工匠精神，能够遵守"6S"管理制度	10
5	小组评价	具有良好的团队合作精神和沟通交流能力，热心帮助小组其他成员	具有较好的团队合作精神和沟通交流能力，能帮助小组其他成员	具有一定团队合作能力，能配合小组完成项目任务	10
6	教师评价	包括以上所有内容	包括以上所有内容	包括以上所有内容	10
合计				100

【任务练习】

1．西门子 S7-1200 支持哪些通信方式？

2．西门子 S7 通信和 TCP 通信有什么区别？

任务 5.2　S7-1200 之间的 TCP 通信

【任务单】

扫一扫，
看微课

本任务要求完成两台 S7-1200 之间的 TCP 通信。具体任务要求可参照如表 5.2.1 所示的任务单。

表 5.2.1　任务单

项　目	智能装配生产线——S7-1200 通信实现	
任　务	S7-1200 之间的 TCP 通信	
任务要求		**任务准备**
（1）明确任务要求，组建分组，每组 3～5 人		（1）自主学习
（2）收集 S7-1200 的 TCP 通信资料		① S7-1200 之间的 TCP 通信原理
（3）完成 S7-1200 之间的 TCP 通信的硬件组态、程序设计、HMI 设计		② S7-1200 之间的 TCP 通信指令
		（2）设备工具
		① 硬件：计算机
（4）仿真或真实 PLC 上调试程序		② 软件：办公软件、博途 V16
自我总结		**拓展提高**
（1）总结 TCP 通信特点和指令用法		通过工作过程和总结，提高团队协作能力、程序设计和调
（2）总结程序设计和调试运行过程中的情况		试能力

【任务资讯】

5.2.1　开放的以太网通信协议

S7-1200 支持开放的以太网通信协议，即 TCP 协议、ISO-on-TCP 协议和 UDP 协议。从 ISO-OSI 参考模型中可以看出西门子通信协议所处的位置，如图 5.2.1 所示。

1. ISO 传输协议

ISO 传输（ISO Transport）协议是西门子早期的以太网通信协议，基于 ISO 8073 TP0

（Transport Protocol Class0），位于 ISO-OSI 参考模型的第 4 层，即传输层。ISO 传输协议有以下特点。

- 是基于消息的数据传输，允许动态修改数据长度。

- 传输速度快，适合中等或较大的数据量。

- 站点之间的 ISO 传输协议不使用 IP 地址，而是基于 MAC 地址的，因此数据包不能通过路由器进行传输（不支持路由）。

- ISO 传输协议是西门子内部的以太网通信协议，仅适用于 SIMATIC 系统。

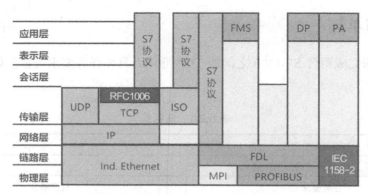

图 5.2.1　ISO-OSI 参考模型

2．ISO-on-TCP 协议

西门子在 ISO 传输协议的基础上增加了 TCP/IP 协议的功能，新的协议称为 ISO-on-TCP 协议。ISO-on-TCP 协议将端口 102 定义为数据传输的默认端口。该协议可用于 SIMATIC S7、SIMATIC PC 的当前模块，也可以在 SIMATIC S5 中插入通信模块 CP 1430 TCP 来使用。ISO-on-TCP 协议具有以下特点。

- 与硬件关系紧密的高效通信协议。

- 适用于中等或较大的数据量（最多 8KB）。

- 提供了数据结束标识符并且它是面向消息的。

- 具有路由功能，可用于 WAN。

- 可用于实现动态长度数据传输。

- 由于使用 Send/Receive 编程接口，因此需要对数据管理进行编程。

- 通过传送服务点（Transport Service Access Point，TSAP），TCP 协议允许有多个连接访问单个 IP 地址（最多 64KB），借助 RFC1006 协议，TSAP 可唯一标识与同一个 IP 地址建立通信的端点连接。

【小提示】

在一个传输连接中可能存在多个进程。为了区分不同进程的数据传输，需要提供一个进程单独使用的访问点，这个访问点称为 TSAP。在两个站点的同一个传输连接中，如果只存在一个传输进程，那么本地和远程站台的 TSAP 可以相同；如果存在多个传输进程，那么 TSAP 必须唯一。TSAP 相当于 TCP 或 UDP 协议中的端口。TSAP 可以是 ASCII 码或十六进制的形式。

3．TCP 协议

TCP 协议是由 RFC 793 描述的一种标准协议，即传输控制协议。TCP 协议具有以下特点。

- 与硬件紧密相关，是一种高效的通信协议。
- 适用于中等或较大的数据量（最多 8KB）。
- 为应用带来了更多的便利，如错误恢复、流控制、可靠性，这些是由传输的报文头确定的。
- 是一种面向连接的协议。
- 非常灵活地用于只支持 TCP 协议的第三方系统。
- 有路由功能，应用于固定长度数据的传输，发送的数据报文会被确认。
- 使用端口号对应用程序寻址。
- 大多数用户应用协议（如 TELNET 和 FTP）都使用 TCP 协议。

4．UDP 协议

UDP 协议能够快速、简单地在传输层传输数据。UDP 协议具有以下特点。

- 是无连接的，发送数据前无须建立连接。
- 没有可靠性保证、顺序保证和流量控制字段等，不能保证可靠交付，其可靠性由应用层负责。
- 控制选项较少，在数据传输过程中延迟小、数据传输效率高。
- 面向报文，对于应用层交下来的报文，不合并、不拆分，保留原报文的边界。
- 支持一对一、一对多、多对一和多对多的交互通信。
- 首部开销为 8 字节，比 TCP 的 20 字节要小。

5.2.2 TCP 通信指令

博途 V16 用 TSEND_C（以太网发送数据）和 TRCV_C（以太网接收数据）指令来实

现 TCP 通信与 ISO-on-TCP 通信。

1. TSEND_C

TSEND_C（建立连接并发送数据）指令块将设置并建立 TCP 或 ISO-on-TCP 通信连接。在设置并建立连接后，CPU 会自动保持和监视该连接。参数 CONNECT 中指定的连接描述用于设置通信连接。TSEND_C 指令块异步执行且具有以下功能。

（1）设置并建立通信连接：通过 CONT=1 设置并建立通信连接。连接成功建立后，参数 DONE 将置位为"1"，并持续一个周期。

（2）通过现有通信连接发送数据：通过参数 DATA 可指定数据发送区，包括要发送数据的地址和长度。请勿在参数 DATA 中使用数据类型为 BOOL 或 Array of BOOL 的数据发送区。

（3）在参数 REQ 中检测到上升沿时执行发送作业：使用参数 LEN 可指定通过一个数据发送作业发送的最大字节数。当发送数据（参数 REQ 的上升沿）时，参数 CONT 的值必须为"1"才能建立或保持连接。

（4）终止通信连接：当参数 CONT 置位为"0"时，即使当前进行的数据传送尚未完成，也将终止通信连接。但如果对 TSEND_C 指令块使用了已组态连接，那么将不会终止连接。

2. TRCV_C

TRCV_C（从远程 CPU 中读取数据）指令块将设置并建立一个 TCP 或 ISO-on-TCP 通信连接。在设置并建立连接后，CPU 会自动保持和监视该连接。TRCV_C 指令块异步执行且具有以下功能。

（1）设置并建立通信连接：参数 CONNECT 中指定的连接描述用于设置通信连接。要建立连接，参数 CONT 的值必须设置为"1"。在成功建立连接后，参数 DONE 的值将被设置为"1"。

（2）通过现有通信连接接收数据：如果将参数 EN_R 的值设置为"1"，则启用数据接收功能。在接收数据（参数 EN_R 的上升沿）时，只有参数 CONT 的值为 TRUE 才能建立或保持连接。接收的数据将被输入接收区中。根据所用的协议选项，接收区的长度通过参数 LEN 指定（TCP，接收指定长度的数据，1≤LEN≤8192），或者通过参数 DATA 的长度信息指定（TCP，Ad-Hoc 模式，LEN=0）。若在参数 DATA 中使用纯符号值，则参数 LEN 的值必须为"0"。

（3）终止通信连接：当将参数 CONT 设置为"0"时，将立即终止通信连接。

5.2.3　TCP 通信程序设计

1．硬件组态

在博途 V16 中创建新项目，项目名称为"S7-1200 之间 TCP 通信"。CPU 默认选择"CPU 1214C DC/DC/DC"，订货号默认选择"6ES7 214-1AG40-0XB0"，完成"PLC_1"的添加。为了编程方便，在设备视图中使用 CPU 属性中定义的时钟位，启用时钟存储器字节。在设备视图中，单击"CPU PROF INET"接口，将 IP 地址改为 192.168.0.1。

按上述操作添加第 2 个 S7-1200"PLC_2"，用于接收数据，IP 地址为 192.168.0.2。

切换到网络视图，建立 PLC_1 与 PLC_2 之间的 TCP 连接，如图 5.2.2 所示。

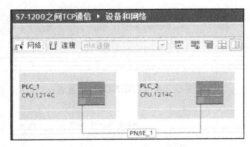

图 5.2.2　建立 TCP 连接

2．编写 PLC 程序

1）发送端设计

首先在"PLC_1"文件夹下打开"程序块"文件夹，选择"Main"程序块，打开右侧的指令夹，选择"通信模块"→"开放式用户通信"→"TSEND_C"选项，双击或拖曳"TSEND_C"指令块，将其添加到"Main"程序块中。

在指令块添加完成后，双击"TSEND_C"图标或选择"属性"→"组态"选项，对发送指令块进行配置，在右侧"伙伴"栏的"端点"下拉列表中选择"PLC_2[CPU 1214C DC/DC/DC]"选项；在左侧"本地"栏的"连接数据"下拉列表中选择"PLC_1_Send_DB"选项，在"连接类型"下拉列表中选择"TCP"选项，在"连接 ID（十进制）"数值框中输入 1，选中"主动建立连接"单选按钮；在"伙伴端口"数值框中输入 2000，如图 5.2.3 所示。

在 PLC_1 的 PLC 变量中新建 TSENDC 变量表，并添加变量 TSENDC_Done、TSENDC_Busy、TSENDC_Error、TSENDC_Status，如图 5.2.4 所示。

在 PLC_1 的程序块中添加发送区数据块，名称为"TSENDC_data"。创建好数据块后，取消选中"优化块的访问"复选框。添加发送变量 send_data，如图 5.2.5 所示。

图 5.2.3　TSEND_C 组态——连接参数

	名称	数据类型	地址	保持	从 H...		在 H...
1	TSENDC_Done	Bool	%M10.0		☑		☑
2	TSENDC_Busy	Bool	%M10.1		☑		☑
3	TSENDC_Error	Bool	%M10.2		☑		☑
4	TSENDC_Status	Word	%MW12		☑		☑

图 5.2.4　TSENDC 变量表

	名称	数据类型	偏移量	起始值	保持	从 HMI/OPC...	从 H...	在 HMI...
1	▼ Static							
2	▶ send_data	Array[0..99] of Byte	0.0			☑	☑	☑

图 5.2.5　发送区数据块

先对创建好的数据块和数据表进行编译，然后配置 TSEND_C 指令块参数，如图 5.2.6 所示。

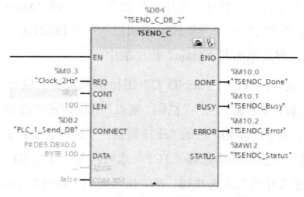

图 5.2.6　TSEND_C 指令块参数配置

（1）输入参数：请求参数 REQ 使用 2Hz 的时钟脉冲（M0.3），上升沿激活发送任务；将控制通信连接参数 CONT 设置为 TRUE，表示建立连接并一直保持连接；将发送长度 LEN 设置为 100 字节；将指向连接描述结构的指针参数 CONNECT 设置为组态中的连接数据 PLC_1_Send_DB；将指向发送区的指针参数 DATA 设置为 P#DB5.DBX0.0 BYTE 100，其含义为发送数据块 DB5 中从 0.0 位开始的 100 字节的数据。

（2）输出参数：设置相应的变量监控指令执行情况。

[小思考]

TSEND_C 的输出 STATUS 状态字有哪些？分别表示什么意思？

2）接收端设计

首先在"PLC_2"文件夹中打开"程序块"文件夹，选择"Main"程序块，然后打开右侧的指令夹，选择"通信模块"→"开放式用户通信"→"TRCV_C"选项，双击或长按并拖曳"TSEND_C"指令块，将其添加到"Main"程序块中。

在指令块添加完成后，双击"TRCV_C"图标 或选择"属性"→"组态"选项，对接收指令块进行配置。其中，在右侧"伙伴"栏的"端点"下拉列表中选择"PLC_1[CPU 1214C DC/DC/DC]"选项；在左侧"本地"栏的"连接数据"下拉列表中选择"PLC_2_Receive_DB"选项，在"连接类型"下拉列表中选择"TCP"选项，在"连接 ID（十进制）"数据框中输入 1；选中右侧"伙伴"栏下的"主动建立连接"单选按钮；在"本地端口"数值框中输入 2000，如图 5.2.7 所示。

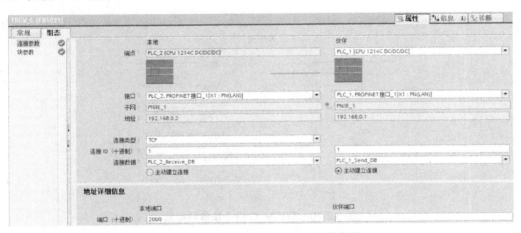

图 5.2.7   TRCV_C 组态——连接参数

在 PLC_2 的 PLC 变量中新建 TRCVC 变量表，并添加变量 TRCVC_Done、TRCVC_Busy、TRCVC_Error、TRCVC_Status、TRCVC_RCVLEN，如图 5.2.8 所示。

	名称	数据类型	地址	保持	从 H	从 H	在 H
1	TRCVC_Done	Bool	%M20.0		✓	✓	✓
2	TRCVC_Busy	Bool	%M20.1		✓	✓	✓
3	TRCVC_Error	Bool	%M20.2		✓	✓	✓
4	TRCVC_Status	Word	%MW22		✓	✓	✓
5	TRCVC_RCVLEN	Word	%MW24		✓	✓	✓

图 5.2.8   TRCVC 变量表

在 PLC_2 的程序块中添加接收区数据块，名称为 TRCV_data。创建好数据块后，取消选中"优化块的访问"复选框。添加发送变量 trcv_data，如图 5.2.9 所示。

图 5.2.9　接收区数据块

先对创建好的数据块和数据表进行编译，然后配置 TRCV_C 指令块参数，如图 5.2.10 所示。

（1）输入参数：将启用接收功能参数 EN_R 设置为 1，表示 TRCV_C 指令块工作；将控制通信连接参数 CONT 设置为 TRUE，表示建立通信连接并在接收数据后保持该连接；将接收长度参数 LEN 设置为 100 字节；将指向连接描述结构的指针参数 CONNECT 设置为组态中的连接数据 PLC_2_Receive_DB；将指向接收区的指针参数 DATA 设置为 P#DB3.DBX0.0 BYTE 100，其含义为接收数据块 DB3 中从 0.0 位开始的 100 字节的数据。

（2）输出参数：设置相应的变量以监控指令执行情况。

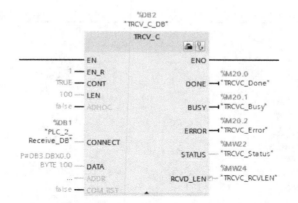

图 5.2.10　TRCV_C 指令块参数配置

3）建立监控表

在 PLC_1 中创建新的名为"发送监控表"的监控表，添加 5 个监控变量，如图 5.2.11 所示。

	i	名称		地址	显示格式	监视值	修改值	⚡
1		"TSENDC_data".send_data[0]		%DB5.DBB0	十六进制		16#64	☑ !
2		"TSENDC_data".send_data[1]		%DB5.DBB1	十六进制		16#65	☑ !
3		"TSENDC_data".send_data[2]		%DB5.DBB2	十六进制		16#69	☑ !
4		"TSENDC_data".send_data[3]		%DB5.DBB3	十六进制		16#01	☑ !
5		"TSENDC_data".send_data[4]		%DB5.DBB4	十六进制		16#99	☑ !

图 5.2.11　发送监控表

在 PLC_2 中创建新名为"接收监控表"的监控表，添加 5 个监控变量，如图 5.2.12 所示。

	i	名称		地址	显示格式	
1		"TRCV_data".trcv_data[0]		%DB3.DBB0	十六…	▼
2		"TRCV_data".trcv_data[1]		%DB3.DBB1	十六进制	
3		"TRCV_data".trcv_data[2]		%DB3.DBB2	十六进制	
4		"TRCV_data".trcv_data[3]		%DB3.DBB3	十六进制	
5		"TRCV_data".trcv_data[4]		%DB3.DBB4	十六进制	

图 5.2.12　接收监控表

3．程序调试

编译 PLC_1 和 PLC_2 的软件与硬件。选中 PLC_1，启动仿真 1，把程序下载到仿真 1 中，运行仿真 PLC，PLC 转至在线，启动监视程序，监视发送监控表。

对 PLC_2 进行同样的操作，仿真 2 启动，下载程序，转至在线，监视接收监控表。

在 PLC_1 的发送监控表中输入变量修改值，并右击它，选择"修改"→"立即修改"选项，强制给发送变量赋值，如图 5.2.13 所示。查看 PLC_2 的接收变量表，显示已经接收的数据，如图 5.2.14 所示。

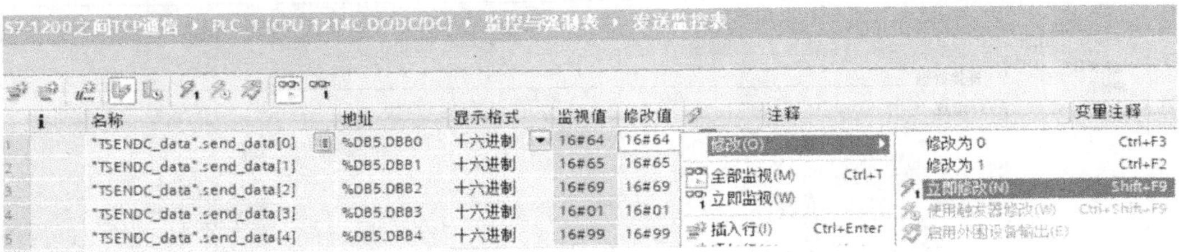

图 5.2.13　发送监控情况

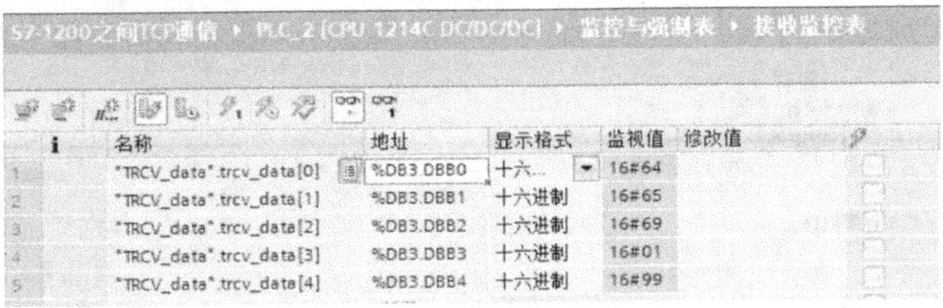

图 5.2.14　接收监控情况

5.2.4　ISO-on-TCP 通信程序设计

ISO-on-TCP 通信与 TCP 通信相比，除了 TSEND_C 指令块和 TRCV_C 指令块的组态连接参数有差异，其余采用的通信指令块、硬件组态、程序设计都相同。

直接复制"S7-1200 之间 TCP 通信"项目，将"S7-1200 之间的 TCP 通信.ap16"的文件名修改为"S7-1200 之间的 ISO-on-TCP 通信.ap16"，打开程序，修改 TSEND_C 指令块和 TRCV_C 指令块的组态参数，如图 5.2.15 和图 5.2.16 所示。

图 5.2.15　TSEND_C 组态——连接参数（ISO-on-TCP 通信）

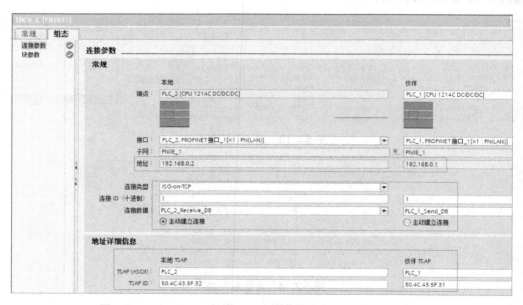

图 5.2.16　TRCV_C 组态——连接参数（ISO-on-TCP 通信）

TSAP ID 会自动生成，无须修改。编译、调试后会得到与 TCP 通信相同的结果。

 拓展阅读

全球首个广域云化 PLC 技术试验成果正式发布

2021 年 6 月，在第五届未来网络发展大会期间，华为携手紫金山实验室、上海交通大

学、上海宝信软件股份有限公司（下称"宝信软件"）正式发布了全球首个广域云化 PLC（可编程控制器）技术试验成果。本次试验依托未来网络试验设施（China Environment for Network Innovation），在沪宁两地间构建确定性广域网环境，并进行试验验证。其中，云化 PLC 部署在上海，由宝信软件采用通用架构实现，包括鲲鹏 CPU、欧拉操作系统、面向 IEC 61499 标准的 PLC 开发运行环境。云化 PLC 采用通用 IP 协议（互联网协议）。本次验证的确定性广域网环境由 4 个 DIP 设备组成，传输路径近 600 千米，在重载背景流量冲击下，该环境实现了 20μs 以内的时延抖动控制，并且网络时延可有效控制在 4ms 以内，满足了典型云化 PLC 业务的需求。设备网联化、联接 IP 化、网络智能化的先进工业网络是工业互联网发展的基础。本次创新试验加速了工业网络 IP 化的进程，有利于消除数字化转型中的信息孤岛，用先进工业网络加速数据资产的生产、流动和价值变现。

【任务计划】

根据任务资讯及收集、整理的资料填写如表 5.2.2 所示的任务计划单。

表 5.2.2　任务计划单

项　　目	智能装配生产线——S7-1200 通信实现		
任　　务	S7-1200 之间的 TCP 通信	学　　时	4
计划方式	分组讨论、合作实操		
序　号	任　　务	时　间	负责人
1			
2			
3			
4			
5	完成 S7-1200 之间的 TCP 通信程序编程		
6	完成程序调试，进行任务成果展示、汇报		
小组分工			
计划评价			

【任务实施】

首先需要认识 S7-1200 的 TCP 通信方式，然后准备好博途 V16 和 PLCSIM 仿真软件，按照步骤进行硬件组态、程序设计和程序调试。在进行具体任务实施前，请先按照要求填写如表 5.2.3 所示的任务实施工单。

表 5.2.3　任务实施工单

项　目	智能装配生产线——S7-1200 通信实现		
任　务	S7-1200 之间的 TCP 通信	学　时	
计划方式	分组讨论、合作实操		
序　号	实施情况		
1			
2			
3			
4			
5			
6			

【任务检查与评价】

完成任务实施后，进行任务检查与评价，可采用小组互评等方式。任务评价单如表 5.2.4 所示。

表 5.2.4　任务评价单

项　目	智能装配生产线——S7-1200 通信实现			
任　务	S7-1200 之间的 TCP 通信			
考核方式	过程评价+结果考核			
说　明	主要评价学生在项目学习过程中的操作方式、理论知识、学习态度、课堂表现、学习能力、动手能力等			
评价内容与评价标准				
序号	内　容	评价标准		成绩比例/%
		优	良	合　格	
1	基本理论掌握	掌握 S7-1200 的通信接口，理解 TCP 通信	熟悉 S7-1200 的通信接口，理解 TCP 通信	了解 S7-1200 的通信接口，基本理解 TCP 通信	30
2	实践操作技能	熟练使用各种查询工具收集和查阅 S7-1200 TCP 通信资料，分工科学合理，按规范步骤完成 S7-1200 之间的 TCP 通信	较熟练使用各种查询工具收集和查阅 S7-1200 TCP 通信资料，分工较合理，能完成 S7-1200 之间的 TCP 通信	会使用各种查询工具收集和查阅 S7-1200 TCP 通信资料，经协助能完成 S7-1200 之间的 TCP 通信	30
3	职业核心能力	具有良好的自主学习能力和分析、解决问题的能力，能解答任务小思考	具有较好的学习能力和分析、解决问题的能力，能部分解答任务小思考	具有分析、解决部分问题的能力	10

续表

序号	内　容	评价标准			成绩比例/%
		优	良	合　格	
4	工作作风与职业道德	具有严谨的科学态度和工匠精神，能够严格遵守"6S"管理制度	具有良好的科学态度和工匠精神，能够自觉遵守"6S"管理制度	具有较好的科学态度和工匠精神，能够遵守"6S"管理制度	10
5	小组评价	具有良好的团队合作精神和沟通交流能力，热心帮助小组其他成员	具有较好的团队合作精神和沟通交流能力，能帮助小组其他成员	具有一定团队合作能力，能配合小组完成项目任务	10
6	教师评价	包括以上所有内容	包括以上所有内容	包括以上所有内容	10
合计					100

【任务练习】

1. TCP 通信和 ISO-on-TCP 通信有什么区别？

2. 对于 S7-1200 之间的 TCP 通信，两个 S7-1200 在同一个项目和不在同一个项目中有什么区别？

任务 5.3　S7-1200 之间的 UDP 通信

 【任务单】

扫一扫，看微课

本任务要求完成两台 S7-1200 之间的 UDP 通信。具体任务要求可参照如表 5.3.1 所示的任务单。

表 5.3.1　任务单

项　　目	智能装配生产线——S7-1200 通信实现	
任　　务	S7-1200 之间的 UDP 通信	
任务要求		任务准备
（1）明确任务要求，组建分组，每组 3～5 人 （2）收集 S7-1200 的 UDP 通信资料 （3）完成 S7-1200 之间的 UDP 通信的硬件组态、程序设计、HMI 设计 （4）在仿真或真实 PLC 上调试程序		（1）自主学习 ① S7-1200 之间的 UDP 通信原理 ② S7-1200 之间的 UDP 通信指令 （2）设备工具 ① 硬件：计算机、两台 S7-1200 ② 软件：办公软件、博途 V16
自我总结		拓展提高
		通过工作过程和总结，提高团队协作能力、程序设计和调试能力

【任务资讯】

5.3.1　UDP 通信协议

UDP 通信协议是由 RFC 768 描述的一种标准协议，即用户数据报协议，提供了一种一个应用程序向另一个应用程序发送数据报可采用的机制，但是数据的传输得不到保证。

UDP 通信协议有如下特点。

- 是无连接的，发送数据前无须建立连接。
- 没有可靠性保证、顺序保证和流量控制字段等，不保证可靠交付。UDP 通信协议的可靠性由应用层负责。
- 控制选项较少，在数据传输过程中延迟小、数据传输效率高。
- 面向报文，对于应用层交下来的报文，不合并、不拆分，保留原报文的边界。
- 支持一对一、一对多、多对一和多对多的交互通信。
- 首部开销为 8 字节，比 TCP 的 20 字节要小。
- 适用于小数据量到中等数据量（当发送数据超过 1472 字节时，会大幅增加未检测到传输错误的风险）。

5.2.2　UDP 通信指令

S7-1200 之间的以太网通信可以通过 UDP 通信协议来实现。本任务使用 TCON、TUSEND、TURCV 指令块建立双方的 UDP 通信。TUSEND、TURCV 指令块在两台 PLC 间必须成对存在。

1．TCON

使用 TCON 指令块可设置并建立通信连接。在设置并建立连接后，CPU 将自动持续监视该连接。该指令块为异步执行指令。

2．TUSEND

TUSEND 指令块支持通过 UDP 通信协议和 S7-1500 的 FDL 连接进行数据传输。该指令块为异步指令，异步指令调用完成时，其执行不一定完成（可以多次调用）。在 REQ 参数中生成上升沿以再次建立连接。

3．TURCV

TURCV 指令块通过 UDP 通信协议和 S7-1500 的 FDL 连接进行数据传输。该指令块为异步执行指令，即该指令的执行可以多次调用。当调用 TURCV 指令块，且 EN_R=1 时，启动接收。

5.3.3　程序设计

1．硬件组态

在博途 V16 中创建新项目，项目名称为"S7-1200 之间 UDP 通信"。CPU 选择"CPU 1212C DC/DC/DC"，订货号选择"6ES7 212-1AE40-0XB0"。为了编程方便，在设备视图中使用 CPU 属性中定义的时钟位，启用时钟存储器字节。

在设备视图中，单击"CPU PROFINET 接口"图标，将 IP 地址改为 192.168.1.101、子网掩码修改为 255.255.255.0。按此操作添加第二个 S7-1200"PLC_2"，将 IP 地址改为 192.168.1.102、子网掩码改为 255.255.255.0。

切换到网络视图，建立 PLC_1 与 PLC_2 之间的 UDP 连接，如图 5.31 所示。

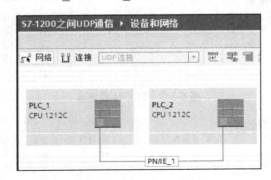

图 5.3.1　建立 UDP 连接

2．编写 PLC 程序

1）PLC_1 设计

将 TCON 指令块添加到 Main 程序块中，完成后双击"TCON"图标，或者选择"属性"→"组态"选项，对指令块进行配置，在右侧"伙伴"栏的"端点"下拉列表中选择"未指定"选项；在左侧"本地"栏的"接口"下拉列表中选择"PLC_1,PROFINET 接口_1[X1:PN(LAN)]"选项，在"连接类型"下拉列表中选择"UDP"选项，在"连接 ID（十进制）"数值框内输入 1，在"连接数据"下拉列表中新建生成"PLC_1_Connection_DB"选项；在"本地端口"数值框内输入 2000，如图 5.3.2 所示。

在 PLC_1 的 PLC 变量中新建 TCON 变量表、TUSEND 变量表、TURCV 变量表，如图 5.3.3～图 5.3.5 所示。

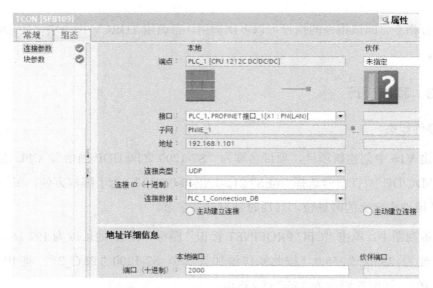

图 5.3.2 PLC_1 TCON 组态——连接参数

TCON变量表

	名称	数据类型	地址	保持	从 H...	从 H...	在 H...
1	TCON_Done	Bool	%M30.0	☐	☑	☑	☑
2	TCON_Busy	Bool	%M30.1	☐	☑	☑	☑
3	TCON_Error	Bool	%M30.2	☐	☑	☑	☑
4	TCON_Status	Word	%MW32	☐	☑	☑	☑

图 5.3.3 TCON 变量表

TUSEND变量表

	名称	数据类型	地址	保持	从 H...	从 H...	在 H...
1	TUSEND_Done	Bool	%M10.0	☐	☑	☑	☑
2	TUSEND_Busy	Bool	%M10.1	☐	☑	☑	☑
3	TUSEND_Error	Bool	%M10.2	☐	☑	☑	☑
4	TUSEND_Status	Word	%MW12	☐	☑	☑	☑

图 5.3.4 TUSEND 变量表

TURCV变量表

	名称	数据类型	地址	保持	从 H...	从 H...	在 H...
1	TURCV_Busy	Bool	%M20.1	☐	☑	☑	☑
2	TURCV_Error	Bool	%M20.2	☐	☑	☑	☑
3	TURCV_Status	Word	%MW22	☐	☑	☑	☑
4	TURCV_NDR	Bool	%M20.0	☐	☑	☑	☑
5	TURCV_LEN	Word	%MW24	☐	☑	☑	☑

图 5.3.5 TURCV 变量表

在 PLC_1 的程序块中添加指向连接描述指针的数据块，名称为 UDP1_DB，如图 5.3.6 所示。注意：该数据块的类型为 TADDR_Param。在“REM_IP_ADDR”列表中输入伙伴 PLC 的 IP 地址，以及端口号 2000。关闭数据块的优化块的访问功能。

UDP1_DB				
	名称	数据类型	偏移量	起始值
1	▼ Static			
2	■ ▼ REM_IP_ADDR	Array[1..4] of U... ▼	0.0	
3	■ REM_IP_ADDR[1]	USInt	0.0	192
4	■ REM_IP_ADDR[2]	USInt	1.0	168
5	■ REM_IP_ADDR[3]	USInt	2.0	1
6	■ REM_IP_ADDR[4]	USInt	3.0	102
7	■ REM_PORT_NR	UInt	4.0	2000
8	■ RESERVED	Word	6.0	16#0

图 5.3.6 指向连接描述指针的数据块

在 PLC_1 的程序块中添加发送和接收数据块,名称为 SEND_data、REC_data,数据类型为 Array[0..99] of byte。同样,关闭数据块的优化块的访问功能。

首先对创建好的数据块和数据表进行编译,然后配置 TCON 指令块的参数,如图 5.3.7 所示。

- 输入参数:启动请求 REQ 使用 2Hz 的时钟脉冲(M0.3),上升沿激活发送任务;将指向已分配连接的引用 ID 设置为 1;将指向连接描述的指针 CONNECT 设置为 PLC_1_Connection_DB,它是在组态中新建自动生成的。

- 输出参数:设置相应的变量来监控指令执行情况。

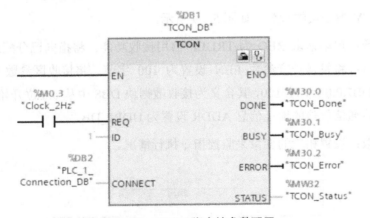

图 5.3.7 TCON 指令块参数配置

【小提示】

TCON 指令块可以用于 TCP 传输的连接,也可以用于 UDP 传输的连接,当其用于 TCP 通信时,是真实地在通信伙伴之间建立连接;而当其用于 UDP 通信时,只是用来配置通信的参数(如通信伙伴的 IP 地址和端口号)。首先,用户程序通过调用 TCON 指令块把 UDP 的通信参数交给 PLC 的操作系统;然后,操作系统负责把这些信息以 UDP 报文的形式发送出去。因此,在进行 UDP 通信时,TCON 指令块在用户程序和操作系统之间建立连接,而不是与通信伙伴建立连接。

配置 TUSEND 指令块的参数，如图 5.3.8 所示。

- 输入参数：启动请求 REQ 使用 2Hz 的时钟脉冲（M0.3），上升沿激活发送任务；将指向已分配连接的引用 ID 设置为 1；将发送长度 LEN 设置为 100 字节；将发送区 DATA 设置为 P#DB5.DBX0.0 BYTE 100，其含义为发送数据块 DB5 中从 0.0 位开始的 100 字节的数据；将通信伙伴的地址信息 ADDR 设置为 UDP1_DB。

- 输出参数：设置相应的变量来监控指令执行情况。

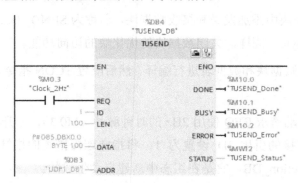

图 5.3.8　TUSEND 指令块参数配置

配置 TURCV 指令块的参数，如图 5.3.9 所示。

- 输入参数：启动请求 REQ 为 TRUE，启用接收功能；将指向已分配连接的引用 ID 设置为 1；将发送长度参数 LEN 设置为 100 字节；将接收区参数 DATA 设置为 P#DB8.DBX0.0 BYTE 100，其含义为接收数据块 DB8 中从 0.0 位开始的 100 字节的数据；将通信伙伴的地址信息 ADDR 设置为 UDP1_DB。

- 输出参数：设置相应的变量来监控指令执行情况。

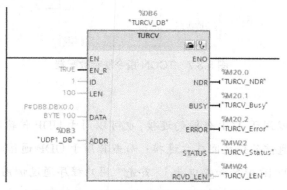

图 5.3.9　TURCV 指令块参数配置

2）PLC_2 设计

将 TCON 指令块添加到 Main 程序块中，完成后双击"TCON"图标，或者选择"属性"→"组态"选项，对指令块进行配置，在右侧"伙伴"栏的"端点"下拉列表中选择"未指定"选项；在左侧"本地"栏的"接口"下拉列表中选择"PLC_2,PROFINET 接口_1[X1:PN(LAN)]"选项，在"连接类型"下拉列表中选择"UDP"选项，在"连接 ID（十进制）"数据框中输入 1，在"连接数据"下拉列表中新建生成"PLC_2_Connection_DB"选项；在"本地端口"栏的"端口（十进制）"数据框中输入 2000，如图 5.3.10 所示。参照 PLC_1 的设计，配置 TCON、TUSEND、TURCV 指令块参数。并增加对应变量和数据块。

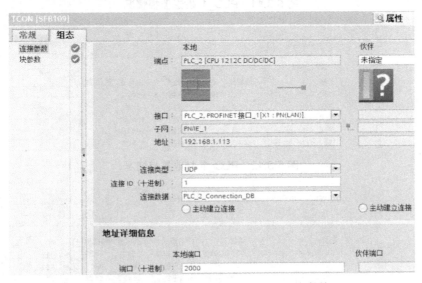

图 5.3.10　PLC_2 TCON 组态——连接参数

3）建立监控表

在 PLC_1 中创建 PLC1 发送监控表和 PLC1 接收监控表，在两个监控表中分别添加 5 个监控变量。PLC_1 发送变量名称分别为"SEND_data".send[0]～"SEND_data."send[4]，对应地址分别为%DB5.DBB0～%DB5.DBB4。PLC_1 接收变量名称分别为"REC_data."rev[0]～"REC_data."rev[4]，对应地址分别为%DB8.DBB0～%DB8.DBB4。

在 PLC_2 中创建 PLC2 发送监控表和 PLC2 接收监控表，分别添加 5 个监控变量。PLC_2 发送变量名称分别为"SEND_data."send[0]～"SEND_data."send[4]，对应地址分别为%DB3.DBB0～%DB3.DBB4。PLC_2 接收变量名称分别为"REC_data."rev[0]～"REC_data."rec[4]，对应地址分别为%DB7.DBB0～%DB7.DBB4。

3. 程序调试

首先编译 PLC_1 和 PLC_2 的软件与硬件，把程序下载到 S7-1200 中。然后在程序下载完毕后，运行 PLC，将其转至在线，并打开发送监控表，单击“全部监视”按钮。PLC_1 和 PLC_2 的收/发监控情况如图 5.3.11～图 5.3.14 所示。

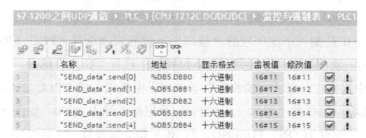

	i	名称	地址	显示格式	监视值	修改值	
1		"SEND_data".send[0]	%DB5.DBB0	十六进制	16#11	16#11	☑ !
2		"SEND_data".send[1]	%DB5.DBB1	十六进制	16#12	16#12	☑ !
3		"SEND_data".send[2]	%DB5.DBB2	十六进制	16#13	16#13	☑ !
4		"SEND_data".send[3]	%DB5.DBB3	十六进制	16#14	16#14	☑ !
5		"SEND_data".send[4]	%DB5.DBB4	十六进制	16#15	16#15	☑ !

图 5.3.11　PLC_1 发送监控情况

	i	名称	地址	显示格式	监视值	修改值	
1		"REC_data".rev[0]	%DB8.DBB0	十六进制	16#21		
2		"REC_data".rev[1]	%DB8.DBB1	十六进制	16#22		
3		"REC_data".rev[2]	%DB8.DBB2	十六进制	16#23		
4		"REC_data".rev[3]	%DB8.DBB3	十六进制	16#24		
5		"REC_data".rev[4]	%DB8.DBB4	十六进制	16#25		

图 5.3.12　PLC_1 接收监控情况

	i	名称	地址	显示格式	监视值	修改值	
1		"SEND_data".send[0]	%DB3.DBB0	十六进制	16#21	16#21	☑ !
2		"SEND_data".send[1]	%DB3.DBB1	十六进制	16#22	16#22	☑ !
3		"SEND_data".send[2]	%DB3.DBB2	十六进制	16#23	16#23	☑ !
4		"SEND_data".send[3]	%DB3.DBB3	十六进制	16#24	16#24	☑ !
5		"SEND_data".send[4]	%DB3.DBB4	十六进制	16#25	16#25	☑ !

图 5.3.13　PLC_2 发送监控情况

	i	名称	地址	显示格式	监视值	修改值	
1		"REC_data".rec[0]	%DB7.DBB0	十六进制	16#11		
2		"REC_data".rec[1]	%DB7.DBB1	十六进制	16#12		
3		"REC_data".rec[2]	%DB7.DBB2	十六进制	16#13		
4		"REC_data".rec[3]	%DB7.DBB3	十六进制	16#14		
5		"REC_data".rec[4]	%DB7.DBB4	十六进制	16#15		

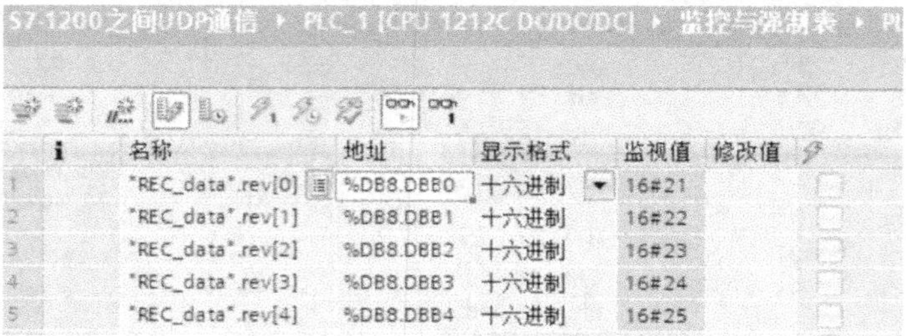

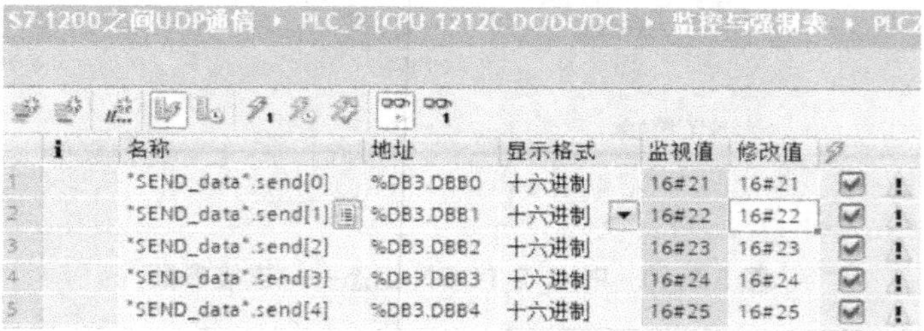

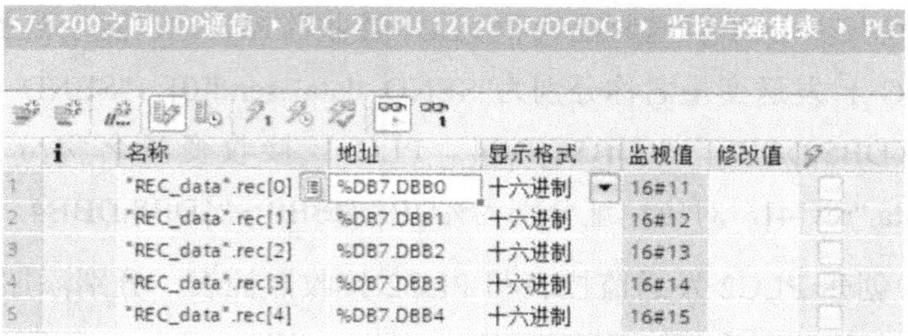

图 5.3.14　PLC_2 接收监控情况

【小思考】

对于 UDP 通信，如果所发送数据的长度和所要求数据的长度不一致，那么会出现什么情况呢？

拓展阅读

中国工业互联网研究院开发上线"中小企助查"App

为进一步提高惠企政策覆盖面和服务水平，让量大面广的中小企业知晓政策、了解政策、享受政策，中国工业互联网研究院依托国家工业互联网大数据中心组织开发了"中小企助查"App，并于 2022 年 2 月 25 日正式上线。"中小企助查"App 拟为中小企业提供一站式的惠企政策咨询服务，让广大中小企业找得到、看得懂、推得准、用得好。

"找得到"指的是"中小企助查"App 分类梳理了各部门、各省市发布的法律法规、政策规划、财税支持、创业创新、融资促进、权益保护、人才培养等各类政策信息，汇集了国家、省、市涉企政策及资讯 10000 余条，为广大中小企业构建查询、了解惠企政策的渠道。

"看得懂"指的是"中小企助查"App 设有专家政策解读、融资担保、规模自测等系列栏目，通过多方汇聚官方和专家观点，帮助中小企业及时了解政策要点。

"推得准"指的是"中小企助查"App 采用国家工业互联网大数据中心的大数据精准推送算法，可根据中小企业情况推送精确匹配的政策建议。

"用得好"指的是"中小企助查"App 正积极与国家级和省级中小企业公共服务平台进行连接，便于广大中小企业更方便地使用公共服务平台，享受政策福利。

【任务计划】

根据任务资讯及收集、整理的资料填写如表 5.3.2 所示的任务计划单。

表 5.3.2　任务计划单

项　目	智能装配生产线——S7-1200 通信实现			
任务名	S7-1200 之间的 UDP 通信	学　时		2
计划方式	分组讨论、合作实操			
序　号	任　务	时　间		负责人
1				
2				
3				
4				
5	完成 S7-1200 之间的 UDP 通信程序编程			
6	完成程序调试，进行任务成果展示、汇报			
小组分工				
计划评价				

【任务实施】

首先需要认识 S7-1200 的 UDP 通信方式，准备好博途 V16 和 PLCSIM 仿真软件，然后按照步骤进行硬件组态、程序设计和程序调试。在进行具体任务实施前，请先按照要求填写如表 5.3.3 所示的任务实施工单。

表 5.3.3　任务实施工单

项　目	智能装配生产线——S7-1200 通信实现		
任　务	S7-1200 之间的 UDP 通信	学　时	
计划方式	分组讨论、合作实操		
序　号	实施情况		
1			
2			
3			
4			
5			
6			

【任务检查与评价】

完成任务实施后，进行任务检查与评价，可采用小组互评等方式。任务评价单如表 5.3.4 所示。

表 5.3.4　任务评价单

项　目	智能装配生产线——S7-1200 通信实现			
任　务	S7-1200 之间的 UDP 通信			
考核方式	过程评价+结果考核			
说　明	主要评价学生在项目学习过程中的操作方式、理论知识、学习态度、课堂表现、学习能力、动手能力等			
评价内容与评价标准				
序号	内　容	评价标准		成绩比例/%
		优	良	合　格	
1	基本理论掌握	掌握 S7-1200 的通信接口，理解 UDP 通信	熟悉 S7-1200 的通信接口，理解 UDP 通信	了解 S7-1200 的通信接口。基本理解 UDP 通信	30
2	实践操作技能	熟练使用各种查询工具收集和查阅 S7-1200 UDP 通信资料，分工科学合理，按规范步骤完成 S7-1200 之间的 UDP 通信	较熟练使用各种查询工具收集和查阅 S7-1200 UDP 通信资料，分工较合理，能完成 S7-1200 之间的 UDP 通信	会使用各种查询工具搜集和查阅 S7-1200 UDP 通信资料，经协助完成 S7-1200 之间的 UDP 通信	30

续表

序号	内　容	评价内容与评价标准			成绩比例/%
		评价标准			
		优	良	合　格	
3	职业核心能力	具有良好的自主学习能力和分析、解决问题的能力，能解答任务小思考	具有较好的学习能力和分析、解决问题的能力，能部分解答任务小思考	具有分析、解决部分问题的能力	10
4	工作作风与职业道德	具有严谨的科学态度和工匠精神，能够严格遵守"6S"管理制度	具有良好的科学态度和工匠精神，能够自觉遵守"6S"管理制度	具有较好的科学态度和工匠精神，能够遵守"6S"管理制度	10
5	小组评价	具有良好的团队合作精神和沟通交流能力，热心帮助小组其他成员	具有较好的团队合作精神和沟通交流能力，能帮助小组其他成员	具有一定团队合作能力，能配合小组完成项目任务	10
6	教师评价	包括以上所有内容	包括以上所有内容	包括以上所有内容	10
合计					100

【任务练习】

1．对于 S7-1200 之间的 UDP 通信，两个 S7-1200 在同一个项目中和不在同一个项目有什么区别？

2．TCP 通信与 UDP 通信有什么区别？

【思维导图】

请完成如图 5.3.15 所示的项目 5 思维导图。

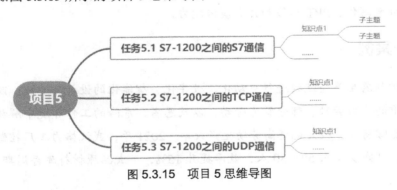

图 5.3.15　项目 5 思维导图

【创新思考】

本项目所讲的是 S7-1200 之间的通信，那么 S7-1200 与其他 PLC 之间如何通信呢？如与 S7-200 Smart 的通信？

项目 6

工业控制技术达人挑战

职业能力

- 能阐述智能装配生产线的工艺流程。

- 能正确使用和配置智能装配生产线上各相关设备与器件。

- 熟悉 PLC 控制与工业组态技术知识体系。

- 掌握思维导图软件的使用方法。

- 能独立完成新的 PLC 控制和工业组态技术学习。

- 能作为团队成员参与创新创意项目。

- 培养创业意识和创新精神。

- 提升方案写作、PPT 制作和公众演讲能力。

引导案例

通过对控制器生产全流程进行自动化、数字化、智能化的设计、实施、改造，不仅可以把人从繁重的体力劳动、部分脑力劳动，以及恶劣、危险的工作环境中解放出来，还可以扩展人的器官功能，极大地提高劳动生产效率。2021 年，武汉格力工厂控制器智能化新生产线投用，可减少工人 50~80 人，效率提升 15%，半成品原材料库存周期从 72 小时下降到 48 小时。

通过前面项目/任务的学习，相信读者已经对 PLC 控制与工业组态技术有了较深的认识，能够完成部分工业智能控制功能。由于当前智能控制与实际工艺对象、设备对象紧密结合，新的工业控制系统和功能不断涌现，因此我们需要学会了解当前的 PLC 控制和工业组态技术，掌握工业控制技术背后涉及的数学、计算机、工业控制、网络等知识，将无限的想象变为现实，做智能控制世界真正的参与者。

任务 6.1　智能装配生产线认知

扫一扫，
看微课

【任务描述】

在本任务中，要求对智能装配生产线的工艺流程有清晰的认识，明确各工作站的功能与作用，了解智能装配生产线上主要部件的功能及使用方法。请根据"智能装配生产线认知"任务单完成对智能装配生产线的整体认知。

【任务单】

根据任务描述，完成对智能装配生产线的整体认知。具体任务要求请参照如表 6.1.1 所示的任务单。

表 6.1.1　任务单

项　　目	工业控制技术达人挑战	
任　　务	智能装配生产线认知	
任务要求		**任务准备**
（1）明确任务要求，组建分组，每组 3～5 人 （2）收集智能装配生产线元器件手册或说明 （3）理解智能装配生产线元器件手册或说明 （4）完成对智能装配生产线的整体认知		（1）自主学习 ① 智能装配生产线各工作站的功能与作用 ② 智能装配生产线工作流程 （2）设备工具 ① 硬件：计算机、PDM 200 实训装置 ② 软件：办公软件
自我总结		**拓展提高**
		通过工作过程和总结，认识智能装配生产线，提高对工业智能控制系统的分析能力

 【任务资讯】

6.1.1　智能装配生产线介绍

在本任务中，以 PDM 200 实训装置作为智能装配生产线，在生产线仓储站中通过控制三轴机械手将运送到仓储站的物料夹取到对应仓储位置，完成入库。

　　智能装配生产线是 S 型的生产线，前、后设有两个控制面板，左侧设有触摸控制屏，顶部设有指示灯，右侧为电源和气源输入接口。控制 CPU 采用 S7-1200 系列 PLC，S 型生产线采用变频控制的三相交流电机。从 S 型生产线的左前方开始分别为上料站、加工站、监测站 1、装配站、监测站 2、仓储站，如图 6.1.1 所示。

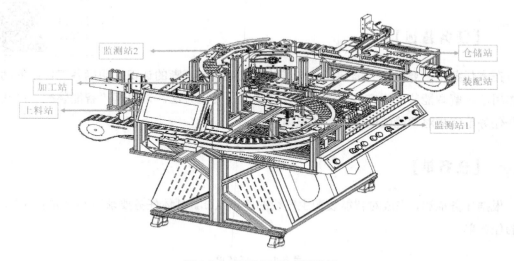

图 6.1.1　　PDM 200 实训装置

　　前、后控制面板均设有启动按钮、停止按钮、钥匙开关按钮、急停按钮，当前、后控制面板的钥匙开关按钮均指向"RUN"，且急停按钮处于弹起状态时，按下电源启停区的绿色启动按钮，设备电源开启，等待几秒后顶部的指示灯红灯亮起，电源启动正常，按下红色停止按钮，关闭系统电源。

　　前控制面板设有总站启/停按钮、仓储站控制开关、数字信号输入接口、模拟信号输入接口，后控制面板设有总站启/停按钮、上料站、加工站、装配站控制开关。正常工作时各控制开关均指向"RUN"。

1．上料站

　　在上料站中设有仓库 A、进料推杆、进料机械手、料仓位和加工位及物料检测传感器，如图 6.1.2 所示。

2．加工站

　　在加工站中设有加工机械手、加工步进电机、下料机械手，如图 6.1.3 所示。

3．监测站 1 和监测站 2

　　在监测站 1 和监测站 2 中设有缓存转盘（直流电机驱动）、监测站 1 和监测站 2 物料检测传感器（光纤）、金属传感器，如图 6.1.4 所示。

图 6.1.2　上料站

图 6.1.3　加工站

图 6.1.4　监测站 1 和监测站 2

　　在生产线上设有多个光纤放大器（上料站料仓、监测站 1、装配站装配位、监测站 2），当监测站未检测到物料时，如图 6.1.5 所示，左侧光纤放大器为盖子打开状态，指示灯状态为未检测到物料。图 6.1.6 所示为监测站检测到物料的状态。若状态不对，则可打开光纤放大器的盖子，使用一字螺丝刀进行调节。

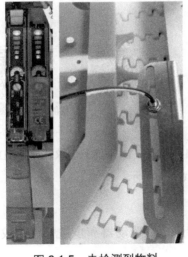

图 6.1.5　未检测到物料

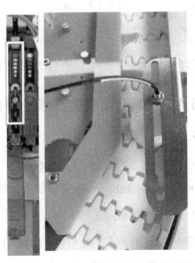

图 6.1.6　监测站检测到物料的状态

【小提示】

光纤放大器（Optical Fiber Amplifier，OFA）是运用于光纤通信线路中，实现信号放大的一种新型全光放大器。根据它在光纤线路中的位置和作用，一般分为光纤中继放大器、光纤前置放大器和光纤功率放大器。与传统的半导体激光放大器相比，OFA 不需要经过光电转换、电光转换和信号再生等步骤，可以直接对信号进行全光放大，尤其适合长途光通信的中继放大。

装配站

4．装配站

在装配站中设有仓库 B、装配机械手、吸盘及加工位物料检测传感器，如图 6.1.7 所示。

仓储站

5．仓储站

在仓储站中设有仓储站机械手、限位开关、零位传感器及物料检测传感器，如图 6.1.8 所示。仓储站机械手采用三轴机械手结构，X 轴采用雷赛伺服电机、Y 轴采用步进电机、Z 轴采用气动元件。

图 6.1.7　装配站

图 6.1.8　仓储站

【小思考】

伺服电机和步进电机有什么区别？

6.1.2　智能装配生产线主要部件

物料入库控制视频　智能装配生产线运行视频

1．PLC

控制 CPU 为 1215C DC/DC/DC，还有扩展模块 DI16×24V DC/ DQ16×Relay 和 DI16×24V DC/DQ16×Relay、通信模块 CB1241 RS485，如图 6.1.9 所示。

2．步进控制系统

智能装配生产线步进控制系统由雷赛 DM432C 步进电机驱动器和步进电机构成，如图 6.1.10 和图 6.1.11 所示。

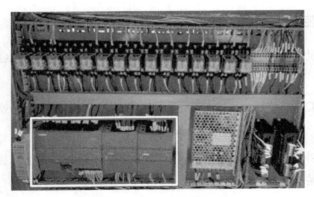

图 6.1.9　S7-1200 系列 PLC

图 6.1.10　雷赛 DM432C 步进电机驱动器

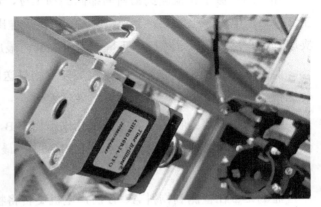

图 6.1.11　步进电机

3．供电电源、伺服、变频器控制板

智能装配生产线设有电源控制总空气开关、开关电源，以及伺服控制和变频器控制单元，如图 6.1.12 所示。

图 6.1.12　供电电源、伺服、变频器控制板

275

6.1.3 智能装配生产线工作流程

开启空气压缩机，等待片刻后打开气源开关，按下电源启停区的启动按钮，等待 PLC 上电，指示灯点亮；按下触摸屏的复位按钮，等待仓储站复位完成。

将上料站、加工站、装配站、仓储站的开关指向"RUN"，按下总站启停按钮的启动按钮，系统程序运行，传送带电机启动运行。

上料站推动物料 A，上料站机械手下降夹取物料、上升、伸出，加工站机械手伸出等待物料，上料站机械手下降、松开物料、上升、缩回等待。

加工站机械手在检测到物料后缩回到加工位，加工站机械手下降、电机转动加工，加工 2 秒后，电机停止加工并上升，加工站机械手伸出；加工站下料机械手首先伸出、下降、夹取物料，然后上升、缩回、下降、松开物料，最后上升等待。

监测站 1 在检测到物料后，电机旋转将物料送出，同时装配站机械手下降等待物料，传送带传输物料 A，上料站和加工站重复运行。

装配站在检测到物料 A 后，其料仓推出物料 B，装配站机械手首先旋转，吸取物料 B；然后旋转，吸盘松开，将物料 B 放到物料 A 中；最后上升等待。装配完成的物料 A、B 被传输到下一站。

监测站 2 在检测到物料 A、B 后，电机旋转将物料送出，传送带传输物料 A、B。

仓储站在检测到物料 A、B 后，仓储站机械手首先下降、夹取物料、上升，然后仓储站机械手 X 轴和 Y 轴运动到预设仓位，最后下降、松开物料、上升等待进料。

6.1.4 智能装配生产线运行注意事项

若在按下总站启/停按钮的启动按钮后，智能装配生产线的顶部指示灯未变为绿色，则需要按下触摸屏显示界面中的复位按钮，将生产线仓储站校准，在校准后方可按下启动按钮，启动运行。

前控制面板上的模拟输入通道 Analog input 中的 AI_A（4～20mA）连接设备内部的信号转换模块，转换为电压为 0～10V 的信号，该电压信号进入 PLC 的模拟输入通道 2；AI_B（0～10V）连接 PLC 的模拟输入通道 1。

在按下启动按钮前，建议将仓储站的物料取走，并将生产线上的物料块归位。

定期将空气压缩机内部的水排出。

在夹取物料时，务必按下总站停止按钮或触摸屏上的停止按钮，使生产线停止，不得在运行时进行夹取物料操作，以防发生意外。

6.1.5　智能装配生产线主要配件

要完成智能装配生产线上的任务，除了需要 PLC 控制系统，还需要其他设备和配件与之配合，共同完成控制要求。智能装配生产线主要配件清单如表 6.1.2 所示。

表 6.1.2　智能装配生产线主要配件清单

序号	名称	序号	名称	序号	名称
1	物联网网关	9	漫反射光电传感器	17	伺服电机
2	I/O 模块	10	温度传感器	18	湿度传感器
3	PID 温控器数显表	11	电机温度传感器+变送器	19	隔离变送器
4	步进电机调速器控制器	12	连接线缆	20	继电器输出扩展模块
5	触摸屏	13	变频器	21	可编程控制器
6	转速传感器	14	二位五通电磁阀	22	通信模块
7	磁性传感器	15	调压阀	23	光纤放大器
8	振动传感器	16	伺服驱动器	24	步进电机驱动器

6.1.6　智能装配生产线编程实现

根据对智能装配生产线运行流程的认识、PLC 电气接线图和 PLC I/O 接口分配表，完成整条智能装配生产线的控制程序的编写并调试，直至智能装配生产线能够正常运行。

 拓展阅读

智能制造的核心——MES

制造执行系统（Manufacturing Execution System，MES）作为智能工厂的重要组成，是智能制造的核心。国际制造执行系统协会对 MES 的定义为提供从订单投入到产品完成的生产活动所需信息。MES 可以为企业提供包括主数据管理、订单管理、计划管理、规范管理、设备管理、质量管理、仓储管理、统计分析等模块，为企业打造一个扎实、可靠、全面、可行的制造协同管理平台。

2021 年 12 月 2 日，IDC 发布的《中国制造业 MES 市场份额报告》显示，2020 年中国 MES 软件总市场份额达到 30.9 亿元（该统计的收入仅包含 MES 应用软件 license 和订阅服务的收入，不包含咨询和实施服务的收入），年复合增长率为 24.3%，较过去 3 年有了显著提升。其中，宝信软件凭借其在钢铁行业深度耕耘及对制药行业的拓展，以 7.5%的市场份额排名第二，仅次于西门子。目前，各经济领域数字化转型的需求迫切，在 5G 产业时代数据中心（TD）进行"5G+工业互联网全国行"的调研过程中，90%的受访企业已经使用或正在上 MES，剩余 10%的企业也准备在一年内上 MES。

【任务计划】

根据任务资讯及收集、整理的资料填写如表 6.1.3 所示的任务计划单。

表 6.1.3　任务计划单

项　　目	工业控制技术达人挑战		
任　　务	智能装配生产线认知	学　时	4
计划方式	分组讨论、资料收集、技能学习等		
序　　号	任　务	时　间	负责人
1			
2			
3			
4			
5	绘制智能装配生产线组成及功能的思维导图		
6	进行任务成果展示、汇报		
小组分工			
计划评价			

 【任务实施】

根据任务计划编制任务实施方案，并完成任务实施，填写如表 6.1.4 所示的任务实施工单。

表 6.1.4　任务实施工单

项　　目	工业控制技术达人挑战		
任　　务	智能装配生产线认知	学　时	
计划方式	分组讨论、合作实操		
序　　号	实施情况		
1			
2			
3			
4			
5			
6			
7			

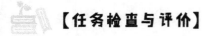

【任务检查与评价】

完成任务实施后，进行任务检查与评价，可采用小组互评等方式。任务评价单如表 6.1.5 所示。

表 6.1.5　任务评价单

项　　目	工业控制技术达人挑战			
任　　务	智能装配生产线认知			
考核方式	过程评价+结果考核			
说　　明	主要评价学生在项目学习过程中的操作方式、理论知识、学习态度、课堂表现、学习能力、动手能力等			
评价内容与评价标准				
序号	内　　容	评价标准		成绩比例/%
		优	良	合　　格	
1	基本理论掌握	掌握智能装配生产线工艺流程和主要部件的使用	熟悉智能装配生产线工艺流程和主要部件的使用	了解智能装配生产线工艺流程和主要部件的使用	30
2	实践操作技能	熟练绘制智能装配生产线的组成及功能的思维导图，组成和功能齐全，阐述清楚	较熟练绘制智能装配生产线的组成及功能的思维导图，组成和功能较齐全，阐述较清楚	经协助完成绘制智能装配生产线组成及功能的思维导图，有主要组成和主要功能	30
3	职业核心能力	具有良好的自主学习能力和分析、解决问题的能力，能解答任务小思考	具有较好的学习能力和分析、解决问题的能力，能部分解答任务小思考	具有分析、解决部分问题的能力	10
4	工作作风与职业道德	具有严谨的科学态度和工匠精神，能够严格遵守"6S"管理制度	具有良好的科学态度和工匠精神，能够自觉遵守"6S"管理制度	具有较好的科学态度和工匠精神，能够遵守"6S"管理制度	10
5	小组评价	具有良好的团队合作精神和沟通交流能力，热心帮助小组其他成员	具有较好的团队合作精神和沟通交流能力，能帮助小组其他成员	具有一定团队合作能力，能配合小组完成项目任务	10
6	教师评价	包括以上所有内容	包括以上所有内容	包括以上所有内容	10
合计					100

【任务练习】

1. 智能装配生产线上的监测站 1 与监测站 2 的功能分别是什么？

2. 开关电源的功能是什么？

任务 6.2 基于工业控制技术的创新创业项目

【任务描述】

经过前面的学习，相信读者已经对 PLC 控制与工业组态技术有了较好的认识。下面请尝试完成一个基于工业控制技术的创新创业项目。

【任务单】

本任务需要完成基于工业控制技术的创新创业项目，组建自己的团队。具体任务要求可参照如表 6.2.1 所示的任务单。

表 6.2.1 任务单

项 目	工业控制技术达人挑战	
任 务	基于工业控制技术的创新创业项目	
任务要求		**任务准备**
（1）明确任务要求，组建分组，每组 3～5 人 （2）完成创新创业资料的收集与整理 （3）完成一个基于工业控制技术的项目创意 （4）实现该路演（拓展）		（1）自主学习 ① 创新创业项目计划书编制要点 ② 创新创业路演技巧 （2）设备工具 ① 硬件：计算机 ② 软件：办公软件
自我总结		**拓展提高**
		通过工作过程和总结，提高团队协作能力、方案协作能力和交流沟通能力

【任务资讯】

6.2.1 创新创业项目计划书编制要点

创新创业项目计划书是一份全方位的商业计划，其主要目的是吸引投资者，以便他们对企业和项目做出判断，使企业获取融资。虽然创业始于创意，但其并未止于创意，创意本身再好也不能创造价值，要经历生产、销售、服务等一系列的过程才能实现价值。项目计划书的编制与创业类似，是一个复杂的系统工程，不但需要对行业和市场有充分的研究，还需要有较强的文字编写能力。对于企业和创业者，项目计划书不仅能满足融资需求，还能帮助企业梳理产品逻辑、摸清业务走向、规划发展路径、明确资金计划，对企业发展具有重要意义。

1. 创新创业项目计划书的作用

（1）沟通工具：项目计划书必须着力体现企业（项目）的价值，有效吸引投资者、员工、战略合作伙伴等。

（2）计划工具：项目计划书要包括企业（项目）发展的不同阶段，规划要具有战略性、全局性和长期性。

（3）行动指导工具：项目计划书内容涉及企业（项目）运作的方方面面，能够指导工作的开展。

2. 创新创业项目计划书要点

创新创业项目计划书有相对固定的格式，包括投资者感兴趣的主要内容。项目计划书涉及企业成长经历、产品与服务、市场、营销、团队、股权结构、组织架构、财务、运营及融资方案。创新创业项目计划书格式示例如表 6.2.2 所示。

表 6.2.2　创新创业项目计划书格式示例

构　成	内　容	说　明
封面	封面	醒目、精致
目录	项目计划书提纲	章节题目
正文	摘要	计划书的精髓，非常简练的计划及商业模式，是投资者首先关注的内容
	企业概述	企业名称、结构、宗旨、经营理念、策略、相对价值增值（产品为消费者提供了什么新的价值）、设施设备等
	产品与服务	产品的技术、功能、应用领域、市场前景等
	市场分析	行业、市场、目标群体
	竞争分析	根据产品、价格、市场份额、地区、营销方式、管理手段、特征及财务等划分的重要竞争者和竞争策略
	营销策略	营销计划、销售战略、渠道和伙伴、定价战略、市场沟通
	财务分析	收入预估表、资产负债表、现金流和盈亏平衡分析
	创业团队	团队分工、背景、经验
	风险控制	财务风险、技术风险、市场风险、管理风险
	引领教育	育人本质、多学科交叉、学校学院支持、学生创业需要等
附录	知识产权	—
	企业业绩	—
	企业宣传品	—
	市场调研数据	—

【小提示】

竞争分析可以采用 SWOT 分析法，其中，S（Strength）代表优势、W（Weakness）代表劣势，O（Opportunity）代表机会、T（Threat）代表威胁。SWOT 分析法是基于内/外部竞争环境和竞争条件下的态势分析，就是将与研究对象密切相关的各种主要内部优势、劣势和外部的机会和威胁等通过调查列举出来，并以矩阵形式排列，用系统分析法的思想，把各种因素相互匹配起来加以分析，从中得出一系列相应的结论，而结论通常带有一定的决策性。

6.2.2 创新创业路演技巧

路演就是项目代表在讲台上向台下众多的投资者讲解自己的企业产品、发展规划、融资计划。路演分为线上路演和线下路演。线上路演主要是通过 QQ 群、微信群、在线视频等互联网方式对项目进行讲解的，线下路演主要通过活动专场对投资者进行面对面的演讲及交流。作为一个创业者，路演是必修课。

1. 路演准备

（1）准备一份清晰、简洁的路演材料，尽量用简单的图表代替文字。

（2）如果创业者为技术出身，不擅长社交，那么可以让合伙人进行项目的展示，自己作为旁听者并在必要时进行补充。

（3）对企业的各项指标要比任何人都了解，无论是运营指标还是财务状况。

（4）列出项目大纲，分清重点和次重点。

（5）明确产品定位，介绍营利模式，投资者大部分对此部分最感兴趣。

（6）对于融资计划，要说明资金整体需求、用途，要尽量详细。同时，说明未来 3 年的市场规划，以及企业估值逻辑。

（7）提前演练，严格控制路演时间。

（8）准备另外一份计划，提前想好投资者可能会问的问题和答案，做最坏的打算，一旦在路演中出现变化，需要随机应变。

2. 路演 PPT

创新创业路演 PPT 可由市场分析、项目简介、商业模式、融资计划组成，下面按 8 分钟路演分配时间。

（1）市场分析：包括市场前景、市场痛点、竞品分析，建议制作 3 页 PPT，讲解 1 分钟。

（2）项目简介：包括项目概述（项目定位、目标市场、项目能解决的问题）、核心竞争力（资源优势、技术优势及其他优势），建议制作 3 页 PPT，讲解 2 分钟。

（3）商业模式：包括产品体系、运营模式、核心团队及分工、成功案例、发展目标、尚待增加的部分等，建议制作 7~8 页 PPT，讲解 4 分钟。

（4）融资计划：包括往年营收状况、融资总金额与出让股份比例、资金使用计划、预期收入表等，建议制作 3 页 PPT，讲解 1 分钟。

3．路演注意事项

（1）切忌好高骛远，只有情怀和想法。应该实事求是，有激情的想法和实施方案。

（2）不要过分强调技术和产品。应该突出核心优势，了解真实市场和细节，讲清楚如何营利。

（3）无须堆砌大量枯燥的专业术语和数据。化繁为简，突出重点，生动地进行讲述。

（4）不要什么都想做，认为可以占据全部市场。要有清晰的商业逻辑和明确的市场定位。

（5）不要面面俱到。尽管路演 PPT 基本包含了项目计划书的全部，但路演时间有限，要分清主次，非主要的内容一笔带过。

（6）如果现场演示不方便或耗费时间，那么可以用视频等方式替代。

6.2.3 创新创业项目评审要点

大众创业、万众创新，"互联网+"大学生创新创业大赛、"挑战杯"全国大学生课外学术科技作品竞赛等双创比赛模拟了一个产品的整个生命流程，包括从产品的创意提出、可行性分析，到产品的市场需求分析、研发设计，再到产品功能验证、应用推广和售后等。双创比赛是学生创新创业的有效途径，不仅可以培养和提升学生的创新能力、团队合作能力、科研能力和社会实践能力，还可以为优秀项目提供融资渠道，直接对接投资者。那么，专家和投资者从哪些方面评价创新创业项目呢？下面以如表 6.2.3 所示的第七届中国国际"互联网+"大学生创新创业大赛评审规则（职教创意组）为例进行说明。

表 6.2.3 第七届中国国际"互联网+"大学生创新创业大赛评审规则（职教创意组）

评审要点	评审内容	分 值
创新维度	（1）具有原始创意、创造 （2）具有面向培养"大国工匠"与能工巧匠的创意与创新 （3）项目体现产教融合模式创新、校企合作模式创新、工学一体模式创新 （4）鼓励面向职业和岗位的创意及创新，侧重于加工工艺创新、实用技术创新、产品（技术）改良、应用性优化、民生类创意等	30

续表

评审要点	评审内容	分值
团队维度	（1）团队成员的教育、实践、工作背景、创新能力、价值观念等情况 （2）团队的组织构架、分工协作、能力互补、人员配置、股权结构及激励制度合理性情况 （3）团队与项目关系的真实性、紧密性，团队对项目的各类投入情况，团队未来投身创新创业的可能性情况 （4）支撑项目发展的合作伙伴等外部资源的使用及与项目关系的情况	25
商业维度	（1）商业模式设计完整、可行，项目已具备营利能力或具备较好的营利潜力 （2）项目目标市场容量及市场前景，项目与市场需求匹配情况，项目的市场、资本、社会价值情况，项目落地执行情况 （3）在行业、市场、技术等方面有翔实调研，并形成可靠的"一手"材料，强调实地调查和实践检验 （4）项目对相关产业升级或颠覆的情况，项目与区域经济发展、产业转型升级相结合的情况	20
就业维度	（1）项目直接提供就业岗位的数量和质量 （2）项目间接带动就业的能力和规模	10
引领教育	（1）项目的产生与执行充分展现团队的创新意识、思维和能力，体现团队成员解决复杂问题的综合能力和高级思维 （2）突出大赛的育人本质，充分体现项目成长对团队成员创新创业精神、意识、能力的锻炼和提升作用 （3）项目充分体现多学科交叉、专创融合、产学研协同创新等发展模式 （4）项目所在院校在项目的培育、孵化等方面的支持情况 （5）团队创新创业精神与实践的正向带动和示范作用	15

【小思考】

"互联网+"大学生创新创业大赛和"挑战杯"全国大学生课外学术科技作品竞赛有什么区别？

🔍 拓展阅读

山水光膜团队斩获第七届中国国际"互联网+"大学生创新创业大赛总决赛金奖

2021 年 10 月，第七届中国国际"互联网+"大学生创新创业大赛总决赛在南昌大学举行。重庆电子工程职业学院《山光水膜——专注污水再生利用的稀土杂化高分子超滤膜》项目以职教赛道创意组第九组最高分获得全国总决赛金奖。

该项目团队成员来自电子商务、财务管理、材料工程技术、市场营销、物联网应用技术等 10 个专业，于 2021 年 4 月 23 日注册成立了重庆喆润科技有限公司。这是行业首次将稀土用于超滤膜的制备，其凭借高水通量、高抗污染的产品优势，以生活污水处理为切入点，提高了水处理效率和出水水质，切实解决了污水处理难题，实现了污水循环再生利用，为国家水处理行业的可持续发展贡献了力量。此外，该项目更是得到了教育部职业教育与成人教育司、重庆水务集团、中国膜工业协会等的支持，以及人民日报、光明网、国际节能环保网、人民周刊网、华龙网等 10 余家主流媒体的 50 次权威报道，取得了广泛的社会认可。

【任务计划】

根据任务资讯及收集、整理的资料填写如表 6.2.4 所示的任务计划单。

表 6.2.4　任务计划单

项　目	工业控制技术达人挑战			
任　务	基于工业控制技术的创新创业项目		学　时	4
计划方式	分组讨论、市场调查、资料收集			
序　号	任　务		时　间	负责人
1				
2				
3				
4				
5				
6	进行任务成果展示、汇报			
小组分工				
计划评价				

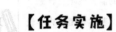

【任务实施】

根据任务计划编制任务实施方案，并完成任务实施，填写如表 6.2.5 所示的任务实施工单。

表 6.2.5　任务实施工单

项　目	工业控制技术达人挑战		
任　务	基于工业控制技术的创新创业项目	学　时	
计划方式	分组讨论、资料收集、项目计划书编制等		
序　号	实施情况		
1			
2			
3			
4			

续表

序　号	实施情况
5	
6	

【任务检查与评价】

完成任务实施后，进行任务检查与评价，可采用小组互评等方式。任务评价单如表 6.2.6 所示。

表 6.2.6　任务评价单

项　目	工业控制技术达人挑战			
任　务	基于工业控制技术的创新创业项目			
考核方式	过程评价+结果考核			
说　明	主要评价学生在项目学习过程中的操作方式、理论知识、学习态度、课堂表现、学习能力、动手能力等			
评价内容与评价标准				
序号	内　容	评价标准		成绩比例/%
		优	良	合　格	
1	基本理论掌握	掌握创新创业项目计划书的编制方法，熟悉路演的相关技巧	熟悉创新创业项目计划书的编制方法，了解路演的相关技巧	了解创新创业项目计划书的编制方法，了解路演的相关技巧	30
2	实践操作技能	项目计划书的编制规范、内容齐全、合理，路演准备材料齐全	项目计划书的编制较规范、内容较齐全、较合理，路演准备材料基本齐全	经协助能完成项目计划书的编制，基本规范、内容较齐全、较合理	30
3	职业核心能力	具有良好的自主学习能力和分析、解决问题的能力，能解答任务小思考	具有较好的学习能力和分析、解决问题的能力，能部分解答任务小思考	具有分析、解决部分问题的能力	10
4	工作作风与职业道德	具有严谨的科学态度和工匠精神，能够严格遵守"6S"管理制度	具有良好的科学态度和工匠精神，能够自觉遵守"6S"管理制度	具有较好的科学态度和工匠精神，能够遵守"6S"管理制度	10
5	小组评价	具有良好的团队合作精神和沟通交流能力，热心帮助小组其他成员	具有较好的团队合作精神和沟通交流能力，能帮助小组其他成员	具有一定团队合作能力，能配合小组完成项目任务	10
6	教师评价	包括以上所有内容	包括以上所有内容	包括以上所有内容	10
合计					100

【任务练习】

1. 种子轮、天使轮、A 轮、B 轮、C 轮、D 轮有什么区别？

2. "互联网+"大学生创新创业大赛的意义是什么？

【思维导图】

请完成如图 6.2.1 所示的项目 6 思维导图。

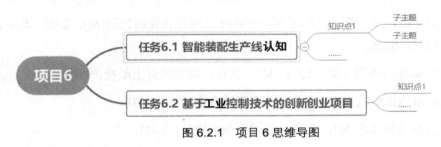

图 6.2.1　项目 6 思维导图

【创新思考】

前面已经完成了创新创业项目计划书的编制，那么请进行路演，展现创新创业项目的核心技术、未来发展规划、研发团队、商业模式等，展现大学生的风采。

参考文献

[1] 北京工联科技技术有限公司．工业互联网预测性维护职业技能等级标准（2021 年版）[S]．2021．

[2] 全国自动化系统与集成标准化技术委员会．企业控制系统集成 第 1 部分：模型和术语：GBT 20720.1-2019[S]．北京：中国标准出版社，2020．

[3] 段礼才，黄文钰，王广辉．西门子 S7-1200 PLC 编程及使用指南[M]．2 版．北京：机械工业出版社，2020．

[4] 沈治．PLC 编程与应用（S7-1200）[M]．北京：高等教育出版社，2021．

[5] 董威．工业组态控制技术[M]．北京：高等教育出版社，2018．

[6] 董玲娇．组态控制技术[M]．北京：机械工业出版社，2021．

[7] 深圳昆仑通态科技有限责任公司．mcgsTpc 初级教程[M]．[出版地不详]：[出版者不详]，2017．

[8] 深圳昆仑通态科技有限责任公司．mcgsTpc 中级教程[M]．[出版地不详]：[出版者不详]，2017．

[9] 西门子．西门子 S7-1200 PLC 技术参考 V4.2[R/OL]．[2022-09-10]https://support.industry.siemens.com/cs/document/73600209/%E8%A5%BF%E9%97%A8%E5%AD%90-s7-1200-plc-%E6%8A%80%E6%9C%AF%E5%8F%82%E8%80%83-v4-2?dti=0&lc=zh-CN.

[10] 西门子．S7-1200 可编程控制器系统手册[R/OL]．[2022-09-10] https://support.industry.siemens.com/cs/document/109478121/simatic-s7-s7-1200-%E5%8F%AF%E7%BC%96%E7%A8%8B%E6%8E%A7%E5%88%B6%E5%99%A8?dti=0&lc=zh-CN.

[11] 西门子．S7-1200 可编程控制器产品样本[R/OL]．[2022-09-10] https://www.ad.siemens.com.cn/download/docMessage.aspx?Id=3401.

[12] 中国国际"互联网+"大学生创新创业大赛组织委员会．第七届中国国际"互联网+"大学生创新创业大赛评审规则[EB/OL]．[2022-09-10] https://cy.ncss.cn/.